普通生物学实验

（第2版）

饶玉春　薛大伟　徐　杰◎主编

中国农业出版社
北京

图书在版编目（CIP）数据

普通生物学实验 / 饶玉春，薛大伟，徐杰主编.
2版. -- 北京 ：中国农业出版社，2024. 11. -- ISBN
978-7-109-32670-5

Ⅰ. Q1-33

中国国家版本馆 CIP 数据核字第 20243G74D3 号

普通生物学实验（第 2 版）
PUTONG SHENGWUXUE SHIYAN（DI‐ER BAN）

中国农业出版社出版
地址：北京市朝阳区麦子店街 18 号楼
邮编：100125
责任编辑：郭 科
版式设计：杨 婧 责任校对：张雯婷
印刷：中农印务有限公司
版次：2024 年 11 月第 2 版
印次：2024 年 11 月第 2 版北京第 1 次印刷
发行：新华书店北京发行所
开本：787mm×1092mm 1/16
印张：20.25
字数：492 千字
定价：98.00 元

普通生物学实验是普通生物学教学中非常重要的辅助性教学内容、教学方法和教学形式。它通过实践的方式帮助学生检验和巩固生物学知识，是学生获得生物学实验基本技能和培养科研能力及提高素养的重要途径，还能激发学生学习生物学的兴趣，提高学生学习生物学的积极性。为使普通生物学实验安排与教学内容更加对应，减少各门学科在教材中出现的交叉、重复实验以及增强学生对国内外最新研究进展的认知，我们在《普通生物学》教材的基础上编写了《普通生物学实验》，为学生的进一步深造和从事相关行业奠定良好的基础。

本书第 1 版于 2020 年 9 月出版，至今已 4 年。出版以来，被全国多所高校选为实验指导用书，得到广大任课教师和读者的阅读参考。这期间生命科学领域及实验技术方法不断发展进步，生物实验教学内容和教学模式也在不断改革创新。因此，为满足新形势下学生能力培养需求，我们依托浙江师范大学生命科学学院生物科学一流专业，利用自身科研优势转化为人才培养的教学优势，精心挑选适合实验教学的最新优秀科研成果。同时，不断汲取读者反馈的宝贵意见，对第 1 版进行了修订。第 2 版在总体指导思想上仍遵循第 1 版的原则，包括普通生物学中所涉及的多个学科的基础及综合性实验。按照从简到繁、从易到难、从基础到综合的顺序设计各个实验。在第 1 版的基础上，我们对部分内容进行了更新和完善，并新增了一些实验项目。

1. 增加水稻杂交技术、碘染法鉴定水稻花粉活性、植物腊叶标本的制作、植物根尖细胞染色体制片与观察、种子生活力测定、酵母感受态细胞的制备、免疫蛋白印迹（Western blot）技术、烟草系统中蛋白的亚细胞定位实验、昆虫 RNA 干扰实验、聚丙烯酰胺凝胶电泳分离 DNA 等 17 个实验，覆盖植物学、动物学、微生物学、遗传学、分子生物学等多学科。

2. 提升本教材的系统性和直观性，不同实验之间的联系更加密切。通过多个实验帮助学生建构同一知识结构体系，如荧光增白剂染色法观察根尖细胞壁、植物根尖染色体制片与观察和种子植物根结构的观察都指向植物根的结构相关知识。实验的各个环节采取图文并茂的方式呈现。

3. 增强实验的可选择性。感受态细胞的制备实验提供大肠杆菌和酵母两种实验材料的制备方法；聚丙烯酰胺凝胶电泳分离实验提供血清蛋白和DNA两种实验材料的分离方法。

本书主要由浙江师范大学生命科学学院、杭州师范大学生命与环境科学学院和江西农业大学农学院的一线教师、科研工作者编写。编者根据自己多年在研究领域所获得的教学科研经验以及学生实验情况，并参考目前已出版的相关教材，同时融入国内外最新研究进展，改良与完善实验过程，并展示了多年积累的科研数据，加强了实验的可操作性。在此向所有提供实验数据的教师、学生以及参考文献的作者表示衷心感谢。

本书文字简练、深入浅出，可供各类高校生物学相关专业的本科生、研究生作为实验指导用书，亦可供广大生物科学相关教师、研究者以及对普通生物学感兴趣的读者阅读参考。

虽然编者对本书的修订和再版付出了很大努力，并反复修改，但限于水平，书中仍难免存在缺点和不足之处，恳请读者提出宝贵意见。

编　者

2024 年 9 月

普通生物学实验是普通生物学教学中非常重要的辅助性教学内容、教学方法和教学形式。它通过实践的方式帮助学生检验和巩固生物学知识，是学生获得生物学实验基本技能和培养科研能力及提高素养的重要途径，还能激发学生学习生物学的兴趣，提高学生学习生物学的积极性。为使普通生物学实验安排与教学内容更加对应，减少各门学科在教材中出现的交叉、重复实验以及增强学生对国内外最新研究进展的认知，我们在《普通生物学》教材的基础上编写了《普通生物学实验》，为学生的进一步深造和从事相关行业奠定良好的基础。

本书精心设计了 78 个实验，包括普通生物学中所涉及的植物学、动物学、微生物学、生物化学、遗传学、分子生物学、细胞生物学、生态学、人体解剖学等学科的基础以及综合性实验。本书按照从简到繁、从易到难、从基础到综合的顺序设计各个实验，并收集了编者在多年实验教学过程中所得到的实验结果以供读者参考。此外，还附有完整的实验过程中应当注意的细节以及国内外参考文献。

本书主要由浙江师范大学化学与生命科学学院的一线教师、科研工作者编写。编者根据自己多年在研究领域所得的教学科研经验以及学生实验情况，并参考了目前已出版的相关教材，同时融入国内外最新研究进展，改良与完善实验过程，将多年积累的科研数据进行展示，加强了实验的可操作性。编者在此向所有提供实验数据的教师、学生以及参考文献的作者表示衷心感谢。

本书文字简练，深入浅出，可供浙江师范大学化学与生命科学学院生物学相关专业的本科生、研究生作为实验指导用书，亦可供广大生物科学相关教师、研究者以及对普通生物学感兴趣的读者阅读参考。

　　虽然本书在内容上力求全面完整、紧贴科学前沿，但由于生物学科发展迅速并且编者水平和能力有限，归纳成书后疏漏之处在所难免，殷切希望读者提出批评指正。

编　者

2020 年 7 月

目录

第 2 版前言

第 1 版前言

实验一

培养基的配制

一、实验目的

1. 学习配制培养基的一般方法和步骤。
2. 掌握高压蒸汽灭菌的原理和操作方法。

二、实验原理

培养基的配制是从事微生物学实验的重要基础。由于微生物种类及代谢类型的不同，用于培养微生物的培养基的种类也不同。它们的配方及配制方法虽然差异较大，但一般培养基的配制程序大致相同，例如器皿的准备、培养基的配制与分装、棉塞的制作、培养基的灭菌、平板的制作以及培养基的无菌检查等基本环节。

三、试剂和仪器

1. **试剂** 胰蛋白胨、酵母提取物、琼脂粉、NaCl、1mol/L NaOH 溶液、1mol/L HCl 溶液、抗生素（卡那霉素）。
2. **仪器和用具** 电子天平、高压蒸汽灭菌锅、超净工作台、酒精灯、移液管、烧杯、药匙、量筒、锥形瓶、培养皿、玻璃棒、pH 试纸、棉塞、报纸、棉线等。

四、实验方法与步骤

1. **称量** 以 LB 培养基为例，按培养基配方计算出各成分的用量（表 1-1），然后用电子天平准确称量后倒入烧杯中。

表 1-1　LB 培养基配方

试剂	用量（g）
胰蛋白胨	10
酵母提取物	5
NaCl	5

2. **溶解**　用量筒量取所需体积的蒸馏水，倒入烧杯中，用玻璃棒搅动溶解。一个组分充分溶解之后再称量溶解下一个组分。

3. **调 pH**　待所有组分彻底溶解后，用 pH 试纸测定培养基的 pH，可用 1mol/L NaOH 或 1mol/L HCl 溶液进行校正。调节 pH 时，应逐滴加入 NaOH 或 HCl 溶液，边加边搅拌，并不时用 pH 试纸测试，直至达到 pH 7.4 为止。

4. **分装**　准确定容至 1L 后，用量筒准确量取 20mL 培养基，倒入 100mL 锥形瓶中，塞好棉塞，用报纸包好瓶口并用棉线包扎好，用此方法分装 5 瓶，灭菌（此为液体培养基）。另外，用量筒准确量取 100mL 培养基，倒入 250mL 锥形瓶中，加入 2g 琼脂粉，塞好棉塞，用报纸包好瓶口并用棉线包扎好，灭菌（此为固体培养基）。

5. **灭菌**　培养基经分装包扎好后，立即按配制方法规定的灭菌条件进行高压蒸汽灭菌。LB 培养基以 121℃、0.1MPa、灭菌 20min 为宜。

6. **平板的制作**　在超净工作台上，将已灭菌的固体培养基冷却至 50℃ 左右，加入抗生素，摇匀，倾入无菌培养皿中。温度过高时，皿盖上的冷凝水太多；温度低于 50℃，培养基易凝固而无法制作平板。平板的制作应在酒精灯旁进行，左手拿培养皿，右手握住三角瓶的底部，左手同时用小拇指和手掌将棉塞打开，灼烧瓶口，用左手大拇指将培养皿盖打开，倾入 10～15mL 培养基，迅速盖好皿盖，置于超净台上，轻轻旋转培养皿，使培养基均匀分布于整个培养皿中，冷凝后即成平板。

7. **无菌检查**　将灭菌的培养基，取出 1～2 瓶（皿），放入 37℃ 温箱中培养 1～2d，无菌生长即可使用，或储存于 4℃ 冰箱内，备用。

五、 注意事项

（1）称量试剂用的药匙不要混用，称完应及时盖紧瓶盖。

（2）pH 不要调过头，以免回调而影响培养基内各离子的浓度。

（3）倒培养基时不要把瓶口沾湿，包扎时不要弄倒瓶子而使棉塞沾湿。

六、 思考题

1. 为什么配制培养基所用的锥形瓶口都要塞上棉塞才能使用？能否用木塞代替？

2. 配制培养基时为什么要调节 pH？

3. 高压蒸汽灭菌的原理是什么？是否只要压力表上的指针指到所需的压力时就能达到所需灭菌温度？

4. 培养基配制完成后，为什么必须立即灭菌？若不能及时灭菌应如何处理？

（袁　熹　孙梅好）

实验二
细菌的简单染色与革兰氏染色

一、实验目的

1. 学习并掌握细菌简单染色和革兰氏染色的原理和方法。
2. 了解革兰氏染色在细菌分类鉴定中的重要性。
3. 学习并掌握油镜的使用及维护。

二、实验原理

（1）细菌的菌体很小，而且菌体本身与周围环境的折光率差别甚小，在光学显微镜下难以将其与背景区分开，因此在利用显微镜观察细菌时，需要先将其染色，使其与背景形成鲜明对比。根据不同的实验目的，可分为简单染色法、鉴别染色法和特殊染色法等。

（2）细菌的简单染色是指只用一种染料使细菌着色以显示其形态的方法。此法操作简单，适用于一般形态的观察。用于生物染色的染料主要有碱性染料、酸性染料和中性染料三大类。当细菌生长在中性、碱性或弱酸性的溶液中时常带负电荷，所以通常采用碱性染料（如美蓝、结晶紫、碱性复红或孔雀绿等）使其着色。当细菌分解糖类产酸使培养基 pH 下降时，细菌所带正电荷增加，因此易被伊红、酸性复红或刚果红等酸性染料着色。中性染料是前两者的结合物，又称复合染料，如伊红美蓝、伊红天青等。

（3）革兰氏染色法是由丹麦医生汉斯·克里斯蒂安·革兰（Hans Christian Gram，1853—1938 年）于 1884 年创建，是细菌学上最常用的鉴别染色法。由于细菌细胞壁结构与组成的差异（图 2-1），革兰氏染色法可把细菌分成革兰氏阳性菌和革兰氏阴性菌两种类型。该方法主要包括初染、媒染、脱色和复染等步骤。当经过结晶紫初染后，两种细菌均被染成紫色；碘液媒染可以使碘与结晶紫形成碘-结晶紫复合物，增强染料在菌体中的滞留能力；由于革兰氏阳性菌的细胞壁中肽聚糖层厚且交联度高，同时类脂质含量少，当使用95％乙醇脱色后，肽聚糖层的孔径反而缩小，细胞壁通透性降低，因此革兰氏阳性菌仍保留初染时的紫色，而革兰氏阴性菌的细胞壁薄、肽聚糖含量低且交联度低，但脂质含量高，经95％乙醇脱色处理后，其脂质溶解，细胞壁通透性增加，使得结晶紫和碘的复合物易于渗出，从而使菌体呈无色，当用复染剂番红复染后，革兰氏阴性菌就呈现为红色（图 2-2）。在疾病治疗上，大多数革兰氏阳性菌对青霉素敏感（但结核分枝杆菌对青霉素不敏感），而革兰氏阴性菌对青霉素不敏感（但奈瑟菌中的脑膜炎奈瑟菌和淋病奈瑟球菌对青霉素敏感），但其对链霉素、氯霉素等敏感，因此利用革兰氏染色区分病原细菌是革兰氏阳性菌还是革兰氏阴性菌，对于如何选择抗生素具有指导意义。

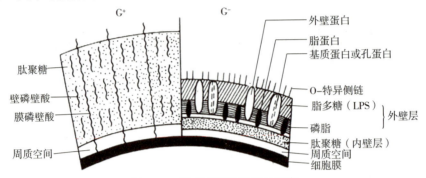

图 2-1　细菌细胞壁结构与组成

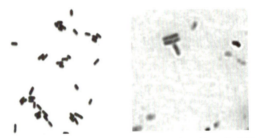

图 2-2　细菌的革兰氏染色结果（左为阳性，右为阴性）

三、材料、试剂和仪器

1. **材料**　培养 24h 的大肠杆菌和培养 16h 的枯草芽孢杆菌。
2. **试剂**　草酸铵结晶紫染色液、卢戈氏碘溶液、95% 乙醇、番红染色液、无水乙醇、香柏油等。
3. **仪器和用具**　显微镜、酒精灯、载玻片、接种环、擦镜纸、吸水纸、火柴、小滴管、无菌生理盐水等。

四、实验方法与步骤

1. 细菌的简单染色

（1）涂片。取一块干净的载玻片置于实验台上，并用记号笔在正面边角做记号，在载玻片中央滴 1 滴无菌生理盐水，灼烧接种环，待其冷却后从斜面挑取少量大肠杆菌（或枯草芽孢杆菌）菌种置于载玻片上，与生理盐水水滴混合均匀后，在载玻片上涂布成一均匀的薄层。

（2）干燥。将涂片自然干燥，也可以将载玻片置于酒精灯火焰上方 20～30cm 处，利用热空气进行加热干燥，但需要注意温度不能过高。

（3）固定。手持载玻片，使其涂面朝上，然后在酒精灯火焰上通过 2～3 次，使菌体完全固定在载玻片上。但不宜在高温下长时间烤干，否则急速失水会使菌体变形。

（4）染色。滴加草酸铵结晶紫染色液或番红染色液至涂布菌液部位，并染色 1min。

（5）水洗。倾去染色液，然后在呈流线状的自来水下冲洗至流出的水无色为止。

（6）干燥。用吸水纸吸去多余水分，自然干燥或在火焰上慢慢加热干燥。

（7）镜检。将制好的装片放在显微镜下进行观察，先在 10 倍镜下找到清晰的物像，然后在标本中央滴 1 滴香柏油，使油镜镜头浸入香柏油中，再细调至看清物象为止。观察细菌形态，及时记录，并进行形态图绘制。

2. 细菌的革兰氏染色

（1）制片。在一洁净载玻片左右分别滴加 2 滴无菌生理盐水，取培养 24h 的大肠杆菌和枯草芽孢杆菌菌种分别涂布在不同水滴上，干燥，固定。

（2）初染。滴加草酸铵结晶紫（以刚好将菌膜覆盖为宜），染色 1～2min，水洗至流出的水无色为止。

（3）媒染。用卢戈氏碘溶液冲去残留水，并用碘液覆盖约 1min，水洗。

（4）脱色。将载玻片倾斜，在白色的背景下，用滴管流加 95％乙醇脱色，直至流出的乙醇无紫色时，立即水洗。

（5）复染。用番红染色液复染约 2min，水洗。

（6）干燥。用吸水纸吸去残留水，并晾干。

（7）镜检。先在 10 倍镜下找到清晰的物像，然后在标本中央滴 1 滴香柏油，使油镜镜头浸入香柏油中，再细调至看清物象为止。观察并记录菌体着色情况。

（8）显微镜复原。观察完毕，上升镜筒，先用擦镜纸擦去镜头上的油，再用擦镜纸蘸取少量无水乙醇擦去残留的油，最后用擦镜纸擦去残留的无水乙醇，将镜体全部复原。

五、 注意事项

（1）涂片应尽量薄，过厚时会造成菌体重叠，不利于菌体形态观察。

（2）冲洗时注意控制水的流速，同时不要直接用水冲洗涂布菌液的部位。

（3）严格控制 95％乙醇脱色时间。

（4）擦镜头时，需要按照一个方向擦拭。

六、 思考题

1. 革兰氏染色成功的关键是什么？
2. 如何验证革兰氏染色结果的准确性？

参考文献

沈萍，陈向东，2016. 微生物学［M］. 5 版. 北京：高等教育出版社.

沈萍，陈向东，2018. 微生物学实验［M］. 8 版. 北京：高等教育出版社.

徐德强，王英明，周德庆，2019. 微生物学实验教程［M］. 4 版. 北京：高等教育出版社.

（张艳军）

实验三

细菌的鞭毛、芽孢和荚膜染色

一、 实验目的

1. 学习并掌握细菌鞭毛、芽孢、荚膜的染色方法。
2. 鉴定未知菌是否具有鞭毛、芽孢、荚膜这 3 种特殊结构。

二、 实验原理

1. 鞭毛染色法

(1) 鞭毛。是某些细菌细胞表面着生的一根至数十根长丝状、螺旋形的附属物，具有推动细菌运动的功能。鞭毛可以一根、数根或很多根不等，着生方式有单生、双生、丛生和周生（图 3-1，a）。鞭毛的有无和着生方式具有十分重要的分类学意义。

(2) 鞭毛染色。其原理是用媒染剂（硝酸银）沉积在鞭毛上使直径加粗，可在光学显微镜下观察到（图 3-1，b）。

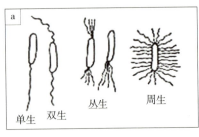

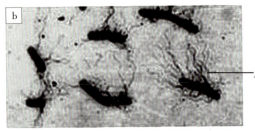

图 3-1 细菌鞭毛

a. 着生方式 b. 鞭毛染色结果

2. 芽孢染色法

(1) 芽孢。某些细菌在其生长发育后期，在细胞内形成一个圆形或椭圆形、厚壁、含水量极低、抗逆性极强的休眠体，称为芽孢。芽孢与营养细胞相比化学组成存在较大差异，容易在光学显微镜下观察。芽孢的有无、形态、大小和着生位置是细菌分类和鉴定中的重要指标（图 3-2）。

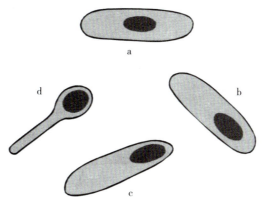

图 3-2 芽孢的形态、大小和着生位置

a. 中央生 b. 亚端生 c. 端生 d. 芽孢囊膨大的端生

（2）芽孢染色。芽孢含有多层壁，不易着色；用着色力强的染色剂孔雀绿在加热下使芽孢染色，再用水洗脱色，然后用复染剂（如番红）复染，可以使菌体和芽孢分别呈现不同的颜色。

3. 荚膜染色法

（1）荚膜。是包被于某些细菌细胞壁外的一层厚度不定的胶状物质，主要成分为多糖。

（2）荚膜染色。常用的方法有 Anthony 氏染色法和墨汁负染法（又称背景染色）。

①Anthony 氏染色法。先用结晶紫使细胞和荚膜都着色，再用硫酸铜水溶液洗脱，荚膜被脱色，但硫酸铜吸附在荚膜上呈现淡蓝色，可与深紫色的菌体区分。

②墨汁负染法。背景黑色，菌体黑色，菌体周围的清晰透明圈为荚膜（图 3-3）。

图 3-3 墨汁负染法观察荚膜

三、 材料、试剂和仪器

1. **材料** 土壤中分离的细菌。

2. **试剂** 鞭毛染色液（A 液＋B 液）、芽孢染色液（孔雀绿＋番红）、荚膜染色液（结晶紫＋硫酸铜＋碳素墨水）。

3. **仪器和用具** 培养皿、木夹子、显微镜、载玻片、盖玻片、镊子、酒精灯、记号笔等。

四、 实验方法与步骤

1. 鞭毛染色法

（1）菌种和载玻片的准备。菌种培养时间以 14～18h 为宜，载玻片必须干净无油。

（2）制片。在载玻片一端加 1 滴水，取菌落边缘菌体置于水滴中，不要涂布。倾斜载玻片，使菌悬液缓慢流向另一端，用吸水纸吸取多余的菌悬液，自然干燥。在下端易找到带鞭毛的细菌。

（3）染色。A 液覆盖 3～5min→蒸馏水洗去 A 液→B 液去残留水→B 液覆盖约数秒至 1min（涂面明显褐色）→蒸馏水洗→自然干燥。

（4）镜检。100× 油镜观察。

2. 芽孢染色法

（1）制片。涂片→干燥→固定。

（2）染色。加数滴孔雀绿于涂片上→用木夹子夹住载玻片的一端→加热冒气，不要沸腾→维持 5min（注：火焰调小，在火焰上方 3～5cm 处加热）。加热过程中勿干涸，加热时注意补加染料，要等载玻片冷却后补加。

（3）水洗。待载玻片冷却后用水冲洗至流出水无色。

（4）复染。用番红染色液复染 2min，水洗。

（5）镜检。干燥后用 100× 油镜观察。

3. 荚膜染色法

（1）Anthony 氏染色法。

①涂片。按常规方法取菌涂片。

②固定。在空气中自然干燥。注意不可加热干燥固定。

③染色。用 1% 结晶紫水溶液染色 2min。

④脱色。用 20% 硫酸铜水溶液冲洗两次，用吸水纸吸干残留液。

⑤镜检。干燥后用 100× 油镜观察。

（2）墨汁负染法。

①制备菌和墨汁混合液。加 1 滴碳素墨水于洁净载玻片上，然后挑取少量菌体与其混合，再加适量蒸馏水，充分混合。

②加盖玻片（注：勿有气泡）。

③镜检。在高倍镜下观察（背景黑色，菌体黑色，菌体周围的清晰透明圈为荚膜）。

五、 实验结果

1. 鞭毛染色结果（图 3-4）

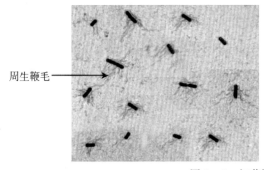
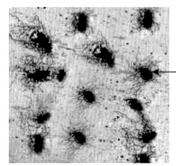

周生鞭毛　　　　　　　　　　　　　　　　　　　　　周生鞭毛

图 3-4　细菌鞭毛染色结果

（浙江师范大学微生物实验室提供）

2. 芽孢染色结果（图 3-5）

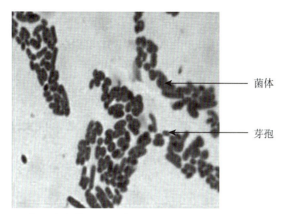

图 3-5　芽孢染色结果（绿色为芽孢，红色为菌体）

（浙江师范大学微生物实验室提供）

3. 荚膜染色结果

（1）Anthony 氏染色法染色结果（图 3-6，a）。

（2）墨汁负染法染色结果（图 3-6，b）。

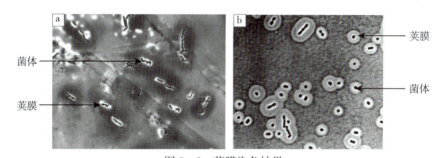

图 3-6　荚膜染色结果

a. Anthony 氏染色法染色　　b. 墨汁负染法染色

六、　注意事项

（1）鞭毛染色时，载玻片必须干净无油。

（2）芽孢染色时，加热中注意补加染料，并要等载玻片冷却后补加。

（3）荚膜染色时，勿有气泡。

七、　作业与思考题

1. 记录实验结果，并画图。

2. 鞭毛、芽孢、荚膜这 3 种结构观察时，所用菌种菌龄有什么不同？

3. 在鞭毛染色制片时要注意哪些事项？

参考文献

沈萍，陈向东，2010. 微生物学实验［M］. 北京：高等教育出版社.

沈萍，陈向东，2016. 微生物学［M］. 8 版 . 北京：高等教育出版社.

周德庆，2011. 微生物学教程［M］. 3 版 . 北京：高等教育出版社.

（蒋冬花）

实验四
土壤中放线菌的分离培养与形态观察

一、 实验目的

1. 学习从土壤中分离放线菌的方法。
2. 掌握放线菌的插片接种培养法。
3. 掌握放线菌菌落特征和菌丝显微形态特征。

二、 实验原理

1. **放线菌** 放线菌是具有菌丝、以孢子进行繁殖、革兰氏染色阳性的一类原核微生物。按形态和功能，放线菌菌丝可分为营养菌丝（基内菌丝）、气生菌丝和孢子丝 3 种（图 4-1）。

2. **放线菌的菌落特征** 菌落边缘呈放射丝状，表面较干燥，有褶皱，丝绒状，质地致密，与培养基结合紧密，小而不蔓延，不易挑起或挑起后不易破碎（图 4-2）。

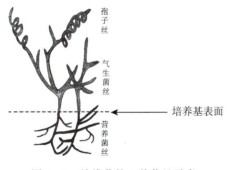

图 4-1 放线菌的 3 种菌丝示意

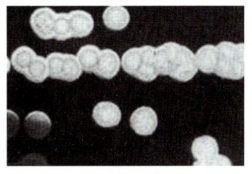

图 4-2 放线菌的菌落特征

3. **放线菌分布和分离** 放线菌在自然界分布广泛，主要以孢子或菌丝状态存在于土壤、空气和水中。尤其是含水量低、有机质丰富、呈中性或微碱性的土壤中数量较多，是抗生素的主要产生菌。

从土壤中分离放线菌常用的方法有稀释涂布平板法、平板划线法等，用于分离培养放线菌的常用培养基为高氏 1 号合成培养基。

4. **观察放线菌的培养方法** 为了尽可能保持自然状态下生长的形态特征，常用插片法、玻璃纸法、印片法来培养放线菌，本实验采用插片法进行培养。

三、 材料、试剂和仪器

1. **材料** 土壤（有机质丰富）。

2. **试剂**

（1）高氏1号合成培养基。可溶性淀粉 20g、KNO_3 1g、K_2HPO_4 0.5g、NaCl 0.5g、$MgSO_4 \cdot 7H_2O$ 0.5g、$FeSO_4 \cdot 7H_2O$ 0.01g、琼脂 20g、水 1 000mL，pH 7.4～7.6。

（2）1mol/L NaOH、1mol/L HCl、3‰重铬酸钾、无菌水。

3. **仪器和用具** 高压蒸汽灭菌锅、电磁炉、摇床、培养箱、电子天平、超净工作台、三角瓶、玻璃棒、培养皿、涂布器、接种环、移液枪、记号笔、显微镜、载玻片、盖玻片、镊子、酒精灯等。

四、 实验方法与步骤

1. **制备高氏1号合成培养基** 称取 20g 可溶性淀粉溶于少量冷水中，另取 600mL 水煮沸。将淀粉水溶液加入沸水中，边加边搅拌，搅拌过程中将其他成分依次加入混匀，直至溶液透明即停止加热，加水补足到 1 000mL，调节 pH，分装于 250mL 的三角瓶中，每瓶装 100mL；121℃灭菌 20min，待用。

2. **分离土壤中的放线菌**

（1）取土样。选取有机质丰富、2～10cm 深度的土壤（如菜地、林地等的土壤），将其中多余的植物残根和碎石去除后装入灭菌的 50mL 离心管中。

（2）制备土壤悬液。称取 5g 土样放入盛有 45mL 无菌水的三角瓶中，此时即为 10^{-1} 浓度的土壤悬液，在摇床上 120r/min 振荡 30min，使土壤中菌体和孢子均匀分散开来，振荡结束后取出土壤悬液静置 10min。

（3）稀释涂布平板法分离。在超净工作台上用移液枪吸取 10^{-1} 浓度土壤悬液的上清液 1mL 注入含 9mL 无菌水的灭菌试管中，并反复吹吸几次将其混匀，此时即为 10^{-2} 浓度的土壤悬液，之后依次将悬液分别稀释到 10^{-3}、10^{-4}、10^{-5} 浓度备用。

利用水相滤膜对 3‰重铬酸钾溶液进行过滤除菌，每 300mL 培养基注入 1mL 重铬酸钾溶液，混匀，趁热将混合均匀的培养基倒入灭菌培养皿中，放置 15min 左右等待其凝固。

取 100μL 土壤悬液于培养基上，用涂布器将悬液涂布均匀，并用记号笔在培养皿表面记录稀释度、组别、姓名、日期等信息，将涂布好的培养皿正放 10min，待其液体渗入培养基后倒置放入 28℃的培养箱中培养。每天观察并记录菌落生长状况。

3. **平板划线法纯化放线菌** 当观察到平板上有单菌落出现时，及时在超净工作台上用接种环将其转接到另一高氏1号合成培养基平板上（注：不需要加重铬酸钾）。

接种时先用接种环刮取目的菌，注意避免刮到其他杂菌；再在酒精灯火焰旁进行平板划线法接种。先在培养基一侧平行划 3～5 条线，于酒精灯上灼烧灭菌，待接种环温度降低到一定程度（保证不会损伤目的菌），从上一次划线的最后端重复上一步操作（接种环应接触到前一步所划的线），反复进行 3～5 次，放入 28℃培养箱培养。

4. 放线菌菌落形态及显微结构的观察

（1）放线菌菌落形态。观察菌落大小、形状、边缘、表面、质地、颜色等。

（2）插片法培养和显微结构观察。以无菌操作用镊子将灭菌的盖玻片45°角插入培养基内，每个平板可插4～6片盖玻片。用接种环挑取菌种，划线接种在培养基表面与盖玻片的交接处。倒置放入培养箱培养，28℃培养3～5d。用镊子小心拔出盖玻片，擦去背面的培养物，然后将有菌的一面朝上放在载玻片上，直接镜检（从接触培养基端开始看）。用显微镜观察基内菌丝、气生菌丝和孢子丝。

五、实验结果

1. 放线菌的菌落　放线菌菌落边缘呈放射丝状，菌落表面较干燥多皱，呈绒毛状，菌丝或与培养基表面结合牢固，不易挑起，小而不蔓延（图4-3）。

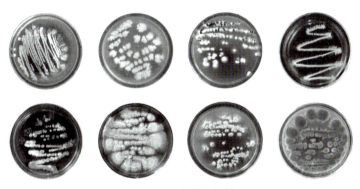

图4-3　放线菌菌落

（浙江师范大学微生物实验室提供）

2. 放线菌显微结构　显微镜下可观察到放线菌的营养菌丝（基内菌丝）、气生菌丝和孢子丝等结构（图4-4）。

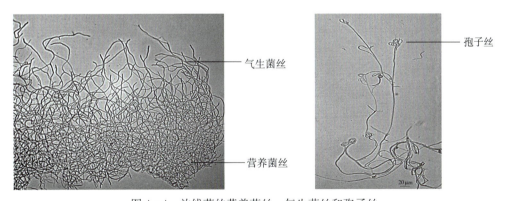

图4-4　放线菌的营养菌丝、气生菌丝和孢子丝

（浙江师范大学微生物实验室提供）

（1）营养菌丝。匍匐生长于培养基内，吸收营养。一般无隔膜，有的产生色素。

（2）气生菌丝。叠生于营养菌丝上，无隔膜。在光学显微镜下观察，颜色较深，直径较粗，有的产生色素。

（3）孢子丝。其形状和排列方式因种而异，有直形、钩状、波曲、螺旋、轮生等，常被作为放线菌分类的依据。

六、注意事项

（1）培养基中重铬酸钾溶液添加不宜过多，其在抑制细菌生长的同时一定程度上也会抑制放线菌的生长。

（2）划线时注意尽量不要将培养基划破。

七、作业与思考题

1. 从土壤中分离纯化获得放线菌 1 株。
2. 观察并描述放线菌菌落和菌丝显微特征。
3. 如何区分放线菌和霉菌的菌落？
4. 在显微镜下，放线菌和霉菌的主要区别是什么？

参考文献

沈萍，陈向东，2010. 微生物学实验［M］. 北京：高等教育出版社.
沈萍，陈向东，2016. 微生物学［M］. 8 版 . 北京：高等教育出版社.
周德庆，2011. 微生物学教程［M］. 3 版 . 北京：高等教育出版社.

（蒋冬花）

霉菌的分离、培养和观察
——红曲米、红腐乳中分离培养红曲霉菌株

一、实验目的

1. 掌握霉菌分离、纯化和培养的方法。
2. 学习从红曲米、红腐乳中分离红曲霉并纯化培养的要领和方法。

二、实验原理

（1）霉菌即发霉的真菌，菌丝体发达，在潮湿的气候下大量生长繁殖，长出肉眼可见的丝状、绒状或蛛网状的菌丝。其中红曲霉是霉菌中的一大类代表。

（2）红曲米和红腐乳均为接种红曲霉后制成的发酵品，二者均含有大量的红曲霉菌丝和孢子，通过分离纯化培养可获得红曲霉菌株（图5-1）。

图5-1 红曲米（a）和红腐乳（b）

（3）红曲霉分类上属子囊菌纲红曲菌科红曲霉属，营养生长产生有隔膜的菌丝，无性繁殖产生分生孢子，有性繁殖产生闭囊壳和子囊孢子。

三、材料、试剂和仪器

1. **材料** 红曲米、红腐乳。
2. **试剂** 马铃薯葡萄糖琼脂（PDA）培养基：马铃薯（去皮切块）200g、葡萄糖20g、琼脂20g、蒸馏水1 000mL，pH 6～6.5。

3. **仪器和用具**　高压蒸汽灭菌锅、电磁炉、研钵、生化培养箱、电子天平、超净工作台、三角瓶、玻璃棒、药匙、培养皿、接种环、移液枪、显微镜、载玻片、盖玻片、镊子、酒精灯、pH 计等。

四、　实验方法与步骤

1. **配制 PDA 培养基**　将马铃薯去皮切块，加 1 000mL 蒸馏水，煮沸 10～20min；纱布过滤，补加蒸馏水至 1 000mL；加入葡萄糖和琼脂，加热溶化，分装于 250mL 的三角瓶中，121℃高压灭菌 20min；在超净工作台上倒平板，放置 10～15min，冷却凝固后待用。

2. **从红曲米或红腐乳中分离纯化红曲霉菌株**　取 0.1g 红曲米于研钵中研磨至粉末状，加入 1mL 无菌水制成悬液，将悬液或红腐乳表皮涂布或划线至 PDA 培养基平板上，28℃培养 2d；取边缘菌丝转接到另一 PDA 培养基平板上纯化，即可获得红曲霉纯菌株。

3. **红曲霉菌落特征和显微特征观察**　接种红曲霉纯菌株至 PDA 培养基平板上，28℃培养 7d，观察记录菌落特征（颜色、大小、表面结构等）和显微特征（菌丝、分生孢子、闭囊壳和子囊孢子等）。

五、　实验结果

1. **红曲霉的菌落**　红曲霉成熟的菌落呈红色、紫红色、橙色、橙黄色、黄色、褐色等，因种和培养基而异；菌落平坦，边缘菌丝通常呈卷毛状，有的中间褶皱（图 5-2）。

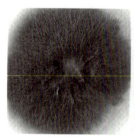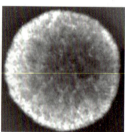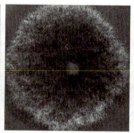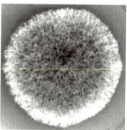

图 5-2　红曲霉的菌落
（浙江师范大学微生物实验室提供）

2. **红曲霉的无性繁殖**　红曲霉的无性繁殖产生分生孢子。分生孢子通常侧生在小梗上或着生于菌丝顶端，单生或成链，呈倒梨形（图 5-3）。

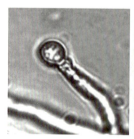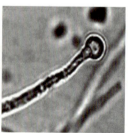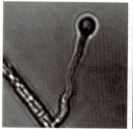

图 5-3　红曲霉的分生孢子
（浙江师范大学微生物实验室提供）

3. 红曲霉的有性繁殖　红曲霉的有性繁殖产生闭囊壳和子囊孢子。闭囊壳生于似柄的菌丝上，球形，黄色、红色、橙色、褐色等；子囊孢子椭圆形（图5-4）。

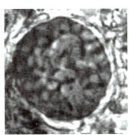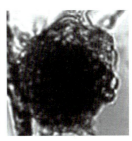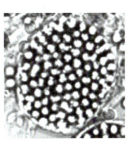

图5-4　红曲霉的闭囊壳和子囊孢子
（浙江师范大学微生物实验室提供）

六、　注意事项

（1）红曲米应尽量研磨细碎使孢子含量增多，提高分离成功率。

（2）在培养过程中密切观察红曲霉菌株的生长情况，当培养基中出现其他杂菌时，应及时将红曲霉转接至新的培养基中培养。

七、　作业与思考题

1. 从红曲米或红腐乳中分离纯化获得红曲霉菌株1株。
2. 观察并描述红曲霉的菌落特征和显微特征。
3. 红曲霉与其他霉菌的主要区别有哪些？

（蒋冬花）

—— 实验六

酵母菌的形态观察、大小测定和直接计数

一、 实验目的

1. 观察酵母菌的形态及出芽生殖,学习区分酵母菌死细胞和活细胞的实验方法。
2. 学习并掌握用测微尺测定微生物大小的方法。
3. 学习使用血球计数板进行微生物计数的方法。

二、 实验原理

1. **酵母菌的形态观察** 酵母菌是不运动的单细胞真核生物,主要以出芽方式进行无性繁殖(图6-1),也可以通过产生子囊孢子的形式进行有性繁殖。其菌落大多湿润、小而突起或大而平坦、不透明,与培养基结合不紧密,菌落颜色多样,一般有酒香味(图6-2)。

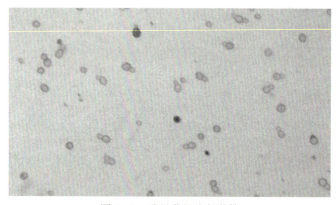

图6-1 酵母菌细胞与芽体

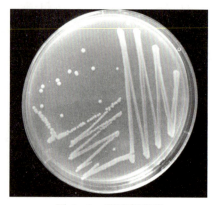

图6-2 酵母菌菌落

酵母菌的细胞观察常用吕氏碱性美蓝进行染色,美蓝本身对细胞无毒,其氧化型为蓝色,还原型为无色,活细胞通过新陈代谢可以把美蓝从氧化型还原成还原型,而死细胞或代谢能力弱的细胞还原能力弱,保持蓝色或淡蓝色,据此可区别酵母菌的死、活细胞。

2. **酵母菌的大小测定** 微生物细胞的大小是微生物基本的形态特征,也是分类鉴定的依据之一。微生物细胞大小的测定需借助测微尺——目镜测微尺和镜台测微尺。

目镜测微尺：是一块可放入接目镜内的圆形小玻片，其中央有精确的等分刻度，一般等分为 50 个小格和 100 个小格两种类型，测量时需要将其放在接目镜中的隔板上，用以测量经显微镜放大后的细胞物象。

镜台测微尺：是中央部分刻有精确等分线的载玻片，总长度为 1mm，等分为 100 个小格，每个小格长 0.01mm。用于校正目镜测微尺每格的相对长度。

（1）用镜台测微尺校正目镜测微尺（图 6-3）。

（2）得出该显微镜在一定放大倍数的目镜和物镜下，目镜测微尺每个小格所代表的相对长度。

（3）测量微生物。根据微生物细胞相当于目镜测微尺的格数，计算出细胞的实际大小。

球菌用直径来表示其大小；杆菌则用宽和长来表示。

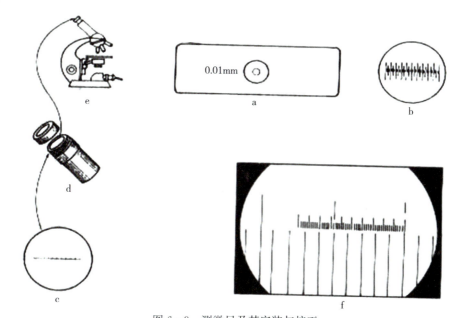

图 6-3　测微尺及其安装与校正

a. 镜台测微尺　b. 镜台测微尺中央部分的放大　c. 目镜测微尺　d. 目镜

e. 显微镜　f. 镜台测微尺校正目镜测微尺时的情况

3. 显微镜直接计数　显微镜直接计数法是将少量待测样品的悬液置于一种特别的具有确定面积和容积的载玻片上（又称计菌器），于显微镜下直接计数的一种简便、快速、直观的方法。可用于酵母菌、细菌、霉菌孢子等悬液的计数。

血细胞计数板：是一块特制的载玻片，其上有 4 条槽构成 3 个平台；中间较宽的平台又被一短横槽隔成两半，每一边的平台上各刻有一个方格网，每个方格网共分为 9 个大方格，中间的大方格即为计数室。血细胞计数板一般有两种规格，一种是 1 个大方格里有 25 个中方格，每个中方格又分成 16 个小方格；另一种是 1 个大方格里有 16 个中方格，每个中方格又分成 25 个小方格，但无论哪种规格，1 个大方格里的小方格都是 400 个（图 6-4）。1 个大方格的面积是 $1mm^2$，盖上盖玻片后，盖玻片与载玻片之间的高度是 0.1mm，因此 1 个计数室的体积是 $0.1mm^3$。

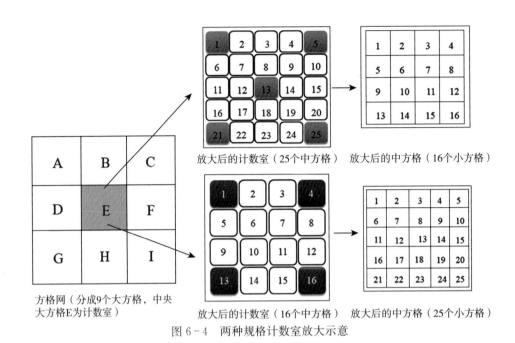

图 6-4　两种规格计数室放大示意

三、材料、试剂和仪器

1. **菌种**　酿酒酵母（*Saccharomyces cerevisiae*）。
2. **试剂**　0.05%吕氏碱性美蓝染色液、生理盐水。
3. **仪器和用具**　显微镜、镊子、解剖针、载玻片、盖玻片、滤纸。

四、实验方法与步骤

1. 美蓝水浸片的制作与观察

（1）在载玻片中央加1滴0.5g/L吕氏碱性美蓝染色液，用滴管取1滴酵母菌液于染色液中，混合均匀。

（2）加盖玻片。注意不要产生气泡。

（3）将制片放置约3min后镜检，用低倍镜和高倍镜观察酵母菌的形态和出芽情况，并根据细胞颜色区别死、活细胞。

（4）染色30min后再次观察酵母菌的死、活细胞数是否发生变化。

2. 酵母菌的大小测定

（1）安装目镜测微尺。把目镜上的透镜旋下，将目镜测微尺刻度朝下放在目镜镜筒内的隔板上，然后旋上目镜透镜，再将目镜插入镜筒内。

（2）校正目镜测微尺。

①放镜台测微尺。将镜台测微尺刻度面朝上放在显微镜载物台上。

②校正。先用低倍镜（10×）观察，转动目镜使目镜测微尺的刻度与镜台测微尺的刻度

平行，移动镜台测微尺，使镜台测微尺与目镜测微尺的某一刻度完全重合，数出重合线之间镜台测微尺和目镜测微尺所占的格数。

再用高倍镜（40×）进行校正，测出在高倍镜下，两重合线之间两尺所占的格数。

③计算。

$$目镜测微尺每格长度（\mu m）=\frac{两重合线间镜台测微尺格数×10}{两重合线间目镜测微尺格数}$$

将观测与计算的相关数据填入表 6-1。

表 6-1　目镜测微尺的校正结果

物　镜	目镜测微尺格数	镜台测微尺格数	目镜测微尺每格代表的长度（μm）
低倍镜（10×）			
高倍镜（40×）			

（3）菌体大小测定。取下镜台测微尺，换上酵母菌染色制片。先在低倍镜下找到标本，然后用高倍镜（40×）测定酵母菌细胞的长和宽所占目镜测微尺的格数，将测得的格数乘以目镜测微尺每格所代表的实际长度，即为酵母菌细胞的实际大小。

由于不同细胞之间存在个体差异，要求随机选择 10 个细胞进行测量，并计算出平均长度与宽度，填入表 6-2。

表 6-2　酵母菌细胞大小测定结果

	1	2	3	4	5	6	7	8	9	10	平均值
长度（μm）											
宽度（μm）											

（4）测定完毕。将目镜测微尺和镜台测微尺分别用擦镜纸擦拭干净，放回盒内保存。

3. 显微镜直接计数

（1）酵母菌悬液制备。取适量无菌生理盐水加入酵母菌培养试管斜面上，用无菌接种环轻轻刮取酵母菌菌苔，将菌液倒入装有适量无菌生理盐水的三角瓶中，充分振荡使细胞分散。

（2）加样品。在清洁干燥的血细胞计数板上盖上盖玻片，用无菌吸管吸取摇匀的酵母菌悬液加入计数板凹槽，让菌液沿缝隙依靠毛细渗透作用自动进入计数室。静置 5min，等细胞自然沉降。

（3）显微镜计数。将计数板置于载物台上，先用低倍镜找到计数室，再用高倍镜进行计数。一般以每个小格内有 5～10 个细胞为宜，若菌液太浓或太稀，可以重新调整稀释度。如使用 25×16 规格的计数板，每个计数室选 5 个中方格（一般选 4 个角和中央的 1 个中方格，共 80 个小方格）计数；如使用 16×25 规格的计数板，每个计数室取左上、右上、左下、右下 4 个中方格（即 100 个小方格）计数。位于中方格格线上的细胞一般只数上方和右边线上。当芽体大小达到母细胞的一半及以上时，作为两个细胞计数。

样品的含菌量以两个计数室中计得的平均数值来表示。

$$1mL\ 菌液中的总菌数=A\times 5\times 10^4\times B$$

式中　　A——5 个中方格的总菌数；

　　　　B——菌液稀释倍数。

$$1mL\ 菌液中的总菌数=A\times 4\times 10^4\times B$$

式中　　A——4 个中方格的总菌数；

　　　　B——菌液稀释倍数。

（4）清洗血细胞计数板。用自来水冲洗干净血细胞计数板，自行晾干或用吸水纸轻轻吸干，放回盒中保存。

五、实验结果

1. 绘图说明所观察到的酵母菌的形态特征。
2. 填写目镜测微尺在 10× 及 40× 物镜下的校正结果。
3. 计算酿酒酵母的大小。
4. 计算用血球计数板计数的结果。

六、注意事项

（1）加样到血细胞计数室时不可有气泡产生。

（2）观察血细胞计数板时要调节显微镜光线的强弱适当，否则视野中不易看清楚计数室方格线，或只见竖线或只见横线。

七、作业与思考题

1. 吕氏碱性美蓝染色液浓度和作用时间不同，对酵母菌死、活细胞数量有何影响？试分析其原因。
2. 更换不同放大倍数的目镜或物镜后，是否需要对目镜测微尺进行重新校正？为什么？
3. 试分析哪些因素会导致血球计数板计数的误差。

参考文献

沈萍，陈向东，2016. 微生物学 [M]. 5 版. 北京：高等教育出版社.

沈萍，陈向东，2018. 微生物学实验 [M]. 8 版. 北京：高等教育出版社.

徐德强，王英明，周德庆，2019. 微生物学实验教程 [M]. 4 版. 北京：高等教育出版社.

（张艳军）

实验七
细菌的生理生化反应

一、 实验目的

1. 了解不同微生物利用大分子物质的原理和方法。
2. 了解糖发酵的原理，掌握通过糖发酵鉴别不同微生物的方法。
3. 了解 IMViC 的原理和在肠细菌鉴定中的重要作用。

二、 实验原理

1. **大分子物质的水解实验**　微生物对大分子物质如淀粉、蛋白质和脂肪不能直接利用，必须依靠产生的胞外酶将大分子物质分解后才能利用。胞外酶主要为水解酶，将大分子物质裂解为小分子化合物，使其能被运输至细胞内。如淀粉酶水解淀粉为小分子的糊精、双糖和单糖；脂肪酶水解脂肪为甘油和脂肪酸；蛋白酶水解蛋白质为氨基酸等，这些过程均可通过观察细菌菌落周围的物质变化来证实。如淀粉遇碘液会变成蓝色，但细菌分解淀粉的区域用碘液测定时，不再产生蓝色，表明细菌产生淀粉酶（图 7-1）；脂肪水解后产生脂肪酸可以改变培养基的 pH，使 pH 降低，加在培养基中的中性红指示剂会使培养基从淡红色转变为深红色，说明微生物细胞外存在脂肪酶；明胶是胶原蛋白经水解产生的蛋白质，在 25℃以下维持凝胶状态，以固体形式存在，在 25℃以上明胶会液化（图 7-2），将接种有微生物的明胶试管置于 25℃以下的环境培养，如果明胶被水解而液化，说明该微生物能产生明胶酶。

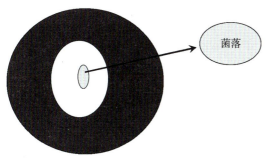

图 7-1　淀粉酶水解圈

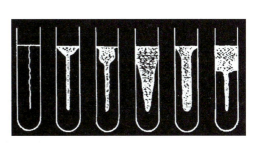

图 7-2　液化明胶的特征

2. **糖发酵实验**　糖发酵实验常用于鉴别微生物，在肠道细菌的鉴定上尤为重要，绝大多数细菌都能利用糖类作为碳源，但是它们在分解糖类物质的能力上有很大差异，有些细菌能分解某种糖产生有机酸（如乳酸、醋酸、丙酸等）和气体（如氢气、甲烷、二氧化碳等），有些细菌只产酸不产气。例如大肠杆菌能分解乳糖和葡萄糖产酸并产气；伤寒杆菌能分解葡萄糖产酸不产气，但不能分解乳糖；普通变形杆菌能分解葡萄糖产酸产气，但不能分解乳糖。发酵培养基试管中含有蛋白胨、指示剂（溴甲酚紫）和不同的糖类，并装有倒置的德汉氏小管。当发酵产酸时，溴甲酚紫指示剂可由紫色（pH 6.8）转变为黄色（pH 5.2）（图 7-3）。气体的产生可由倒置的德汉氏小管中有无气泡来证明（图 7-4）。

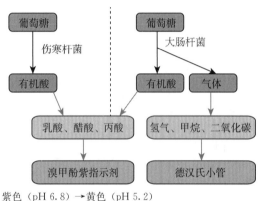

图 7-3　糖发酵实验原理示意

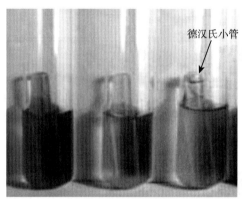

图 7-4　发酵培养基

3. **IMViC 实验**　IMViC 实验是吲哚（indol）实验、甲基红（methyl red）实验、伏-普（Voges-Prokauer）实验和柠檬酸盐（citrate）实验的合称缩写，主要用于快速鉴别大肠杆菌和产气肠杆菌，多用于水细菌学检查。

①吲哚实验用于检测吲哚的产生，某些细菌可产生色氨酸酶，分解蛋白胨中的色氨酸产生吲哚和丙酮酸。对二甲氨基苯甲醛遇吲哚形成玫瑰吲哚（红色）。但并非所有的微生物都具有分解色氨酸产生吲哚的能力，因此吲哚实验可以作为一个生物化学检测的指标。

色氨酸水解反应：

$$\text{色氨酸} + H_2O \longrightarrow \text{吲哚} + NH_3 + CH_3COCOOH$$

吲哚与对二甲氨基苯甲醛的反应：

$$2\,\text{吲哚} + \text{对二甲氨基苯甲醛} \longrightarrow \text{玫瑰吲哚} + H_2O$$

大肠杆菌吲哚反应阳性，产气肠杆菌吲哚反应阴性。

②甲基红实验用于检测由葡萄糖产生的有机酸，如甲酸、醋酸、乳酸等。当细菌代谢糖产生酸时，培养基就会变酸，使加入培养基中的甲基红指示剂由橙黄色（pH 6.3）转变为红色（pH 4.2），即甲基红反应。有些细菌在培养的早期产生有机酸，但在后期将有机酸转化为非酸性末端产物，如乙醇、丙酮酸等，使酸碱度变为 pH 6 左右。

③伏-普实验用于测定某些细菌利用葡萄糖产生非酸性或中性末端产物的能力。某些细菌分解葡萄糖成丙酮酸，再将丙酮酸缩合脱羧成乙酰甲基甲醇。乙酰甲基甲醇在碱性条件下被氧化为二乙酰，二乙酰与培养基中所含的胍基作用，生成红色化合物，为伏-普反应阳性。

④柠檬酸盐实验用于检测细菌利用柠檬酸的能力，有的细菌如产气肠杆菌，能利用柠檬酸钠为碳源，因此能在柠檬酸盐培养基上生长，并分解柠檬酸盐后产生碳酸盐，使培养基变为碱性。当培养基中加入溴麝香草酚蓝指示剂［变色范围为 pH 6.0（黄）～7.6（蓝）］时，培养基由绿色变为蓝色。不能利用柠檬酸盐为碳源的细菌，在该培养基上不生长，培养基不变色。

三、材料、试剂和仪器

1. **材料**　枯草芽孢杆菌、大肠杆菌、产气肠杆菌、普通变形杆菌。

2. **试剂**

（1）培养基。固体淀粉培养基、固体油脂培养基（含中性红指示剂）、3 支明胶培养基试管、3 支葡萄糖发酵培养基试管、3 支乳糖发酵培养基试管（内装有倒置的德汉氏小管）、蛋白胨水培养基试管、葡萄糖蛋白胨水培养基试管、柠檬酸盐培养基试管。

（2）卢戈氏碘溶液、甲基红指示剂、乙醚、吲哚、40% KOH、5% α-萘酚等。

3. **仪器和用具**　培养箱、无菌培养皿、无菌试管、接种环、试管架等。

四、实验方法与步骤

1. **淀粉水解试验**

（1）将固体淀粉培养基熔化后冷却至 50℃ 左右，无菌操作制成平板。

（2）将枯草芽孢杆菌、大肠杆菌分别接种在不同的平板上，在平板的反面分别写上菌名。

（3）将平板倒置在37℃培养箱中培养24h。

（4）观察细菌的生长情况，打开平板盖子，滴入少量的卢戈氏碘溶液，轻轻旋转平板，使碘溶液均匀铺满整个平板，小心地倒掉多余的碘溶液。如菌苔周围出现无色透明圈，说明淀粉已被水解，为阳性。根据透明圈的大小可初步判断该细菌水解淀粉能力的强弱，即产生胞外淀粉酶活力的高低。

2. 脂肪酶水解实验

（1）将熔化的固体油脂培养基冷却至50℃左右，充分摇荡，使油脂均匀分布，无菌操作制成平板，冷却。

（2）用无菌操作将枯草芽孢杆菌、大肠杆菌分别划十字接种于平板的中心。

（3）将平板倒置于37℃培养箱中培养24h。

（4）取出平板观察菌苔颜色。如出现红色斑点，说明脂肪被水解，为阳性反应。

3. 明胶水解实验

（1）取明胶培养基试管，用记号笔标明欲接种的菌名。

（2）用接种针穿刺接种。

（3）将接种好的试管置于22℃培养箱中培养2～5d。

（4）观察明胶液化情况并记录液化特征。

4. 糖发酵实验

（1）用记号笔在各试管外壁标明发酵培养基的名称、所接种的细菌菌名。

（2）取葡萄糖发酵培养基试管3支，两支分别接入大肠杆菌、普通变形杆菌，第三支不接种作为对照。另取乳糖发酵培养基试管3支，两支分别接入大肠杆菌、普通变形杆菌，第三支不接种作为对照。接种后轻轻摇动试管使其均匀，防止倒置的小管进入气泡。

（3）将接种试管和对照试管均置于37℃培养箱中培养24～48h。

（4）观察各试管的颜色变化及德汉氏小管中有无气泡。

5. 吲哚实验

（1）将大肠杆菌、产气肠杆菌分别接入两支蛋白胨水培养基试管中，置于37℃培养箱中培养48h。

（2）向培养物内加入8滴乙醚，振荡数次，静置1～3min，待乙醚上升后，沿试管壁徐徐加入5滴吲哚试剂，放入保温箱中保温15min，观察。

在乙醚和培养物之间有红色环状物则为吲哚实验阳性。

6. 甲基红实验

（1）将大肠杆菌、产气肠杆菌分别接入两支葡萄糖蛋白胨水培养基试管中，置于37℃培养箱中培养48h。

（2）向培养物内加入甲基红试剂2滴，观察颜色的变化。培养基变为红色则为阳性，黄色则为阴性（注意：甲基红试剂不要加得太多，以免出现假阳性反应）。

7. 伏-普实验

（1）将大肠杆菌、产气肠杆菌分别接入两支葡萄糖蛋白胨水培养基试管中，置于37℃培养箱中培养48h。

（2）向培养物内加入5～10滴40%KOH，然后加入等量的5%α-萘酚，用力振荡，再放入37℃保温箱中保温15～30min，以加快反应速度。观察颜色变化，培养物呈红色者为伏-普反应阳性。

8. 柠檬酸盐实验

（1）将大肠杆菌、产气肠杆菌分别接种于柠檬酸盐培养基试管斜面上，用记号笔做好标记，置于37℃培养箱中培养48h。

（2）观察柠檬酸盐培养基试管斜面上有无细菌生长和是否变色。蓝色为阳性，绿色为阴性。

五、 实验结果

各实验结果见表7-1至表7-3。

表7-1　淀粉及脂肪水解试验

菌　名	淀粉水解实验	脂肪水解实验
枯草芽孢杆菌	＋	－
大肠杆菌	－	－

注：＋表示阳性，－表示阴性。

表7-2　糖发酵试验

糖发酵	大肠杆菌	普通变形杆菌	对照
葡萄糖发酵	＋	＋	－
乳糖发酵	＋	－	－

注：＋表示产酸或产气，－表示不产酸也不产气。

表7-3　IMViC实验

菌　名	吲哚实验	甲基红实验	伏-普实验	柠檬酸盐实验
大肠杆菌	＋	＋	－	－
产气肠杆菌	－	－	＋	＋
对照	－	－	－	－

注：＋表示阳性，－表示阴性。

六、 注意事项

（1）淀粉水解实验中加碘溶液时淀粉要铺满整个平板。
（2）葡萄糖发酵实验中，在接种后要轻缓摇动试管，防止倒置的小管进入气泡。

七、 思考题

1. 解释在细菌培养中吲哚检测的化学原理，为什么在这个试验中用吲哚的存在作为色氨酸酶活性的指示剂，而不用丙酮酸。

2. 为什么大肠杆菌是甲基红反应阳性，而产气肠杆菌为甲基红反应阴性？这个实验与伏-普实验的最初底物与最终产物有何异同处？为什么会出现不同？

（方　媛）

实验八

环境因素对微生物生长影响的观察

一、实验目的

1. 学习并掌握常用化学消毒剂和抗生素抑制微生物生长的原理和方法。
2. 学习并掌握渗透压和 pH 影响微生物生长的原理和方法。

二、实验原理

　　微生物的生长发育常受到外界因素的影响，从而引起微生物形态、生理、生长、繁殖等特征的改变，甚至会造成微生物的死亡。研究环境因素与微生物之间的相互关系，有助于了解微生物在自然界的分布与作用，也可指导人们在食品加工中有效地控制微生物的生命活动。常见的环境因素包括化学消毒剂、渗透压、pH 和抗生素等。

　　1. 化学消毒剂　　化学消毒剂是可以杀灭病原微生物的化学制剂的统称。常用化学消毒剂按其杀灭微生物的效能可分为高效、中效、低效消毒剂三类，主要包括重金属盐、有机溶剂、卤族元素及其化合物、染料和表面活性剂等。不同化学消毒剂的作用原理各不相同。

　　①重金属离子容易和微生物的蛋白质结合而发生变性或沉淀，重金属盐类虽然杀菌效果好，但对人体有毒害作用，所以严禁用于食品工业中防腐或消毒。

　　②有机溶剂可使蛋白质和核酸变性，也可以破坏细胞膜，从而使内含物外溢。

　　③卤族元素中的碘可与蛋白质的酪氨酸残基不可逆结合而使蛋白质失活，氯可以与水作用产生强氧化剂而具有杀菌作用。

　　④染料在低浓度条件下可抑制细菌生长，染料对细菌的作用具有选择性。革兰氏阳性菌普遍比革兰氏阴性菌对染料更加敏感。

　　⑤表面活性剂可改变细胞膜透性，也能使蛋白质变性。

　　2. 渗透压　　大多数微生物适合在等渗的环境中生长，若置于高渗溶液（例如高盐、高糖溶液）中，水将通过细胞膜进入细胞周围的溶液中，造成细胞脱水而引起质壁分离，使细胞不能生长甚至死亡；若将微生物置于低渗溶液（如 0.01% NaCl 溶液）或水中，外环境中的水从溶液进入细胞内引起细胞膨胀。但因细菌、放线菌、霉菌及酵母菌等大多数微生物有细胞壁，而且个体较小，受低渗透压的影响不大。因为一般微生物不能耐受高渗透压，所以食品工业中利用高浓度的盐或糖保存食品，如腌渍蔬菜、肉类及果脯蜜饯等。糖的浓度通常为 50%～70%，盐的浓度为 5%～15%。由于盐的分子质量小，并能电离，在二者质量分数相等的情况下，盐的保存效果优于糖。

不同类型微生物对渗透压变化的适应能力不尽相同。大多数微生物在 0.5%～3% 的盐浓度范围内可正常生长；10%～15%的盐浓度能抑制大部分微生物的生长；但对嗜盐细菌而言，在低于 15%的盐浓度环境中不能生长；某些极端嗜盐菌可在盐浓度高达 30%的条件下生长良好。

3. pH　除了渗透压以外，培养液 pH 也是一项重要的发酵参数，它对菌体的生长和产品的积累有很大影响。

不同的微生物都有其最适生长 pH 和适宜生长的 pH 范围，即最高、最适与最低 3 个数值，在最适 pH 下微生物生长繁殖速度快，在最低或最高 pH 的环境中，微生物虽然能生存和生长，但生长非常缓慢而且容易死亡。不同微生物对 pH 条件的要求各不相同，它们只能在一定 pH 范围内生长。对 pH 条件的不同要求在一定程度上反映出微生物对环境的适应能力。一般霉菌能适应的 pH 范围最大，酵母菌适应的范围较小，细菌最小。霉菌和酵母菌生长最适酸碱度都为 pH 5～6，而细菌的生长最适酸碱度为 pH 7 左右。

此外，同一微生物在其不同的生长阶段和不同的生理、生化过程中，也要求不同的最适 pH，这对发酵工业中 pH 的控制、积累代谢产物特别重要。微生物最适生长 pH 与最适生产 pH 往往不一致。例如，黑曲霉最适生长 pH 5.0～6.0，pH 2.0～2.5 有利于产柠檬酸，pH 7.0 左右时以合成草酸为主。

培养基中 pH 变化的原因包括基质代谢、产物形成和菌体自溶等。而 pH 的作用机制主要有以下 3 个方面：

①使蛋白质、核酸等生物大分子所带电荷发生变化，从而影响其生物活性。

②引起细胞膜电荷变化，导致微生物细胞吸收营养物质的能力发生变化。

③改变环境中营养物质的可给性及有害物质的毒性。

4. 抗生素　微生物之间的拮抗现象普遍存在于自然界当中。许多微生物能产生某种具有选择性地抑制或杀死其他微生物的作用的特殊代谢产物，如抗生素。不同抗生素的抗菌谱是不同的，例如，青霉素一般只对革兰氏阳性菌具有抗菌作用，称为窄谱抗生素；另一些抗生素对多种细菌有作用，例如四环素、土霉素对许多革兰氏阳性菌和革兰氏阴性菌都有作用，称为广谱抗生素。人们可以通过抗菌谱试验来检测某一种抗生素的抗菌范围。了解某种抗生素的抗菌谱在临床治疗上具有非常重要的意义。

三、材料、试剂和仪器

1. 材料　大肠杆菌、枯草芽孢杆菌、金黄色葡萄球菌。

2. 试剂

（1）培养基。牛肉膏蛋白胨液体培养基、含不同浓度 NaCl（0、2.5%、5.0%、10%）的牛肉膏蛋白胨琼脂培养基、不同 pH（pH 3、5、7、9、11）的牛肉膏蛋白胨液体培养基。

（2）无菌生理盐水、75%乙醇、84 消毒液、3%碘酒、5%苯酚、0.1%结晶紫、氨苄青霉素（80 万 U/mL）等。

3. 仪器和用具　超净工作台、接种环、酒精灯、镊子、无菌培养皿、三角涂布棒、三角瓶、无菌试管、无菌滤纸条、无菌小圆滤纸片（φ5mm）等。

四、 实验方法与步骤

1. 化学消毒剂对微生物生长的影响

（1）将大肠杆菌（或枯草芽孢杆菌、金黄色葡萄球菌）在超净工作台中接种至装有 5mL 牛肉膏蛋白胨液体培养基的玻璃试管中，然后在 37℃ 摇床中培养 16h。

（2）将已灭菌并冷至 50℃ 左右的牛肉膏蛋白胨琼脂培养基倒入无菌培养皿中，水平放置待凝固。

（3）参照图 8-1 样式将培养基已凝固的培养皿划分成 5 个区域，并标明消毒剂的名称：75% 乙醇、5% 苯酚、0.1% 结晶紫、3% 碘酒、84 消毒液。

（4）用无菌吸管吸取 0.1mL 制备好的菌悬液，加至上述培养皿中，并用无菌三角涂布棒涂布均匀，静置 10min。

（5）用无菌镊子将小圆滤纸片（φ5mm）分别浸入装有各种消毒剂溶液的试剂瓶中浸湿，取出后在试剂瓶瓶口沥去滤纸片上多余的药液，再将其贴在培养皿相应区域，静置 10min。

（6）将上述贴好滤纸片的含菌培养皿倒置于 37℃ 培养箱中，24h 后取出观察抑（杀）菌圈的大小（图 8-2）。

2. 渗透压对微生物生长的影响

（1）将含不同浓度 NaCl（0、2.5%、5.0%、10%）的牛肉膏蛋白胨琼脂培养基熔化，倒入培养皿中。

（2）在培养基已凝固的培养皿外侧底部用记号笔划分成二等份，分别接种大肠杆菌和枯草芽孢杆菌，并做好标记。

（3）将上述培养皿置于 37℃ 培养箱中，培养 24h 后观察并记录不同 NaCl 浓度培养皿中的细菌生长状况。

3. pH 对微生物生长的影响

（1）在超净工作台上将大肠杆菌接种至装有 5mL 牛肉膏蛋白胨液体培养基的玻璃试管中，然后在 37℃ 摇床中培养 16h。

（2）取 5 支分别装有 5mL 不同 pH（pH 3、5、7、9、11）的牛肉膏蛋白胨液体培养基

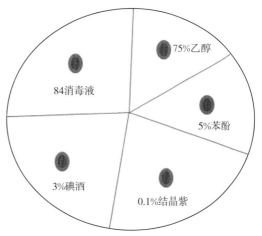

图 8-1　培养皿区域划分

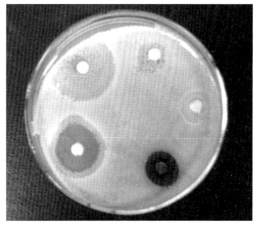

图 8-2　不同化学消毒剂的抑菌效果

（注：本图的抑菌圈与图 8-1 中的消毒剂位置是对应的）

的玻璃试管（已灭菌），然后向每支试管中分别接入 0.1mL 大肠杆菌菌液。

（3）将接有大肠杆菌的 5 支试管置于 37℃ 培养箱中培养 24h，然后观察细菌生长情况（比较各试管的混浊程度）。

4. 氨苄青霉素对微生物生长的影响

（1）将已灭菌并冷却至 50℃ 左右的牛肉膏蛋白胨琼脂培养基倒入无菌培养皿中，水平放置待凝固。

（2）在超净工作台上用镊子将灭菌后的滤纸条浸入氨苄青霉素溶液中，取出后在试剂瓶瓶口沥去滤纸片上多余的药液，再将其贴在培养皿的左侧。

（3）在超净工作台上用接种环分别取大肠杆菌、枯草芽孢杆菌和金黄色葡萄球菌，并在近滤纸条边缘垂直向右划线接种（图 8-3）。

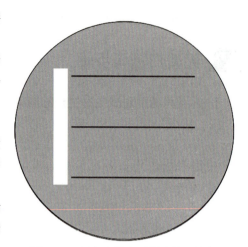

图 8-3　氨苄青霉素对微生物生长的影响实验的接种方式

（4）培养。将培养皿置于 37℃ 培养箱中，培养 24h 后观察细菌生长情况并记录。

五、注意事项

（1）在滤纸片浸润消毒液时，要在试剂瓶内壁沥去多余药液，应尽量保证滤纸片所含消毒剂溶液量基本一致。

（2）不要在培养基表面拖动滤纸片。

（3）吸取菌液接种到不同 pH 的牛肉膏蛋白胨液体培养基时，要将菌液吹打均匀，保证各管中接入的菌液浓度一致。

六、思考题

如果在含有化学消毒剂的滤纸片周围能够形成抑（杀）菌圈，则表明该区域培养基中的细菌被杀死或被抑制而不能生长，那么如何证明抑（杀）菌圈的形成是由于化学消毒剂的抑菌作用还是杀菌作用。

参考文献

沈萍，陈向东，2016. 微生物学 [M]. 5 版. 北京：高等教育出版社.

沈萍，陈向东，2018. 微生物学实验 [M]. 8 版. 北京：高等教育出版社.

徐德强，王英明，周德庆，2019. 微生物学实验教程 [M]. 4 版. 北京：高等教育出版社.

（张萍华）

实验九

乳酸菌的分离与鉴定

一、 实验目的

1. 掌握使用选择性培养基从动物粪便中分离乳酸菌的方法。
2. 学习对筛选到的未知细菌菌株进行初步分类鉴定的方法。

二、 实验原理

乳酸菌（lactic acid bacteria，LAB）是一类能利用可发酵碳水化合物产生大量乳酸的无芽孢、革兰氏阳性菌的总称。这类细菌在自然界分布广泛，在工业、农牧业及食品和医学等与人类生活密切相关的领域具有很高的应用价值。

乳酸菌是动物体内的益生菌，在动物肠道内具有调节机体肠道菌群、保持微生态平衡的功能。它能分解食物中的蛋白质、碳水化合物，合成维生素，促进消化吸收，调节宿主免疫系统。动物排出的粪便中附带有大量来自肠道的乳酸菌，本实验利用选择性培养基从动物粪便中分离乳酸菌，并进行初步鉴定。

三、 材料、试剂和仪器

1. 材料　动物粪便。
2. 试剂　3% H_2O_2、MRS 固体培养基。

MRS 固体培养基（1L）：蛋白胨 10g、牛肉浸粉 8g、酵母浸粉 4g、K_2HPO_4 2g、柠檬酸氢二铵 2g、醋酸钠 5g、葡萄糖 20g、$MgSO_4$ 0.2g、$MnSO_4$ 0.04g、吐温 80 1mL、琼脂 20g，pH 6.4。

3. 仪器和用具　显微镜、载玻片、盖玻片、镊子、接种针、涂布棒、酒精灯、三角烧瓶等。

四、 实验方法与步骤

1. 取样　取新鲜动物粪便，放入无菌袋中备用，或放入 4℃ 冰箱暂存。

2. **制备粪便稀释液** 称取新鲜粪便 10g，放入盛有 90mL 无菌水并带有玻璃珠的三角烧瓶中，振摇，将粪便充分打散，获得 10^{-1} 浓度的粪便液。用 1mL 移液枪吸取 1mL 10^{-1} 浓度的粪便液于装有 9mL 无菌水的试管中混匀，获得 10^{-2} 稀释液，以此类推制成 10^{-3}、10^{-4}、10^{-5} 的粪便稀释液。

3. **倒平板** 熔化 MRS 培养基，并在培养基里加入体积分数为 1.5% 的 $CaCO_3$，熔化后将培养基倒入无菌平皿中，凝固待用。

4. **涂布** 在培养基平皿底部标注粪便稀释度，用移液枪分别取 10^{-3}、10^{-4}、10^{-5} 粪便稀释液各 0.1mL 于对应平板中，用无菌涂布棒涂布均匀。室温静置 5～10min，待菌液吸附进培养基后，于 37℃培养箱中倒置培养 2～3d。

5. **乳酸菌的初步鉴定**

（1）挑选有溶钙圈的菌落，于 MRS 平板培养基上划线分离，直至培养得到纯菌株。记录菌株的菌落形态。

（2）革兰氏染色为阳性菌。

（3）过氧化氢酶实验。蘸取分离株的菌苔涂于洁净的玻片上，加 3% 过氧化氢溶液 1～2 滴，1min 内观察是否有气泡产生。不产生气泡的过氧化氢酶实验反应为阴性，以此为基准，判别菌株为乳酸菌。

五、注意事项

（1）稀释过程中，每次吸入粪便稀释液后，需用移液枪吹吸混匀，以减少稀释中的误差。

（2）革兰氏染色时注意菌龄合适，染色过程可以增加标准菌株作对比。

六、思考题

请分析在选择培养基平板上形成的溶钙圈对筛选乳酸菌起到什么作用。

（张艳军）

实验十

植物根部内生真菌的分离与观察

一、实验目的

1. 掌握植物根部内生真菌的分离方法。
2. 观察植物根部不同内生真菌的形态结构。

二、实验原理

自然环境中生长的植物随时面临各种生物和非生物胁迫，环境压力也使植物进化出各种生存策略，如改变根系结构、激发生化反应、分泌代谢产物和"招募"土壤中微生物（如丛枝菌根真菌和固氮细菌等）（Xue，2020）。植物和与其相关的微生物组成一个功能实体，称为共生功能体（holobiont），共同应对环境变化（Hassani et al.，2018）（图 10-1）。

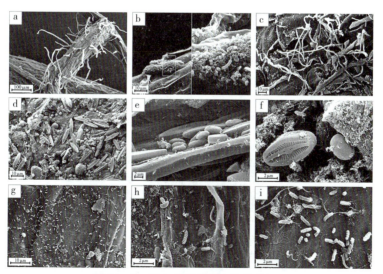

图 10-1 拟南芥根部微生物菌群概况
（扫描电镜显示野外生长的拟南芥群体根表面复杂的微生物网络）
a. 具有大量根毛的拟南芥主根　b. 细菌形成生物膜　c. 真菌或卵菌覆盖根表面　d. 主根被孢子和原生生物密集覆盖
e、f. 原生生物多属于 Bacillariophyceae 纲　g. 细菌和细菌丝　h、i. 形态各异的细菌
（Hassani et al.，2018）

三、 材料、试剂和仪器

1. **材料**　野外土壤中生长的百脉根。
2. **试剂**　70%乙醇（体积分数）、3% 次氯酸钠溶液（体积分数）、MYP 培养基（甘露醇卵黄多黏菌素琼脂培养基）（1L）。

MYP 培养基配方见表 10 - 1。

表 10 - 1　MYP 培养基配方

试　剂	用量（g）
麦芽提取物	7
牛肉膏蛋白胨	1
酵母提取物	0.5
琼脂	12

3. **仪器和用具**　镊子、剪刀、试管、培养皿等。

四、 实验方法与步骤

（1）采集试验田种植的百脉根根部，用灭菌水冲洗两遍。
（2）浸泡在 70%乙醇（体积分数）中 1min，进行表面灭菌。
（3）置于 3%次氯酸钠溶液（体积分数）中浸泡 4min。
（4）在 70%乙醇（体积分数）中浸泡 30s。
（5）用灭菌水洗 3 次，每次 1min。
（6）切成 5～7mm 长的片段后放入 MYP 培养基上，室温培养 5～7d。
（7）真菌克隆长出后反复多次划到新板上，以获得单克隆。观察其生长。

五、 实验结果

内生真菌多次培养在 MYP 培养基上，形成均匀单菌落（图 10 - 2）。

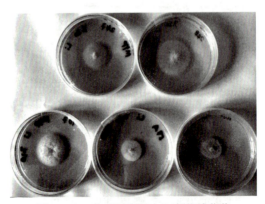

图 10 - 2　分离百脉根内生真菌单菌落

六、　注意事项

（1）根据土壤和植物的不同，根的表面杀菌处理方法、真菌的培养基和培养条件需要适当调整。

（2）多次转接培养获得真菌单克隆。如能形成孢子，以孢子形式保存；若培养条件下无法形成孢子，以菌丝方式保存。

七、　思考题

1. 植物中微生物含量大概多少？
2. 如何鉴定分离的内生真菌对植物有无促生作用？

参考文献

Hassani M A，Duran P，Hacquard S，2018. Microbial interactions within the plant holobiont ［J］. Microbiome，6：58.

Xue L，Almario J，Fabianska I，2019. Dysfunction in the arbuscular mycorrhizal symbiosis has consistent but small effects on the establishment of the fungal microbiota in *Lotus japonicus* ［J］. New Phytol，224：409 – 420.

Xue L，Wang E，2020. Arbuscular mycorrhizal associations and the major regulators ［J］. Front Agr Sci Eng，7（3）：296 – 306.

（薛　丽）

实验十一

植物根中内生真菌的鉴定

一、实验目的

1. 掌握植物根中内生真菌的鉴定方法。
2. ITS2 扩增、测序分析真菌种类。

二、实验原理

除丛枝菌根真菌外，目前还发现其他种类的内生真菌能促进非菌根共生植物营养吸收，如担子菌门的 *Piriformospora indica* 和子囊菌门的 *Colletotrichum tofieldiae* 都能为寄主植物拟南芥运输磷（Yadav et al.，2010；Hiruma et al.，2016）；子囊菌门的 *Heteroconium chaetospira* 能为寄主植物油菜提供氮素（Usuki et al.，2007）；*Rhynchosporium* spp. 能为十字花科寄主植物 *Arabis alpina* 提供磷（Almario et al.，2017）等。土壤和植物中还有很多能促进植物生长的内生真菌（促生真菌）有待于发现，促生真菌在农业生长中有着重要而广泛的应用前景。

真菌核糖体 DNA 由核糖体基因（18S、5.8S 和 28S）和位于其间的间隔区（internal transcribed spacer，ITS）组成。ITS2 位于 5.8S 和 28S 基因间，其长度和序列变化较大，扩增产物可用于鉴定真菌的不同属、种和菌株。这里用 ITS1/ITS4 这对引物来扩增 ITS2 片段对真菌进行种类鉴定（图 11-1）（Ihrmark et al.，2012）。

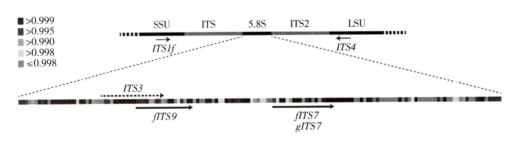

图 11-1　ITS1/ITS4 分别位于 18S 和 28S 基因上，以扩增 ITS2 序列

（图例表示在 5.8S 区域中对近 14 万真菌序列比对，最常见的核苷酸的频率）

（引自 Ihrmark et al.，2012）

三、 材料、试剂和仪器

1. **材料**　野外土壤中生长的百脉根。

2. **试剂**　Tris-HCl、异丙醇、EDTA、SDS、NaCl、*Taq* DNA 聚合酶、MYP 培养基（1L）（表 11-1）、引物。

表 11-1　MYP 培养基（1L）配方

试　剂	用量（g）
麦芽提取物	7
牛肉膏蛋白胨	1
酵母提取物	0.5
琼脂	12

所用提取液组成见表 11-2。

表 11-2　提取液组成

试　剂	浓　度
Tris-HCl（pH7.5）	200mmol/L
NaCl	250mmol/L
EDTA	25mmol/L
SDS	0.5%

引物：

ITS1：TCCGTAGGTGAACCTGCGG

ITS4：TCCTCCGCTTATTGATATGC

3. **仪器和用具**　PCR 仪、镊子、剪刀、试管、培养皿、离心机等。

四、 实验方法与步骤

1. **真菌基因组 DNA 提取**　真菌基因组 DNA 提取可以通过试剂盒 FastDNA™ SPIN Kit for Soil（MP Biomedicals，Solon，USA）进行。

或者按照如下方法粗提：

（1）收集 50～200mg 真菌菌丝体材料，加入玻璃珠研磨后再加入 400μL 提取液。

（2）室温静置 15～60min，之后在 13 000r/min 下离心 5min。

（3）取 300μL 上清液，并将其与 300μL 异丙醇混合，室温静置 5min。

（4）在 13 000r/min 下离心 10min，弃去上清液，让沉淀干燥至少 20min。

（5）将沉淀溶解在 100μL Tris-HCl（10mmol/L，pH 8.5）中。

（6）取 0.5～4μL 做模板进行 PCR（聚合酶链式反应）。

2. **ITS2 测序结果比对**　用 ITS1/ITS4 这对引物来扩增 ITS2 片段后，用 ITS4 引物测序。测序结果通过 UNITE 数据库（https：//unite. ut. ee/）比对分析，对真菌进行分类。

五、 实验结果

实验比对分析结果见图 11 - 2。

```
107    cCtGnnccGAgGTcaACGTTcaGAAGTTGGGGGTTTAACGGCGTGGCC---GCGCTGTTT
247    -cngntccgAGGTCAACGTTcaGAAgTTGGGGGTTTAACGGCGTGGCC---GCGCTGTTT
117B   ------ccGAGGTCAACGTTcaGAAGTTGGGGGTTTAACGGCGTGGCC---GCGCTGTTT
55A    ---gntCcGAGGTCAACGTTcaGAAGTTGGGGGTTTAACGGCGTGGCC---GCGCTGTTT
248    --------GAGGTCAACGTTcaGAAGTTGGGGGTTTAACGGCGTGGCC---GCGCTGTTT
104A   -----tCCgAGGTCAACGTTcaGAAGTTGGGGGTTTAACGGCGTGGCC---GCGCTGTTT
57A    ---gntT-CGAGGTCACcagAAAAAgTCGGGGGTTTTACGGCGTGGTTCACAGAAGGGTT
102A   ccnGatTCGAGGTCACCagAAAAAAgTCGGGGGTTTTACGGCGTGGTTCaCAGAAGGGTT
              *      *    * **** ******** ********          * **

107    CCCAGTGCGAGGTGTGCTACTACGCAGAGGAAGCTACAGCGAGACCGCCACTAGATTTAG
247    CCCAGTGCGAGGTGTGCTACTACGCAGAGGAAGCTACAGCGAGACCGCCACTAGATTTAG
117B   CCCAGTGCGAGGTGTGCTACTACGCAGAGGAAGCTACAGCGAGACCGCCACTAGATTTAG
55A    CCCAGTGCGAGGTGTGCTACTACGCAGAGGAAGCTACAGCGAGACCGCCACTAGATTTAG
248    CCCAGTGCGAGGTGTGCTACTACGCAGAGGAAGCTACAGCGAGACCGCCACTAGATTTAG
104A   CCCAGTGCGAGGTGTGCTACTACGCAGAGGAAGCTACAGCGAGACCGCCACTAGATTTAG
57A    CCGGAGCGAGGTGTTGCTACTACGCTGAGGTACACACGGCGTGACCGCCACTGGATTTGG
102A   CCGGAGCGAGGTGTTGCTACTACGCTGAGGTACACACGGCGTGACCGCCACTGGATTTGG
       **      *   ********** ****  *  ** *** ********** ***** *

107    GGGACGGCGGGCG------------------CGGAGGCTCGCCGATCCCCAACACCAAG
247    GGGACGGCGGGCG------------------CGGAGGCTCGCCGATCCCCAACACCAAG
117B   GGGACGGCGGGCG------------------CGGAGGCTCGCCGATCCCCAACACCAAG
55A    GGGACGGCGGGCG------------------CGGAGGCTCGCCGATCCCCAACACCAAG
248    GGGACGGCGGGCG------------------CGGAGGCTCGCCGATCCCCAACACCAAG
104A   GGGACGGCGGGCG------------------CGGAGGCTCGCCGATCCCCAACACCAAG
57A    GGGACGGCGGGCGCGGGCTCCCGAGGGTGCCAGCGCCTTGTGCCGATCCCCAACACCAAG
102A   GGGACGGCGGGCGCGGGCTCCCGAGGGTGCCAGCGCCTTGTGCCGATCCCCAACACCAAG
       *************                       *      *****************

107    CCCGGGGGGCTTGAGGGTTGAAATGACGCTCGGACAGGCATGCCCGCCAGAATACTAGCGG
247    CCCGGGGGGCTTGAGGGTTGAAATGACGCTCGGACAGGCATGCCCGCCAGAATACTAGCGG
117B   CCCGGGGGGCTTGAGGGTTGAAATGACGCTCGGACAGGCATGCCCGCCAGAATACTAGCGG
55A    CCCGGGGGGCTTGAGGGTTGAAATGACGCTCGGACAGGCATGCCCGCCAGAATACTAGCGG
248    CCCGGGGGGCTTGAGGGTTGAAATGACGCTCGGACAGGCATGCCCGCCAGAATACTAGCGG
104A   CCCGGGGGGCTTGAGGGTTGAAATGACGCTCGGACAGGCATGCCCGCCAGAATACTAGCGG
57A    CCCGGGGGGCTTGAGGGTTGAAATGACGCTCGAACAGGCATGCCCGCCAGAATACTGGCGG
102A   CCCGGGGGGCTTGAGGGTTGAAATGACGCTCGAACAGGCATGCCCGCCAGAATACTGGCGG
       ******************************* *****************     ****
```

图 11 - 2　百脉根中分离的不同 *Dactylonectria* 属内生真菌单菌落 ITS2 测序结果比对分析
（107、247、117B、55A、248、104A、57A 和 102A 代表分离的不同单菌落）

六、 注意事项

（1）MYP 培养基不能分离出百脉根中所有的内生真菌。
（2）不同植物根中内生真菌种类和数量差异很大。
（3）PDA 培养基也是分离内生真菌的良好选择。

七、 思考题

1. 已知的促生真菌有哪些？促生的机制有哪些？

2. 如何鉴定分离的内生真菌对植物有无促生作用？

参考文献

Almario J，et al.，2017. Root-associated fungal microbiota of nonmycorrhizal *Arabis alpina* and its contribution to plant phosphorus nutrition [J]. Proc Natl Acad Sci USA，114：9403 – 9412.

Hiruma K，et al.，2016. Root endophyte *Colletotrichum tofieldiae* confers plant fitness benefits that are phosphate status dependent [J]. Cell，165：464 – 474.

Ihrmark K，et al.，2012. New primers to amplify the fungal ITS2 region—evaluation by 454 – sequencing of artificial and natural communities [J]. FEMS Microbiol Ecol，82：666 – 677.

Usuki F，Narisawa K，2007. A mutualistic symbiosis between a dark septate endophytic fungus，*Heteroconium chaetospira*，and a nonmycorrhizal plant，Chinese cabbage [J]. Mycologia，99：175 – 184.

Yadav V，et al.，2010. A phosphate transporter from the root endophytic fungus *Piriformospora indica* plays a role in phosphate transport to the host plant [J]. J Biol Chem，285：26532 – 26544.

（薛　丽）

实验十二
丛枝菌根共生染色及侵染率计算

一、实验目的

1. 丛枝菌根共生台盼蓝染色观察。
2. 了解丛枝菌根真菌侵染植物后的形态结构，区分菌丝、丛枝和泡囊。
3. 学习并掌握丛枝菌根真菌侵染率的计算方法。

二、实验原理

植物与丛枝菌根真菌共生是一种古老而普遍的现象。大约80%的陆生植物能与古老的球囊菌门真菌形成共生关系，通过庞大的菌丝网络增加植物根系的营养和水分吸收。菌根真菌属于专性活体营养型真菌，它完全依赖植物提供的糖和脂肪酸作为碳源来完成生活史；作为回报，其为植物提供磷等营养元素（Jiang et al.，2017；Keymer et al.，2017；Luginbuehl et al.，2017）。低磷条件下，植物分泌独脚金内酯（strigolactone），独脚金内酯刺激丛枝菌根真菌的孢子萌发和菌丝分叉；同时丛枝菌根真菌也分泌 Myc-factor 激活植物共生前反应，为共生做准备；菌丝穿过植物根表皮，在内皮层细胞内形成树杈状结构，称为丛枝；丛枝是真菌与植物细胞间进行物质交换的场所（Gutjahr et al.，2013）。

丛枝菌根共生过程大致可分为4个步骤：①土壤中丛枝菌根真菌孢子萌发；②菌丝分叉；③在根表皮细胞中形成预侵染器（PPA）和附着枝（hyphopodium）；④丛枝（arbuscule）形成（图 12-1）。丛枝的形成是一个动态过程，它的寿命一般为 7~14d，成熟的丛枝形成后又会慢慢退化消失（Xue et al.，2020）。

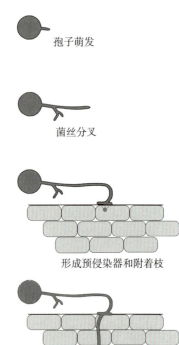

孢子萌发

菌丝分叉

形成预侵染器和附着枝

形成丛枝

图 12-1　丛枝菌根共生形成过程模型

三、 材料、试剂和仪器

1. **材料** 丛枝菌根真菌（*Rhizophagus irregularis*）侵染后的百脉根。

2. **试剂** 50%乙醇、10% KOH 溶液、1% HCl 溶液、台盼蓝染色液（表 12-1）、50% 甘油。

表 12-1 台盼蓝染色液组成

试 剂	浓 度
0.05%台盼蓝	0.5g/L
乳酸	333.33mL/L
甘油	333.33mL/L
水	333.33mL/L

3. **仪器和用具** 显微镜、镊子、解剖针、载玻片、盖玻片、试管等。

四、 实验方法与步骤

1. 菌根共生台盼蓝染色

（1）取丛枝菌根真菌侵染的百脉根的根约 20 条，长 1cm，置于 50%乙醇溶液中。

（2）从乙醇溶液中取出百脉根的根，放置于 2mL 试管中，加入 1mL 10% KOH 溶液，95℃水浴 15min。

（3）换到 1mL 1% HCl 溶液中常温放置 10min。

（4）再在 1mL 台盼蓝染色液中抽真空染色 3min。

（5）染色后将根换到 50%甘油中过夜。

（6）最后在载玻片上平行放置 15～20 条根段，加约 100μL 50% 甘油后盖上盖玻片（图 12-2）。

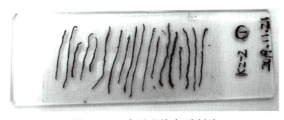

图 12-2 台盼蓝染色后制片

2. 菌根侵染计数

在 20×物镜下检查至少 150 个视野，并对每个观察到的视野根据没有侵染，只有菌丝（计数在标为 H 的栏里），有菌丝和丛枝（计数在标为 H+A 的栏里），有泡囊和菌丝（计数在标为 V+H 的栏里），同时有菌丝、丛枝和泡囊（计数在标为 A+V+H 的栏里）进行分类。每个视野只归一类，不重复计数。最后计算出各种侵染情况占总侵染情况的百分比。

五、实验结果

用显微镜观察到的台盼蓝染色后的百脉根丛枝菌根参见图12-3。

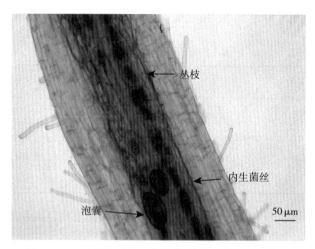

图12-3　显微镜下台盼蓝染色后的百脉根丛枝菌根

六、注意事项

（1）菌根侵染不发生在根尖。
（2）注意区分外生菌丝和内生菌丝。外生菌丝不计入侵染率中。
（3）注意区分菌丝和根的导管结构。
（4）同一视野下丛枝可处于不同发育状态。
（5）泡囊是气球状，通常染色深一些。

七、思考题

1. 丛枝菌根共生中，丛枝和泡囊的功能分别是什么？
2. 若两种材料菌根侵染率一样，但丛枝结构差异很大，该如何呈现这种差异。

参考文献

Gutjahr C，Parniske M，2013. Cell and developmental biology of arbuscular mycorrhiza symbiosis［J］. Annu Rev Cell Dev Biol，29：593-617.

Jiang Y，Wang W，Xie Q，et al.，2017. Plants transfer lipids to sustain colonization by mutualistic mycorrhizal and parasitic fungi［J］. Science，356（6343）：1172-1175.

Keymer A，Pimprikar P，Wewer V，et al.，2017. Lipid transfer from plants to arbuscular mycorrhiza fungi［J］. Elife，6：e29107.

Luginbuehl L H，Menard G N，Kurup S，et al.，2017. Fatty acids in arbuscular mycorrhizal fungi are synthesized by the host plant ［J］. Science，356 (6343)：1175－1178.

Xue L，Wang E，2020. Arbuscular mycorrhizal associations and the major regulators ［J］. Front Agr Sci Eng. doi：10. 15302/J-FASE－2020347.

（薛　丽）

实验十三

果蝇的培养及生活史中各形态的观察

一、实验目的

1. 掌握果蝇培养的条件和方法。
2. 了解果蝇各阶段的形态特征。

二、实验原理

黑腹果蝇（*Drosophila melanogaster*）属双翅目果蝇属，为完全变态昆虫。果蝇生活史较短，20～25℃时，每12d左右可完成一个世代（图13-1）；繁殖能力强，每只受精的雌果蝇可产卵400～500个；突变类型多，研究较清楚的有400多个；唾腺染色体大，横纹清晰，便于观察。自20世纪初，果蝇作为遗传学实验材料被广泛应用，以果蝇为研究材料建立了摩尔根的基因的染色体学说。

果蝇全部生活史所需的时间，常因饲养温度和营养条件等而有所不同。在25℃下饲养，卵到幼虫期平均约为5d，蛹到成虫期仅需4.2d。因此当营养条件

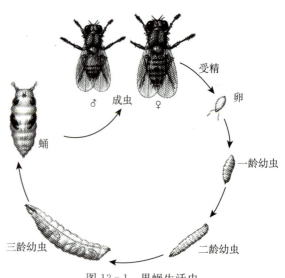

图 13-1 果蝇生活史

适宜并且在25℃下饲养时，只需10d即可完成一代生活史。当温度低至10℃时，生活周期将延长至57d以上，而且生活力明显下降，如果高于30℃则将引起不育和死亡。

三、材料、试剂和仪器

1. **材料** 果蝇野生型品系、果蝇突变型品系。
2. **试剂** 乙醚、70%乙醇、丙酸、琼脂、蔗糖、苯甲酸、酵母粉、水果、玉米粉。

3. **仪器和用具**　双目解剖镜、恒温箱、高压灭菌锅、培养瓶、麻醉瓶、白瓷板、镊子、毛笔、三角瓶、平底试管、纱布、棉花等。

四、　实验方法与步骤

1. 果蝇的培养

（1）取材。在温暖的季节里，把腐烂发酵的水果或购买的葡萄等水果捣烂，放入500mL三角瓶中，敞开盖，诱来果蝇取食。时间长些，果蝇将会繁殖，由此采到卵和幼虫。需作鉴定，分离出果蝇，等它们繁殖到一定数量时，用多层纱布盖住瓶口。

（2）培养瓶灭菌。取平底试管，洗净晾干。做一个纱布包的棉花塞，正好能不松不紧塞住瓶口，便于空气流通。把广口瓶放入高压灭菌锅中，再剪一条比瓶短一些的狭长方形滤纸，也放入锅中，灭菌20min。

（3）制备培养基。玉米粉-糖-琼脂培养基配制方便而经济适用，是实验室常用的一种培养基。有两种常用量配比，如表13-1所示。

表13-1　玉米粉-糖-琼脂培养基

配方	水（mL）	琼脂（g）	蔗糖（g）	玉米粉（g）	苯甲酸（g）	丙酸（mL）	酵母粉
1	75	1.5	13.5	10.0	0.15~0.2	—	适量
2	380	3.0	31.0	42.0		2.5	适量

配方1：先将苯甲酸溶于少量的95%乙醇中。将琼脂破碎放入总量约2/3的水中煮溶后，加入蔗糖搅拌，再将玉米粉和余下1/3的水调和成糊状（可在煮溶琼脂时调好），倾入正在煮沸的琼脂-蔗糖混合物中，然后加入溶于乙醇的苯甲酸，不断搅拌，继续煮沸几分钟至黏稠均匀为止。趁热将配好的培养基倒入经过灭菌的培养瓶中（3瓶的用量），倾倒时注意避免沾到瓶口和壁上，随即用灭菌的纱布棉塞塞好瓶口，冷却后待用。用前加入微量干酵母粉或1~2滴新鲜酵母悬浮液。暂时不用的培养基应放在清洁冷冻处保存。

配方2：将琼脂放入190mL水中加热溶解后，再加蔗糖煮沸；另将玉米粉和所余的190mL水调匀，然后将二液混合继续加热煮沸几分钟，最后加入丙酸搅匀倾入培养瓶中（15瓶的用量），冷置待用，其余同上。

（4）引入果蝇。从恒温箱中取出培养瓶，如果瓶壁和培养基表面有水珠，应用吸水纸吸干，以免果蝇入内被水珠沾住或溺死。把培养瓶口对准收集器皿口，稍为倾斜，果蝇会爬上或飞入培养瓶中。一般每只培养瓶放养10~20只果蝇，塞好棉塞，贴上标签，注明日期。以后每隔3~4周更换一次新的培养基，并把果蝇转入新的培养瓶中，这样才可能长期饲养。

2. 果蝇生活史中各形态观察
用镊子或解剖针从培养瓶中将果蝇的卵、幼虫及蛹轻轻取出，用生理盐水浸洗一遍，解剖镜下观察。对果蝇成虫进行观察时，用乙醚麻醉，使果蝇处于昏迷状态。使用时将乙醚（2~3滴）滴到麻醉瓶的棉花球上（注意不要让乙醚流进瓶内），麻醉瓶要保持干燥，否则会沾住果蝇翅膀，影响观察。麻醉果蝇时，先将长有果蝇的培养瓶在海绵垫上敲，使果蝇全部震落在培养瓶底部，然后迅速打开培养瓶的棉塞，把果蝇倒入去盖的麻醉瓶中，并立即盖好麻醉瓶，待果蝇全部昏迷后，倒在白瓷板上进行观察。

（1）卵。羽化后的雌蝇一般在 12h 后开始交配。2d 以后才能产卵，卵长约 0.5mm，椭圆形，腹面稍扁平，在背面的前端伸出一对触丝，它能使卵附着在食物（或瓶壁）上，不致深陷到食物中去。

（2）幼虫。幼虫从卵中孵化出来后，经过两次蜕皮到第三龄期，此时体长可至 4～5mm。肉眼观察可见一端稍尖，为头部，并且有一黑点，即口器；稍后有一对半透明的唾腺，每条唾腺前有一个唾腺管向前延伸，然后汇合成一条导管通向消化道。神经节位于消化道前端的上方。通过体壁，还可以看到一对生殖腺位于身体后半部的上方两侧，精巢较大，外观为一个明显的黑色斑点，卵巢则较小，熟悉观察后可借以鉴别雌雄。

（3）蛹。幼虫生活 7～8d 后即化蛹，化蛹前从培养基上爬出附在瓶壁上，渐次形成一个梭形的前蛹，起初颜色淡黄，柔软，以后逐渐硬化，变为深褐色，显示将要羽化成虫了。

（4）成虫。果蝇成虫分为头、胸、腹三部分。头部有 1 对大的复眼，3 个单眼和 1 对触角；胸部有 3 对足，1 对翅和 1 对平衡棒；腹部背面有黑色环纹，腹面有腹片，外生殖器位于腹面末端，全身有许多体毛和刚毛。

雌果蝇体型较大，腹部末端稍尖，第一对脚跗节前端无性梳，腹部腹面有 6 个腹片，外生殖器简单；雄果蝇体型较小，腹部末端稍圆，第一对脚跗节前端有性梳，腹部腹面仅 4 个腹片，外生殖器复杂。

同时果蝇突变类型较多，在身体颜色、眼睛颜色、翅膀形状、刚毛形状等各方面均有较大的差异（表 13-2）。

表 13-2　果蝇几种常见的突变类型

突变类型	基因符号	形态特征	染色体
黑檀体	ebony，e	体呈乌木色，黑亮	ⅢR 70.7cM
白眼	white，w	复眼白色	Ⅹ 1.5cM
残翅	vestigical，vg	翅退化，部分残留	ⅡR 60.7cM
焦刚毛	singed，sn	刚毛卷曲	Ⅹ 21.0cM
小翅	miniatare，m	翅较短	Ⅹ 36.1cM

五、 实验结果

1. 生活史的观察（图 13-2）

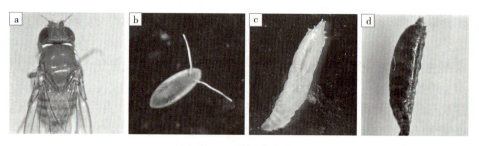

图 13-2　果蝇各虫态
a. 成虫　b. 卵　c. 幼虫　d. 蛹

2. 果蝇雌雄形态差异的观察（图 13-3 至图 13-5）

图 13-3　果蝇腹部末端

a. 雌果蝇腹部末端稍尖　b. 雄果蝇腹部末端稍圆

图 13-4　果蝇体型

a. 雌果蝇体型大　b. 雄果蝇体型小

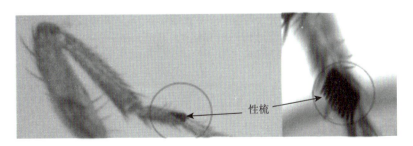

图 13-5　雄果蝇第一对脚跗节前端的性梳

3. 果蝇各突变体的观察

（1）身体颜色（图 13-6）。

图 13 - 6　果蝇体色

a. 野生型：灰色　b. 黑檀体

（2）眼睛颜色（图 13 - 7）。

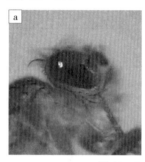
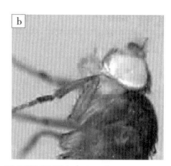

图 13 - 7　果蝇眼睛颜色

a. 野生型：砖红色　b. 白眼

（3）翅膀长度（图 13 - 8）。

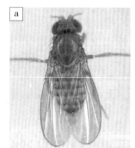

图 13 - 8　果蝇翅膀长度

a. 野生型：长度约为腹部的 2 倍　b. 小翅　c. 残翅

（4）刚毛性状（图 13 - 9）。

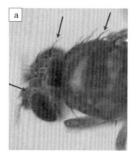
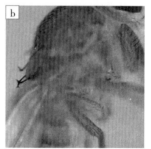

图 13 - 9　果蝇刚毛性状

a. 野生型：刚毛长、黑硬、平直，先端略弯　b. 焦刚毛

六、 注意事项

（1）麻醉瓶要轻拿轻放，一定要水平放置。乙醚可以将果蝇麻醉致死。

（2）果蝇培养最方便的培养基是水果，如葡萄。将水果捣碎，再加少许蔗糖进行培养。

七、 作业与思考题

1. 如何分辨果蝇成虫的性别。

2. 简述果蝇的生活史。

3. 观察 5 个品种的果蝇，并记录它们的特征，填入表 13-3。

表 13-3　果蝇形态特征观察

类　型	性　状			
	休色	眼色	翅膀	刚毛
野生型				
白眼				
黑檀体				
残翅				
焦刚毛				

（马伯军）

果蝇的单因子杂交

一、实验目的

1. 理解分离定律的原理。
2. 掌握果蝇的杂交技术。
3. 记录交配结果和掌握统计处理方法。

二、实验原理

黑腹果蝇（*Drosophila melanogaster*）为双翅目昆虫，属完全变态发育。其用作实验材料的优点：①容易饲养，生活周期短（20～25℃，约 12d 一代）。②繁殖能力较强，每只受精的雌虫可产卵 400～600 粒，因此在短时间内可获得较大的子代群体，有利于遗传学分析。③突变类型多，研究较清楚的突变已达 400 多个，且多数是形态特征的变异，便于观察。④唾腺染色体较大。因此，果蝇在遗传学研究中得到广泛应用，积累了许多典型材料。

按照孟德尔第一定律，即分离定律，基因是一个独立的单位。基因完整地从一代传递到下一代，由该基因的显隐性决定其在下一代的性状表现。一对杂合状态的等位基因（如 A/a）保持相对的独立性，在减数分裂形成配子时，等位基因（A/a）随同源染色体的分离而分配到不同的配子中去。理论上配子的分离比是 1∶1，即产生带 A 和 a 基因的配子数相等，因此等位基因杂合体的自交后代表现为基因型分离比 AA∶Aa∶aa 为 1∶2∶1，如果显性完全，其表型分离比为 3∶1，这就是分离定律的基本内容。通过果蝇一对因子的杂交实验，即得以验证它（图 14-1）。

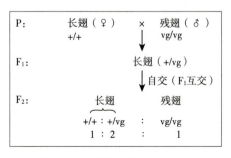

图 14-1　果蝇单因子杂交示意

三、 材料、试剂和仪器

1. **材料**　长翅果蝇（图 14 - 2）、残翅果蝇（图 14 - 3）。
2. **试剂**　乙醚、玉米粉、琼脂、蔗糖、酵母粉、丙酸。
3. **仪器和用具**　显微镜、麻醉瓶、白瓷板、海绵、放大镜、毛笔、镊子、培养瓶等。

图 14 - 2　长翅果蝇

图 14 - 3　残翅果蝇

四、 实验方法与步骤

1. **选择处女蝇**　将长翅果蝇和残翅果蝇培养瓶内已羽化的成蝇全部杀死，此后凡羽化后未超过 8h 的雌蝇即处女蝇。例如，可于 6:00 处死已羽化成蝇，14:00 第一次采集处女蝇，22:00 第二次采集，次日 6:00 第三次采集。

2. **杂交**

（1）正交。长翅果蝇（♀）×残翅果蝇（♂）。

（2）反交。残翅果蝇（♀）×长翅果蝇（♂）。

正交与反交各做两瓶，每瓶新培养基中各移入 3～5 对种蝇。贴好标签，注明杂交组合、杂交日期及实验者姓名。

3. **移去亲本**　7～8d 后移去亲本。

4. **观察 F_1 代**　4～5d 后 F_1 代成虫出现，观察其翅膀形态后处死。连续观察记录 3d，各自记录正、反交。

5. **F_1 代互交**　在新培养瓶内，每瓶各放入 3～5 对 F_1 代果蝇（无须处女蝇），培养。

6. **移去 F_1 代**　7～8d 后，移去 F_1 代成蝇，麻醉致死，放入废蝇盛放瓶。

7. **观察 F_2 代**　4～5d 后，F_2 代成蝇出现，观察翅膀形态后处死，隔天记录一次，连续观察。统计 4 次正、反交的结果并记录。

五、 实验结果

将观察记录结果填入表 14 - 1，统计分析果蝇单因子实验结果，并用卡方测验验证实验结果是否与分离定律相符。

表 14-1　F_1、F_2 代观察结果记录

观察日期	正交子代类型		反交子代类型	
	长翅数	残翅数	长翅数	残翅数
月　　日				
合　计				

六、思考题

1. 果蝇杂交时，为什么要选择处女蝇？

2. 在做杂交时会出现表型分离比不符合 3∶1 的比例，为什么？

3. 果蝇麻醉时的注意事项有哪些？

4. 在进行亲本杂交和 F_1 代自交后一定时间为什么要倒去杂交亲本？

5. 根据实验结果记录，对所做杂交过程作遗传分析，对所研究的性状及基因可得出哪些结论？（提示：首先判断是染色体遗传还是核外遗传，再判定是否伴性遗传，然后确定是显性还是隐性遗传）

（马伯军　饶玉春）

实验十五

果蝇两对因子的自由组合

一、 实验目的

1. 了解两对基因的杂交方法。
2. 记录交配结果和掌握统计处理方法。
3. 正确认识两对基因自由组合的原理。

二、 实验原理

位于非同源染色体上的两对基因，它们所决定的两对相对性状在杂种第二代是自由组合
的。因为根据孟德尔第二定律，一对基因的分离与另一对（或另几对）基因的分离是独立
的，所以一对基因所决定的性状在杂种第二代是 3:1，而两对不相互连锁的基因所决定的
性状在杂种第二代就呈 9:3:3:1。

果蝇两对因子的自由组合如图 15-1 所示。

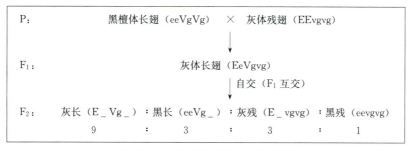

图 15-1　果蝇两对因子杂交示意

三、 材料、试剂和仪器

1. 材料

黑腹果蝇野生型：灰体、长翅。

黑腹果蝇突变型：黑檀体（e，位于第Ⅲ条染色体）、残翅（vg，位于第Ⅱ条染色体）。

2. 试剂　乙醚、玉米粉、琼脂、蔗糖、酵母粉、丙酸。

3. **仪器与用具**　显微镜、麻醉瓶、白瓷板、海绵、放大镜、毛笔、镊子、培养瓶等。

四、 实验方法与步骤

1. **选择处女蝇**　将已羽化的成虫全部杀死，此后凡自羽化开始未超过 8h 的雌蝇即处女蝇。选取野生型（灰体、长翅）处女蝇和突变型（黑檀体、残翅）处女蝇，分别放于含新鲜培养基的培养瓶内保存备用。

2. **杂交**

（1）正交。野生型处女蝇（♀）×黑檀体、残翅雄蝇（♂）。

（2）反交。黑檀体、残翅处女蝇（♀）×野生型雄蝇（♂）。

各做 2 瓶，每瓶中分别移入 3～5 对种蝇。贴好标签，注明杂交组合、杂交日期及实验者姓名。

3. **移去亲本果蝇**　7～8d 后移去杂交瓶内的亲代果蝇，处死。

4. **观察 F_1 代**　待 F_1 代成蝇出现并达一定数量后，将 F_1 代果蝇引出麻醉，观察记录 F_1 代性状后处死。连续观察并记录正、反交 3d。

5. **F_1 代互交**　按原来的正、反交各选 3～5 对 F_1 代成蝇（无须处女蝇），移入新培养瓶中，继续培养。

6. **移去 F_1 代**　7～8d 后移去 F_1 代成蝇。

7. **观察 F_2 代及实验结果记录**　4～5d 后 F_2 代成蝇出现，观察 F_2 代性状后处死，隔天观察记录一次，连续观察统计 4 次或 5 次（8～10d），正、反交结果各自记录。

五、 实验结果

将观察记录结果填入表 15-1。统计实验结果，并用卡方测验验证实验结果是否符合自由组合定律。

表 15-1　F_1、F_2 代观察结果记录

观察日期	正交子代类型				反交子代类型			
	灰长	黑长	灰残	黑残	灰长	黑长	灰残	黑残
月　　日								
合　计								

六、 思考题

1. F_1 代是否要选择处女蝇，为什么？
2. 分析此次实验成败的原因。

（饶玉春　马伯军）

实验十六

果蝇的伴性遗传

一、 实验目的

1. 了解伴性基因、非伴性基因在遗传方式上的区别，验证并加深理解伴性遗传规律。
2. 正确认识伴性遗传中正、反交的差别。

二、 实验原理

位于性染色体上的基因称为伴性基因，其遗传方式与位于常染色体上的基因有一定差别，它在亲代与子代之间的传递方式与雌雄性别有关。伴性基因的这种遗传方式称为伴性遗传。果蝇的性别决定类型是 XY 型，具有 X 和 Y 两种性染色体，雌性是 XX，为同配性别，雄性是 XY，为异配性别。伴性基因主要位于 X 染色体上，而 Y 染色体上基本没有相应的等位基因，所以这类遗传也称为 X 连锁遗传。

控制果蝇红眼和白眼性状的基因位于 X 染色体上，在 Y 染色体上没有相应的等位基因，它们随着 X 染色体而传给下一代。如以纯合红眼雌蝇和纯合白眼雄蝇杂交，子代均为红眼，F_2 代中雌蝇均为红眼，雄蝇中半数为红眼，半数为白眼。以纯合白眼雌蝇与纯合红眼雄蝇杂交，F_1 代雌蝇均为红眼，雄蝇均为白眼，F_2 代中无论雌蝇和雄蝇均有半数为红眼，半数为白眼。正、反交结果不同，这是伴性遗传的典型特点。

若 A 为正交，B 为 A 的反交，由图 16-1 所示遗传过程可见，正交和反交后代性状表现是不一样的，从 B 组合可见 F_1 代雌雄性状表现不一样，而常染色体性状遗传正、反交所得子代雌雄性状表现相同。所以正、反交后代雌雄性状表现是区分伴性遗传和常染色体遗传的一个重要特征。另外，从染色体的传递可以看出，子代雄性个体的 X 染色体均来自母体，而父体的 X 染色体总传递给子代雌性个体 X 染色体的这种遗传方式称为交叉遗传。由此，X 染色体上的基因亦以这种方式传递。这是伴性遗传的又一特征。

三、 材料、试剂和仪器

1. 材料　黑腹果蝇品系：野生型（红眼）（X^+X^+、X^+Y）、突变型（白眼）（X^wY、X^wX^w），白眼基因座位在 X 染色体上。

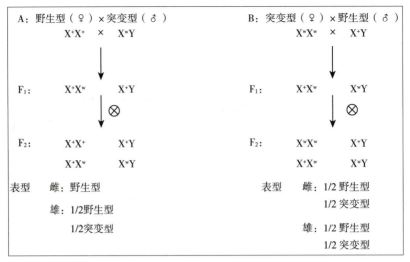

图 16-1　果蝇伴性遗传杂交示意

2. **试剂**　乙醚、玉米粉、琼脂、蔗糖、酵母粉、丙酸。
3. **仪器和用具**　显微镜、麻醉瓶、白瓷板、海绵、放大镜、毛笔、镊子、培养瓶。

四、实验方法与步骤

1. **选择处女蝇**　选取纯合红眼处女蝇（野生型）和纯合白眼处女蝇（突变型），分别放于含新鲜培养基的培养瓶内饲养备用。

2. **杂交**　将处女蝇和雄蝇分别麻醉，选取红眼处女蝇和白眼雄蝇（各3～5只）放于同一培养瓶内，作为正交实验。另选取白眼处女蝇和红眼雄蝇（各3～5只）放于另一培养瓶内，作为反交实验。写明标签（注明杂交组合、杂交日期及实验者姓名），放在20～25℃培养箱内培养。第二天观察果蝇的存活情况，如有死亡，应及时补充。

3. **移去亲本果蝇**　7～8d后移去杂交瓶内的亲代果蝇，核对亲本性状。

4. **观察 F_1 代**　待 F_1 代成蝇出现并达一定数量后，将 F_1 代果蝇引出麻醉，观察记录 F_1 代性状，检查是否与预期性状一致，填入表16-1和表16-2中。

表 16-1　F_1 代观察统计（正交）

观察日期	各类果蝇数目	
	红眼雌	红眼雄
月　　日		

表 16-2　F_1 代观察统计（反交）

观察日期	各类果蝇数目	
	红眼雌	红眼雄
月　　日		

5. **F₁ 代自群繁殖**　选取正、反交组合的 F_1 代各 5 对或 6 对，分别放入另一新培养瓶内。

6. **移去 F₁ 代果蝇**　7～8d 后移去 F_1 代果蝇继续培养。

7. **F₂ 代果蝇观察与记录**　待 F_2 代成蝇出现后，每隔 1d 引出麻醉 1 次，观察记录其性状，连续统计 4 次或 5 次，并且每次要分别统计雌、雄个体数目，将统计数字列入表 16 - 3 和表 16 - 4 中。

表 16 - 3　**F₂ 代观察统计（正交）**

观察日期	各类型果蝇数目			
	红眼雌	白眼雌	红眼雄	白眼雄
月　　日				

表 16 - 4　**F₂ 代观察统计（反交）**

观察日期	各类型果蝇数目			
	红眼雌	白眼雌	红眼雄	白眼雄
月　　日				

五、实验结果

统计分析果蝇伴性遗传的实验结果，并用卡方测验验证实验结果是否与分离定律相符。

六、作业与思考题

1. 如何选择处女蝇？
2. 做实验时为什么要做正、反交？
3. 列出一些果蝇的伴性遗传性状。

（饶玉春）

实验十七

果蝇的三点测交实验

一、实验目的

1. 了解利用三点测交法绘制遗传学图的原理和方法。
2. 学习实验结果的数据处理。

二、实验原理

位于同一条染色体上的基因一般是随染色体一起传递的，即这些基因是连锁的。同源染色体上的基因之间会发生一定频率的交换，因此其连锁关系发生改变，使子代中出现一定数量的重组型。重组型出现的多少反映出基因间发生交换的频率高低。基因在染色体上呈直线排列，基因间距离越远，其间发生交换的概率越大，即交换频率越高，反之基因间距离越近，交换频率越低。也就是说基因间距离与交换频率有一定的对应关系。

基因图距是通过重组值的测定而得到的。如果基因座位相距很近，重组率与交换率的值相等，可以直接把重组率的大小作为有关基因间的相对距离，把基因按顺序排列在染色体上，绘制出遗传连锁图。如果基因间相距较远，两个基因间往往发生两次以上的交换，如简单地把重组率看作交换率，那么交换率就会被低估，图距就会偏小。这时需要利用实验数据进行校正，以便正确估计图距。基因在染色体上相对位置的确定除进行两个基因间的测交外，更常用的是三点测交法，即同时研究 3 个基因在染色体上的位置。如 m、sn³、w 3 个基因是连锁的（它们都在 X 染色体上），要测定 3 个基因的相对位置可以用野生型果蝇（＋＋＋，表示 3 个相应的野生型基因）与三隐性果蝇（msn³w，3 个突变型基因）杂交，制成三因子杂种 msn³w/＋＋＋，再用三隐性个体对雌性三因子杂种进行测交（图 17-1），以测

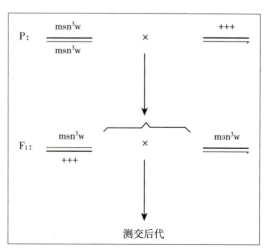

图 17-1　三点测交中获得测交后代的交配方式

出三因子杂种在减数分裂中产生的配子类型和相应数目。由于基因间的交换，除产生亲本类型的 2 种配子外，还有 6 种重组型配子，因而在测交后代中有 8 种不同表型的果蝇出现（图 17-2）。这样，经过数据的统计和处理，一次实验就可以测出 3 个连锁基因的距离和顺序，这种方法就称为三点测交。

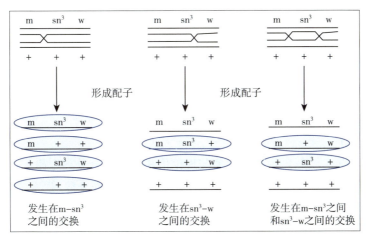

图 17-2　在连锁的三基因杂种里总共可产生 8 种不同基因型的配子

三、材料、试剂和仪器

1. **材料**　黑腹果蝇品系：野生型果蝇（＋＋＋）长翅、直刚毛、红眼。三隐性果蝇（msn^3w）小翅、焦刚毛、白眼。

三隐性果蝇（msn^3w）个体的眼睛是白色的（w）；翅膀比野生型的短些，翅仅长至腹端，称小翅（m）；刚毛是卷曲的，称焦刚毛或卷刚毛（sn^3）。这 3 个性状基因都位于 X 染色体上，所以也可以在本实验中同时进行伴性遗传的实验观察。

2. **试剂**　乙醚、玉米粉、琼脂、蔗糖、酵母粉、丙酸。

3. **仪器和用具**　体式显微镜、麻醉瓶、白瓷板、海绵、放大镜、毛笔、镊子、培养瓶。

四、实验方法与步骤

1. **选择处女蝇**　收集三隐性个体的处女蝇，培养在培养瓶内，每瓶 5 只或 6 只。

2. **杂交**　挑出野生型雄蝇放到处女蝇瓶中杂交，每瓶 5 只或 6 只。贴好标签，注明杂交组合、日期及实验人姓名，在 22～25℃培养。

3. **移去亲本果蝇**　7～8d 后移去杂交瓶内的亲代果蝇。

4. **观察 F_1 代**　4～5d 后蛹孵化出子一代成蝇，可以观察到 F_1 代雌蝇全是野生型表型，雄蝇都是三隐性。

5. **F_1 代互交**　每瓶培养基移入 F_1 代成虫 3～5 对（无须处女蝇），每组两瓶贴好标签，注明杂交组合、日期及实验人姓名，在 20～25℃培养。

6. **移去 F_1 代**　7～8d 后移去 F_1 代成蝇。

7. 观察 F_2 代及实验结果记录　4～5d 后 F_2 代成蝇出现，用体式显微镜观察其眼色、翅型、刚毛。各类果蝇分别计数，检查过的果蝇处死。隔天观察记录一次，连续观察统计 4 次或 5 次（8～10d）。要求至少统计 200 只果蝇。

五、　实验结果

（1）统计各类果蝇，填入表 17 - 1。
（2）计算卡方值，并比较正、反交实验的结果。

$$\chi^2 = \sum \frac{(O-E)^2}{E}$$

式中　O——观察值；
　　　E——预期值。

自由度为 1，若 $p > 5\%$，说明观察值与理论值相符，符合分离定律。
（3）统计实验结果，并绘出遗传学图和计算并发率、干涉系数。

表 17 - 1　F_2 代观察结果记录

统计日期	F_2 代类型						
月　　　日							
合　计							
基因是否重组							

六、　思考题

1. 三点测交有什么优点？
2. 如果进行常染色体基因三点测交，在实验程序设计上与本实验有什么差别？需要注意什么？

（饶玉春）

实验十八

植物根尖细胞染色体制片与观察

一、实验目的

1. 掌握植物根尖细胞染色体制片方法。
2. 观察植物根尖细胞的染色体数目和形态。

二、实验原理

染色体主要由 DNA 和蛋白质组成，是遗传信息的载体。植物中，染色体数目常呈现巨大的变化，例如纤细单冠菊（*Haplopappus gracilis*）单倍体染色体数目为 $n = 2$，木樨景天（*Sedum suaveolens*）的体细胞染色体数目则高达 $2n = 640$。而且不同植物种类的染色体在形态（着丝粒的位置、长臂与短臂的长度之比、B 染色体等）上也存在差异。因此，掌握植物染色体数目和形态信息，对于开展分类、系统与进化，以及分子生物学等相关学科研究具有重要的意义。

植物根尖分生区细胞具有旺盛的分裂能力，能够通过有丝分裂活动，不断产生新的细胞；有丝分裂中期阶段，植物染色体缩短变粗，而且向赤道板移动，着丝粒区域排列在赤道板上，此时进行染色体计数以及观察染色体形态最为容易。

三、材料、试剂和仪器

1. **材料**　野外生长的五月艾（*Artemisia indica*）。
2. **试剂**　8-羟基喹啉溶液（0.002mol/L）、秋水仙素溶液（0.1%）、冰醋酸、无水乙醇、盐酸（1mol/L）、苯酚品红染液。
3. **仪器和用具**　铅笔、镊子、酒精灯、载玻片、盖玻片、光学显微镜等。

四、实验方法与步骤

（1）将野外采集的五月艾移栽到实验室内栽培 1～2 周。

（2）取新长出的生长旺盛的根尖，用预处理液（0.002mol/L 8-羟基喹啉溶液：0.1%

秋水仙素溶液 ＝ 1∶1）预处理 2.5h。

（3）将根尖用卡诺氏液（冰醋酸∶无水乙醇 ＝ 1∶3）于4℃冰箱中固定 1h。

（4）用 1mol/L 盐酸在37℃恒温水浴锅中解离 40min，用纯水对根尖进行清洗，并用改良苯酚品红染液染色。

（5）取出染色后的根尖，用镊子刮取部分分生区细胞，盖上盖玻片，使用铅笔橡皮头按压，并使用镊子或铅笔（另一侧）进行敲击。

（6）使用光学显微镜对染色体进行观察，并拍照。

五、 实验结果

结果显示，细胞轮廓清晰，染色体着色较深（图 18-1）。五月艾的染色体数目为 $2n=2x=18$。其中，有14条染色体为中部着丝粒染色体（染色体长臂与短臂的臂比为 1.0～1.7），4条为近端部着丝粒染色体（染色体长臂与短臂的长度之比为 3.0～7.0）（图 18-2）。五月艾染色体具有较高的对称性。

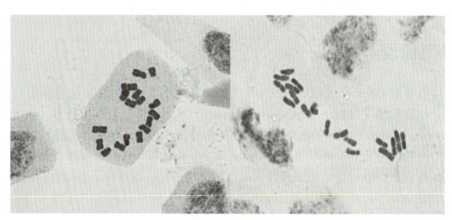

图 18-1　五月艾细胞有丝分裂中期染色体显微照片

图 18-2　五月艾细胞的核型

六、 注意事项

（1）镊子刮取分生区细胞前，要使用酒精灯对镊子进行灼烧，避免镊子上残存其他样品。

（2）使用镊子或铅笔进行敲击的过程中，应注意力度，避免造成盖玻片和载玻片的破损。

（3）使用显微镜观察过程中，应至少观察 3 个以上细胞，以保证结果的准确性。

七、思考题

1. 植物根尖染色体制片哪些步骤比较关键？
2. 如何提高染色体制片的质量？

参考文献

刘祖洞，乔守怡，吴燕华，等，2013. 遗传学［M］. 3 版 . 北京：高等教育出版社.

Stuessy T F，Crawford D J，Soltis D E，et al.，2014. Plant systematics ［M］. Königstein：Koeltz Scientific Books.

（薛大伟　郭信强　沈思怡）

人体 X 染色质的观察

一、 实验目的

1. 初步掌握观察与鉴别人体 X 染色质的方法，识别其形态特征及所在部位。
2. 通过实验进一步理解雌性哺乳动物 X 染色体失活假说和剂量补偿效应的机制。

二、 实验原理

1. **X 染色质的发现**　1949 年 M. L. Barr 等研究发现：雌猫神经元细胞间期核内有一凝缩的深染小体（图 19 - 1, a、b）。

进一步发现：其他雌性哺乳动物（包括人类）也有这种结构。而且在其他细胞的间期核中也可以见到这一结构，称为 Barr 小体（巴氏小体）。

研究表明，巴氏小体是 X 染色体异固缩的结果，也称为 X 染色质或 X 小体，在细胞周期中比有活性的 X 染色体复制稍晚。

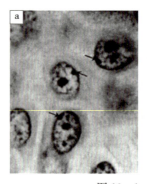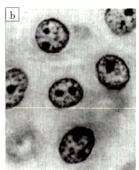

图 19 - 1　巴氏小体
a. 正常女性细胞核（XX），显示巴氏小体
b. 正常男性细胞核（XY），无巴氏小体

2. **1961 年 M. F. Lyon 提出假说**

（1）正常雌性哺乳动物体细胞中的两条 X 染色体之一在遗传性状表达上是失活的。

（2）在同一个体的不同细胞中，X 染色体失活是随机而恒定的。

（3）失活现象发生在胚胎发育的早期。

3. **剂量补偿效应**　雌性体细胞中的两个 X 染色体中的一个发生异固缩（也称为 Lyon 化现象），失去活性，这样保证了雌雄两性体细胞中都只有一条 X 染色体保持转录活性，使两性 X 连锁基因产物的量保持在相同水平上，这种效应称为 X 染色体的剂量补偿。

巴氏小体数目＝X 染色体数目－1（图 19 - 2）

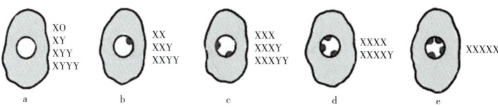

图19-2　间期细胞核中巴氏小体出现情况与染色体组合的关系
a. 无巴氏小体　b.1个巴氏小体　c.2个巴氏小体　d.3个巴氏小体　e.4个巴氏小体

三、　材料、试剂和仪器

1. **材料**　女性口腔黏膜细胞（男性口腔黏膜细胞为对照）。
2. **试剂**　醋酸洋红染色液。
3. **仪器和用具**　光学显微镜、载玻片、盖玻片、镊子、牙签、解剖针、一次性水杯等。

四、　实验方法与步骤

1. **取材**　漱口3～4次，尽可能除去口中杂物，用无菌牙签在口腔两侧颊部刮取上皮黏膜细胞，涂抹在干净载玻片上。
2. **染色**　滴加1～2滴醋酸洋红染色液，室温下染色15～20min。
3. **制片**　加盖玻片，用吸水纸吸干多余的染色液。
4. **镜检**　使用光学显微镜观察，由低倍镜到高倍镜，找到口腔黏膜细胞X染色质——巴氏小体。

五、　实验结果

X染色质的辨别：

（1）低倍镜下检出典型的形态结构完整的细胞，标准是（图19-3）：

①核质呈网状或细颗粒状分布。

②核膜清晰，核无缺损。

③染色适度。

④周围无杂菌。

在高倍镜下进一步观察。

（2）高倍镜下观察X染色质的形态特征及所在部位：X染色质是一结构致密的深染小体，轮廓清楚，直径1～1.5μm，呈微凸形、三角形、卵形、短棒形等，常附于核膜边缘或靠近内侧（图19-4）。

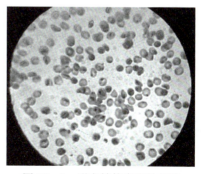

图19-3　形态结构完整的细胞

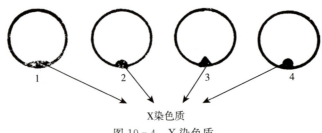

图 19 - 4　X 染色质

（3）高倍镜下的女性口腔上皮黏膜细胞 X 染色质以及男性对照（图 19 - 5）。

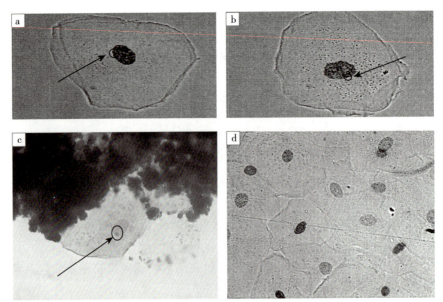

图 19 - 5　口腔上皮黏膜细胞 X 染色质
a. 女性口腔上皮黏膜细胞 1　b. 女性口腔上皮黏膜细胞 2
c. 女性口腔上皮黏膜细胞 3（2017 级林雪提供）　d. 男性口腔上皮黏膜细胞（对照）

六、 注意事项

（1）制片时，一定刮取细胞膜、核膜完整的且细胞核未解体的口腔黏膜细胞。
（2）观察时，视野的光线不要太强，以利于调焦。
（3）根据部位和形态正确识别 X 染色质。

七、 作业题

1. 观察 50 位女性口腔上皮黏膜形态结构完整的细胞，计算显示 X 染色质细胞所占的百分比。
2. 绘制 3 个典型的显示 X 染色质的细胞。

（马伯军）

实验二十
果蝇唾腺染色体的观察

一、实验目的

1. 掌握果蝇唾腺染色体标本的制作方法。
2. 观察多线染色体的结构特点。

二、实验原理

双翅目昆虫的整个消化道细胞发育到一定阶段之后就不再进行有丝分裂，而停止在分裂间期。幼虫唾腺细胞核中的染色体不断复制而不分开，经过许多次的复制形成 $1\,000\sim4\,000$ 拷贝的染色体丝，合起来达 5m 宽、400m 长，比普通中期相染色体大得多（$100\sim150$ 倍），所以又称为多线染色体和巨大染色体。

横纹结构：每条染色体的染色线在不同的区段螺旋化程度不一，出现一系列宽窄不同、染色深浅不一或明暗相间的横纹。不同染色体的横纹数量、形状和排列顺序是恒定的。

这些特征可以鉴定不同的染色体，进行基因定位，染色体的缺失、重复、倒位和易位的细胞学观察和研究。

Puff 结构：幼虫的不同发育期，浓缩的染色质纤维会成群解旋、松开，形成泡状松散结构，使相应的基因得以表达，这种泡状结构称 Puff 结构（图 20-1），亦称染色体的疏松区。

果蝇属双翅目，$2n=8$。

果蝇三龄幼虫的唾腺细胞中，存在着多线染色体（图 20-2 至图 20-4），比一般染色体大，上面带有很多横纹（图 20-5），易于观察。

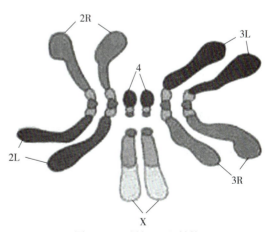

图 20-1　果蝇 Puff 结构

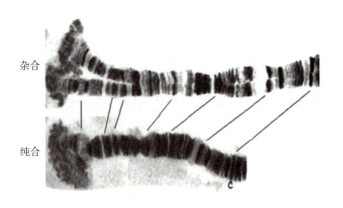

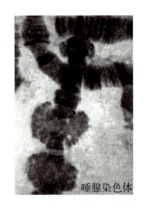

图 20 - 2　果蝇唾腺染色体

图 20 - 3　果蝇唾腺染色体核型图

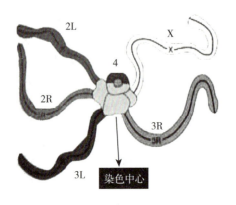

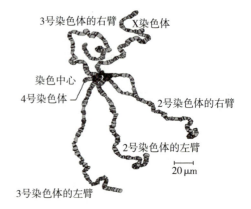

图 20 - 4　果蝇唾腺染色体模式图

图 20 - 5　果蝇染色体横纹结构

三、 材料、试剂和仪器

1. **材料**　果蝇三龄幼虫。
2. **试剂**　醋酸洋红染色液、生理盐水、1mol/L HCl。
3. **仪器和用具**　显微镜、镊子、解剖针、载玻片、盖玻片、滤纸、培养瓶等。

四、 实验方法与步骤

　　1. **幼虫培养**　实验前的两周，每个培养瓶放几对果蝇（♀、♂），控制产卵数量，18～20℃条件下饲养。幼虫要生长肥大，才能获得较大的唾腺。

　　2. **选取三龄幼虫**　从瓶壁挑取一只肥大的三龄幼虫，放在干净载玻片上，滴加生理盐水，在 4 倍镜下辨认头部和尾部。头部稍尖，并且有一黑点即口器，不时地摆动（图 20 - 6）。

图 20-6　果蝇三龄幼虫

3. **取出唾腺**　两手各握一枚解剖针，左手的解剖针压住幼虫后端 1/3 处，固定幼虫。右手的解剖针按住幼虫头部，用力向右拉，把头部与身体拉开，唾腺随之而出（图 20-7）。

唾腺是一对半透明的棒状腺体。

在 4 倍显微镜下，可见一对半透明、隐约可见细胞界限的囊状物——唾腺。移去虫体其余部分，用解剖针剔除附在唾腺一侧深色泡沫状的脂肪体，以保证制片质量。

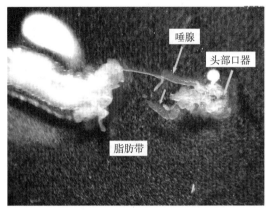

图 20-7　取出唾腺

4. **解离、染色与压片**

（1）解离。将剥好的唾腺移到载玻片中央，用吸水纸小心吸干生理盐水后，加 1 滴 1mol/L HCl，解离 2～3min，使组织疏松，以便压片时细胞分散。

（2）染色。用吸水纸小心吸去 HCl，滴加生理盐水冲洗两遍后小心吸干，加 1 滴醋酸洋红染色液，染色 20min。

（3）压片。用镊子盖上盖玻片，并覆一层滤纸，用拇指均匀用力压片，吸干多余的染色液。

5. **显微观察**　在低倍镜下选择唾腺细胞多且染色体分散好的视野，再转换高倍镜仔细观察唾腺染色体的染色中心、染色体臂和横纹以及可能有的疏松区（图 20-8、图 20-9）。

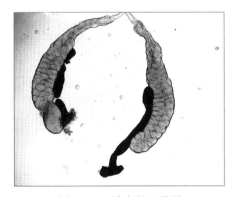

图 20-8　清晰的显微图

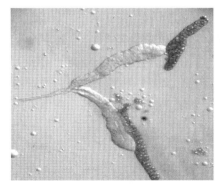

图 20-9　不清晰的显微图

五、 实验结果

观察到的果蝇唾腺染色体参见图 20-10。

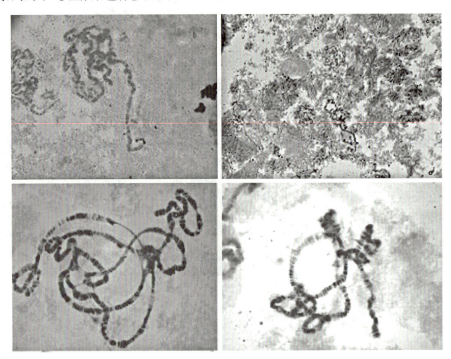

图 20-10　观察到的果蝇唾腺染色体

六、 注意事项

（1）如果唾腺被拉断或未被拉出，可用解剖针在虫体前部 1/3 处轻轻向前挤压使未被拉出部分被挤出来，再仔细辨认出唾腺。

（2）注意在剖取和染色过程中切勿使腺体干燥。

七、 作业与思考题

1. 为什么果蝇唾腺染色体会呈现阴阳相间的结构？
2. 绘制果蝇唾腺染色体结构图。

（饶玉春）

蝗虫精细胞的减数分裂及染色体行为观察

一、实验目的

1. 了解高等动植物配子形成过程中减数分裂的细胞学特征，重点掌握染色体的动态变化。

2. 掌握细胞染色、制片和显微观察的方法。

二、实验原理

蝗虫精巢细胞减数分裂过程中的染色体行为归结如下：

1. 减数分裂第一次分裂

（1）前期Ⅰ。时间特别长，经此期染色体逐步折叠、浓缩。同时出现非姐妹染色体间的交换现象。根据细胞核及染色体的形态变化将前期Ⅰ分为5个时期。

①细线期：从染色粒出现到染色体开始配对。染色体细长，呈细丝状在核内交织成网（图21-1）。

②偶线期：从同源染色体配对开始到完成。染色体进一步浓缩变短、加粗。同源染色体像拉链一样排列，有联会复合体的形成，有的发生在一端，有的几处同时形成（图21-2）。

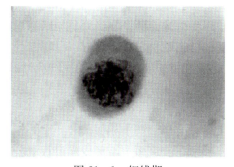

图 21-1　细线期

图 21-2　偶线期

③粗线期：同源染色体联会结束到同源染色体分离。染色体明显缩短变粗。同源染色体已经配对，可以观察到具有螺旋结构的11个不同的二价体。X染色体为端棒状，属于正异

固缩。非姐妹染色体之间在粗线期早期发生了交换（图21-3）。

④双线期：从交叉出现到交叉端化。染色体进一步浓缩变短。因同源染色体相应片段交换可见交叉染色体，呈泅墨迹状，但较细（图21-4）。

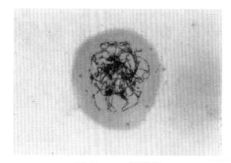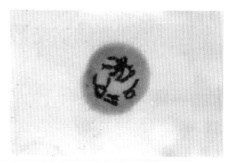

图21-3　粗线期　　　　　　　　　　　　　　　图21-4　双线期

⑤终变期：泅墨迹明显，边缘不光滑。从边缘起毛刷状，可以成堆。染色体浓缩得最短。核仁、核膜消失（图21-5）。

（2）中期Ⅰ。染色体边缘光滑，进一步短粗。配对的同源染色体排列到赤道板上（图21-6）。

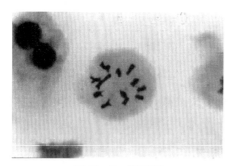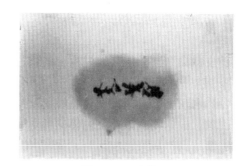

图21-5　终变期　　　　　　　　　　　　　　　图21-6　中期Ⅰ

（3）后期Ⅰ。同源染色体向细胞两极移动。由于雄性蝗虫的染色体为23，因此单价体落后，随机到一极去（为X染色体）。

（4）末期Ⅰ。染色体移到两极后聚集在一起，并逐步解螺旋而恢复到染色质状态。重建核仁、核膜，进行胞质分裂而形成两个子细胞（次级精母细胞）。

2. 减数分裂第二次分裂　分为前期Ⅱ、中期Ⅱ、后期Ⅱ、末期Ⅱ。由于经过了减数分裂第一次分裂，同源染色体已经分离，因此染色体数减半。从形态上看减数分裂第二次分裂的细胞体积较小，染色体数只有 n。

（1）前期Ⅱ。与末期Ⅰ紧密相连，时间短暂。从形态上与末期Ⅰ相似。

（2）中期Ⅱ。同着丝粒连接的两条姐妹染色单体排列在赤道面上，形成赤道板（染色体呈菊花状）。

（3）后期Ⅱ。着丝粒分裂，两条姐妹染色单体分离，在纺锤丝的牵引下向细胞两极移动。

（4）末期Ⅱ。染色体移到两极后，逐步解螺旋形成染色质，重建核仁、核膜，进行胞质分裂而形成精细胞。精细胞圆形、较小，经过生长发育逐渐形成梭形的精子。

三、材料、试剂和仪器

1. **材料**　蝗虫精巢。
2. **试剂**　卡诺氏固定液、95％乙醇、70％乙醇、醋酸洋红染色液。
3. **仪器和用具**　光学显微镜、镊子、解剖针、载玻片、盖玻片、吸水纸。

四、实验方法与步骤

1. **取材**　剪去蝗虫的翅膀，从翅基部后方的背端仔细剪开体壁，可见上方两侧（第4～7背板之间）各有一黄色团状块（精巢）。
2. **固定**　用卡诺氏固定液固定2～4h，经95％乙醇洗2～3次后，转入70％乙醇中保存。
3. **染色**　夹取一小枚管状精巢，置于载玻片上，切成小段，滴加适量醋酸洋红染色20～30min。
4. **压片**　用镊子将盖玻片盖在精巢上，用拇指适当、均匀地加压，用吸水纸将周围的染色液吸干。
5. **镜检**　用光学显微镜进行观察，先在低倍镜下找到细胞区，然后换高倍镜仔细观察细胞内的染色体（或染色质）。

五、实验结果

观察到的蝗虫精细胞减数分裂参见图21-7。

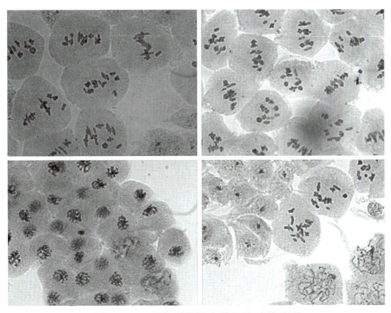

图 21-7　观察到的蝗虫精细胞减数分裂

六、 注意事项

（1）取材时，取精巢管的量不宜太多，以一张玻片上有能够分散开的 3~4 个为最佳，但注意所取精巢管之间间距必须足够大，否则细胞之间容易形成重叠。另外，应选取盲端较粗且饱满的精巢管，因为此类精巢管内细胞大多分裂旺盛，更容易观察到整个减数分裂各个时期细胞的染色体行为。

（2）选取精巢管的过程一定要快，操作期间需特别注意不能让玻片上的材料干掉。选好材料后立即滴加染色液。

（3）敲片时注意掌握力度与敲击次数，力度太大会导致盖玻片破碎，敲击次数过多会导致染色体散落，不利于观察染色体的原有形态。因此敲击不仅要使细胞相互分散开，还要防止细胞破裂。

七、 思考题

1. 如何鉴定蝗虫精细胞的减数分裂第一次分裂和第二次分裂？
2. 蝗虫精细胞减数分裂的各个时期如何区分？

（马伯军　饶玉春）

—— 实验二十二

植物腊叶标本的制作

一、 实验目的

1. 学习植物标本材料的采集方法。
2. 熟悉植物腊叶标本的制作过程，并掌握制作方法。

二、 实验原理

植物腊叶标本是将植物材料（常为带有花或果实的枝条，或完整植株）压平、干燥，并装订在台纸上制成的标本。在一定的条件下，植物腊叶标本能够得到长期保存。这些标本不仅能够保留植物基本的形态性状，还附带植物的分布地点（海拔、位置等）、生境、物候期（花期、果期等）等信息。因此，植物腊叶标本能够帮助直观认识植物，还能为植物分类、系统进化、物种保护等研究提供重要资料。标本采集签见图 22-1。

杭州师范大学标本采集记录

采集者：×××　　　　采集编号：100
采集日期：2023-08-20
采集地：浙江省杭州市杭师大慎园餐厅旁
经纬度：120° 01′ 36.94″ E　30° 18′ 15.71″ N
海拔高度：120m　　　　地形：平原
生境：路旁　　　　　　分布：栽培
习性：乔木
根：　　　　　　茎：　　　　　　叶：
花：　　　　　　果实/种子：
备注：
拉丁名：*Cinnamomum camphora*

图 22-1　标本采集签

三、 材料和用具

1. **材料**　鸡爪槭、蔷薇、二月兰。

2. **用具** 铁铲、枝剪、标本夹、瓦楞纸（30cm×40cm）、吸水纸、台纸（30cm×40cm）、白乳胶、采集签。

四、 实验方法与步骤

（1）使用枝剪采集鸡爪槭和蔷薇的枝条，长度不低于20cm。

（2）使用铁铲挖取二月兰的完整植株（根、茎、叶等）。

（3）对植物材料进行修剪，去除不完整、残破或多余的枝叶，将其按压在吸水纸上，并将叶子展平，避免出现褶皱和堆叠，在植物上面盖上几层吸水纸。

（4）用瓦楞纸将吸水纸和植物材料夹在中间，用标本夹将瓦楞纸捆牢。

（5）每隔6h更换干燥的吸水纸，直至标本完全干燥。

（6）在干燥标本的一侧均匀涂抹白乳胶，并将标本粘压在台纸上，静置干燥，直至白乳胶完全凝固。

（7）将植物采集信息填写在采集签上，用胶水将采集签粘在台纸右上角或左上角。

（8）做好的标本放置于冰箱冷冻层2周杀虫，之后即可存放于标本馆中。

五、 实验结果

制作好的鸡爪槭和蔷薇标本如图22-2所示。

图22-2 蔷薇（*Rosa multiflora*）（a）和鸡爪槭（*Acer palmatum*）（b）标本

六、 注意事项

（1）选取植物材料的过程中，植株应完整，残破的植物材料不宜制作标本。
（2）压制标本的过程中应注意将叶片展平，减少重叠或皱褶。
（3）将植物标本固定在台纸上时，可调整植物标本的摆放位置，使标本构图美观。
（4）标本冷冻杀虫的过程中，温度尽量低。

七、 作业题

采集相关植物材料，并制作标本。

（薛大伟　郭信强　沈思怡）

种子植物根结构的观察

一、实验目的

1. 了解种子植物根尖的外形、分区和内部构造。
2. 掌握种子植物根的初生生长和初生结构特点。
3. 了解种子植物根的次生生长和次生结构特点。

二、实验原理

根尖包括根冠、分生区、伸长区、成熟区（根毛区）。根的初生结构包括表皮、皮层和中柱（维管柱），内皮层上有凯氏带，中柱包含中柱鞘、木质部、韧皮部以及薄壁组织等。次生结构往往最外层为周皮（含木栓层、木栓形成层以及栓内层等），往内依次为次生的维管组织，包括次生韧皮部、维管形成层、次生木质部等。

三、材料、试剂和仪器

1. 材料

①永久装片：玉米或大麦根尖纵切面玻片标本、向日葵老根横切面玻片标本、蚕豆幼根横切面玻片标本、小麦幼根横切面玻片标本、鸢尾幼根横切面玻片标本、水稻老根横切面玻片标本等。

②新鲜材料：发芽的小麦种子或蚕豆种子。

2. 试剂 蒸馏水、$I_2 - KI$溶液、番红染色液。

3. 仪器和用具 镊子、培养皿、刀片、滴管、载玻片、盖玻片、放大镜、显微镜、解剖镜、解剖针、擦镜纸、吸水纸等。

四、实验方法与步骤

1. 根尖结构的观察

（1）取发芽的小麦种子（或蚕豆种子）一粒，用肉眼或放大镜观察其幼根的外形，用刀片切下根尖至带有根毛的一段。

（2）将材料置于滴有水的载玻片上，盖上盖玻片，用手指在盖玻片上向下稍加压力，使幼根稍扁，用吸水纸吸去多余水分，防止气泡产生。

（3）显微镜下观察。

2. 双子叶植物根的初生结构观察

（1）取蚕豆幼根横切面玻片标本。

（2）在低倍镜下区分根的初生结构的表皮、皮层和中柱。

（3）转换为高倍镜由表皮至中柱进行观察。

3. 单子叶植物根结构的观察　取小麦或鸢尾幼根横切面玻片标本，观察操作同双子叶植物根的初生结构观察。

4. 双子叶植物根的次生结构观察　取向日葵老根横切面玻片标本，观察操作同双子叶植物根的初生结构观察。

五、实验结果

1. 根尖的外形与分区　根尖一般分为根冠区、分生区、伸长区和成熟区 4 个部分（图 23 - 1）。

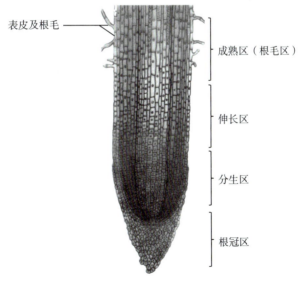

表皮及根毛

成熟区（根毛区）

伸长区

分生区

根冠区

图 23 - 1　根尖外部构造

2. 双子叶植物根的初生结构　双子叶植物根的初生结构由外向内依次为表皮、皮层和中柱三部分（图 23 - 2），内皮层上有凯氏带，在横切面上，凯氏带在相邻的径向壁上呈点状，称凯氏点（图 23 - 3）。

3. 单子叶植物根的结构（图 23 - 4 至图 23 - 8）

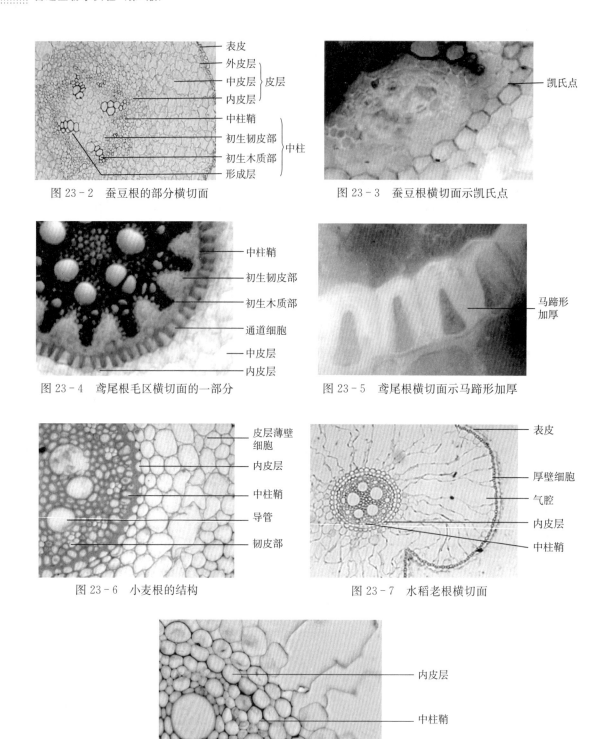

图 23-2　蚕豆根的部分横切面

图 23-3　蚕豆根横切面示凯氏点

图 23-4　鸢尾根毛区横切面的一部分

图 23-5　鸢尾根横切面示马蹄形加厚

图 23-6　小麦根的结构

图 23-7　水稻老根横切面

图 23-8　水稻老根内皮层和中柱鞘

4. 双子叶植物根的次生结构　根的维管形成层和木栓形成层活动的结果形成了根的次

生结构，自外向内依次为周皮（木栓层、木栓形成层、栓内层）、成束的初生韧皮部、次生韧皮部、形成层和次生木质部（图 23-9）。

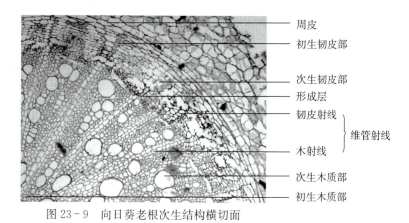

图 23-9　向日葵老根次生结构横切面

六、注意事项

（1）不要在高倍镜下取换玻片标本，以免损伤镜头和玻片标本。
（2）先在低倍镜下确定目标再切换至高倍镜。

七、作业题

1. 拍摄并提交所观察的各种植物根的玻片标本的电子图片各一幅。
2. 绘一种双子叶植物根初生结构横切面详图，注明各部分名称。
3. 列表比较双子叶植物和单子叶植物根的结构差异。

（廖芳蕾）

实验二十四
种子植物茎结构的观察

一、实验目的

1. 了解茎尖的结构和分化。
2. 通过茎横切面的观察，掌握种子植物茎的初生构造。
3. 了解种子植物茎的次生结构特征。

二、实验原理

茎尖结构包括分生区、伸长区、成熟区。分生区（生长锥）外围有叶原基、幼叶、腋芽原基、腋芽等结构。茎的初生结构包括表皮、皮层和中柱；茎的次生结构包括周皮（含木栓层、木栓形成层以及栓内层等）、次生维管组织的次生韧皮部、维管形成层、次生木质部和髓等结构。

三、材料、试剂和仪器

1. **材料**　黄杨茎尖纵切面玻片标本，苜蓿茎或向日葵、葡萄茎横切面玻片标本，小麦或玉米茎横切面玻片标本，椴树茎横切面玻片标本。
2. **试剂**　蒸馏水、间苯三酚等。
3. **仪器和用具**　镊子、培养皿、刀片、滴管、载玻片、盖玻片、放大镜、显微镜、解剖镜、解剖针等。

四、实验方法与步骤

1. **茎尖的结构与分区观察**　取黄杨茎尖纵切面玻片标本，观察分生区的结构与细胞特点。
2. **双子叶植物茎的初生结构观察**
（1）取苜蓿茎或向日葵、葡萄茎横切面玻片标本。
（2）在低倍镜下观察，区分表皮、皮层和中柱。
（3）观察维管束的排列和位置。

3. **单子叶植物茎结构的观察**　取小麦、玉米茎横切面玻片标本观察。

4. **双子叶木本植物茎的次生结构观察**

（1）取椴树茎横切面玻片标本。

（2）在低倍镜下由外而内依次区分次生结构的各个部分。

（3）在高倍镜下观察每一部分的组成和细胞特点。

五、实验结果

1. **茎尖的结构与分区**　茎尖基本和根尖类似，包括分生区（生长锥，图 24-1）、伸长区和成熟区三部分。茎尖生长锥的顶端部分是原分生组织，它们可向后不断产生新细胞。这些细胞一方面继续分裂，另一方面初步分化为初生分生组织，即原表皮层、基本分生组织和原形成层。

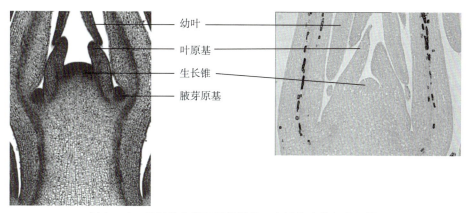

幼叶

叶原基

生长锥

腋芽原基

图 24-1　黄杨茎尖纵切示芽结构（左图是未伸长的茎轴）

2. **双子叶植物茎的初生结构**　双子叶植物茎的初生结构由表皮、皮层和中柱（包含维管束、髓和髓射线）三部分组成（图 24-2）。

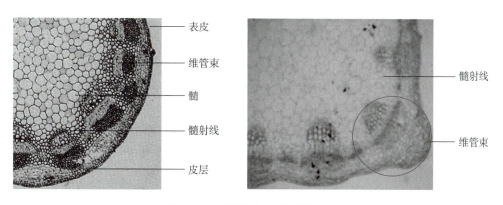

表皮

维管束

髓

髓射线

皮层

髓射线

维管束

图 24-2　苜蓿茎初生结构横切面

3. **单子叶植物茎的结构**　单子叶植物茎的维管束为有限维管束，维管束中没有形成层，因此只具有初生结构，单子叶植物的初生木质部由原生木质部和后生木质部组成（图24-3、图24-4）。

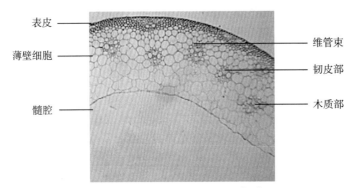

图24-3　小麦茎横切面的一部分

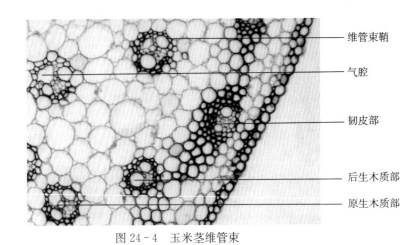

图24-4　玉米茎维管束

4. 双子叶植物木本茎的次生结构（图24-5）

（1）表皮。在茎的最外层，由一层排列紧密的表皮细胞组成，多数已脱落。

（2）皮孔。在表皮细胞以内的皮层里，皮孔多数形成于表皮层的气孔处。

（3）周皮。由木栓层细胞、木栓形成层细胞和栓内层细胞共同组成。

（4）年轮。在三年生椴树茎横切面上，可以清晰地看到木质部的三个同心环年轮。

（5）髓。位于茎中，由薄壁细胞组成，占茎横切面的很少部分。

（6）髓射线。由髓的薄壁细胞呈辐射状向外排列，经木质部时，是1～2列细胞；至韧皮部，薄壁细胞变大并沿切向方向延长，呈倒梯形。

（7）维管射线。由韧皮射线和木射线构成。在每个维管束之内，由木质部和韧皮部之间横向运输的薄壁细胞组成，一般短于髓射线。髓射线在初生结构中就有，它们是维管束之间的射线。

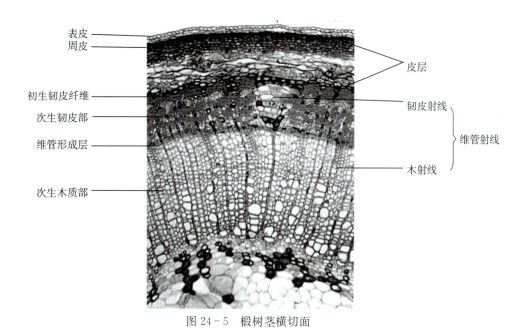

表皮
周皮
初生韧皮纤维
次生韧皮部
维管形成层
次生木质部

皮层
韧皮射线
维管射线
木射线

图 24 - 5　椴树茎横切面

六、注意事项

（1）不要在高倍镜下取换玻片标本，以免损伤镜头和玻片标本。
（2）先在低倍镜下确定目标再切换至高倍镜。

七、作业题

1. 拍摄并提交所观察的各种植物茎的玻片标本的电子图片各一幅。
2. 绘制苜蓿茎横切面图并注明各部分名称。
3. 列表比较双子叶植物根与茎的初生结构有何异同。

（廖芳蕾）

—— 实验二十五

种子植物叶结构的观察

一、 实验目的

1. 了解种子植物叶的一般构造。
2. 进一步认识叶片表皮、叶肉、叶脉的结构特点。

二、 实验原理

植物叶片是光合作用的重要器官，主要由表皮、叶肉、叶脉三部分组成。表皮是叶的保护组织，分为上表皮、下表皮两部分，具有气孔和表皮毛。叶肉是位于叶上表皮、下表皮之间的绿色组织，是叶内最发达和最重要的组织；叶肉分为栅栏和海绵组织，由众多叶肉细胞组成，细胞内含有叶绿体。叶脉具有较大的维管束，维管束与上表皮、下表皮之间具有厚角组织和机械组织，对叶起支持和保护作用。

三、 材料、试剂和仪器

1. 材料
①永久装片：女贞叶、水稻叶、蓝莓叶、菹草叶、黑松叶横切面玻片标本。
②新鲜材料：女贞叶片、水稻叶片等。
2. 试剂　蒸馏水等。
3. 仪器　镊子、培养皿、刀片、滴管、载玻片、盖玻片、放大镜、显微镜、解剖镜、解剖针等。

四、 实验方法与步骤

1. **植物叶表皮细胞及气孔结构观察**　制作女贞叶和水稻叶临时装片，一般左手执新鲜女贞叶片或水稻叶片，右手执刀片，在载玻片上完成女贞叶片或水稻叶片的切割，切割完成后滴上水或染色液，盖上盖玻片至显微镜下观察。

（1）夹片法切割叶片，两片双面刀片对齐（刀片之间留有的细缝宽度正好是切片所要求的），迅速切割载玻片上的女贞叶片或水稻叶片。

（2）单面刀片横切叶片，左手执新鲜女贞叶片或水稻叶片（为了方便操作，可将叶片沿叶脉卷起），右手执单面刀片垂直于叶片进行横切，从叶片的一端慢慢切向另一端，将切下的片状样本放置在培养皿的清水中选择相对完整的材料制片。

另取蓝莓叶、菹草叶横切面玻片标本进行观察。

2. 单子叶植物叶结构的观察

（1）取水稻叶横切面玻片标本。

（2）在低倍镜下观察，分清上表皮、下表皮、叶肉、叶脉等几部分的基本构造。

（3）转换成高倍镜进行观察。

3. 双子叶植物叶结构的观察
取女贞叶横切面玻片标本，观察操作同单子叶植物叶结构的观察。

4. 裸子植物叶结构的观察
取黑松叶横切面玻片标本，观察操作同单子叶植物叶结构的观察。

五、实验结果

1. 叶表皮细胞及气孔构造　叶片表皮细胞排列紧密，具有角质膜，并有气孔，气孔可以突出或内陷（图 25-1 至图 25-4）。

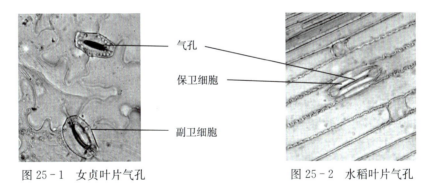

气孔
保卫细胞
副卫细胞

图 25-1　女贞叶片气孔　　　　　　　　图 25-2　水稻叶片气孔

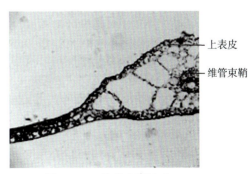

上表皮
栅栏组织
海绵组织
下表皮

上表皮
维管束鞘

图 25-3　蓝莓叶横切面　　　　　　　　图 25-4　菹草叶横切面

2. 单子叶植物叶的结构　以禾本科植物的叶为例加以说明（图 25-5）。

（1）表皮。表皮细胞的排列较规则，在上表皮中，有一些特殊大型的薄壁细胞，称为泡状细胞。泡状细胞具有大型液泡，在横切面上排列略成扇形。表皮上下两面都分布有气孔。

（2）叶肉。禾本科植物的叶片多呈直立状态，叶片两面受光近似，因此一般叶肉中没有栅栏组织和海绵组织的明显分化。

（3）叶脉。维管束是有限维管束，没有形成层，维管束外有维管束鞘。维管束上方位于表皮里面，通常可见到成束的厚壁细胞。

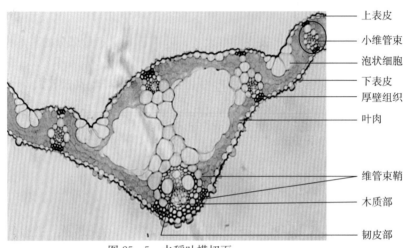

图25-5 水稻叶横切面

3. 双子叶植物叶的结构（图25-6）

（1）表皮。叶片的表皮细胞中一般不具有叶绿体。双子叶植物叶的横切面观察，表皮细胞近方形或长方形，外壁常较厚，角质化并具角质层。大多数种类上表皮、下表皮都具有气孔分布，但一般下表皮的气孔比上表皮多，气孔的数目、形状因植物种类不同而异。

（2）叶肉。在上表皮、下表皮之间，由含有叶绿体的薄壁细胞组成，是绿色植物进行光合作用的主要场所。叶肉通常分为栅栏组织和海绵组织两部分。

（3）叶脉。主要为叶片中的维管束，主脉和各级侧脉的构造不完全相同。主脉和较大侧脉由维管束和机械组织组成。叶维管束的构造和茎的维管束大致相同，由木质部和韧皮部组成。木质部位于向茎面，由导管、管胞组成。韧皮部位于背茎面，由筛管、伴胞组成。

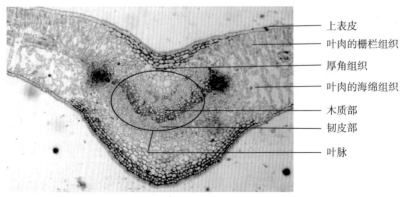

图25-6 女贞叶横切面

4. 裸子植物叶的结构 （图 25 - 7）

（1）表皮及下皮层。表皮细胞排列紧密，壁厚，并强烈木质化，外壁具有很厚的角质层。表皮上气孔下陷。下皮层是一层至数层纤维状的硬化薄壁细胞。

（2）叶肉。没有栅栏组织、海绵组织的分化。叶肉细胞特化，每个细胞的壁均向内折陷，形成许多不规则的皱褶。细胞内有多数的粒状叶绿体，还有树脂道。

（3）内皮层。叶肉细胞最里层的一层细胞，细胞壁较厚，并具有栓质化加厚，明显地具有凯氏带。

（4）维管束。维管束主要由初生木质部和初生韧皮部构成。初生木质部组成成分为管胞和薄壁组织，它们互相间隔排列，形成整齐的径向行列。在韧皮部的外方还分布着一些厚壁细胞。

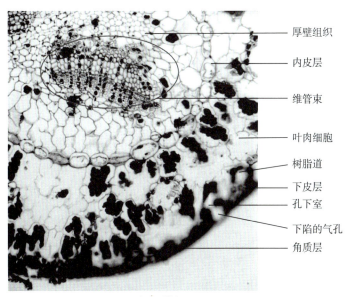

图 25 - 7　黑松叶横切面

六、注意事项

（1）操作过程中，注意刀片的安全使用。

（2）样品采后应快速完成实验，不宜在空气中长时间暴露。

七、作业题

1. 拍摄并提交所观察的各种植物叶的玻片标本的电子图片各一幅。

2. 绘制水稻叶横切面图。

3. 绘制女贞叶或黑松叶横切面图。

（廖芳蕾）

实验二十六

被子植物花结构的观察

一、实验目的

了解花的一般结构，识别子房、花药。

二、实验原理

被子植物发育到一定阶段时，在茎上孕育花原基并发育成花。花在植物的生活周期中占有极其重要的地位。被子植物典型的花一般包括花梗（花柄）、花托、花被（花萼、花冠）、雌蕊群（花中所有雌蕊）、雄蕊群（花中所有雄蕊）（图26-1）。

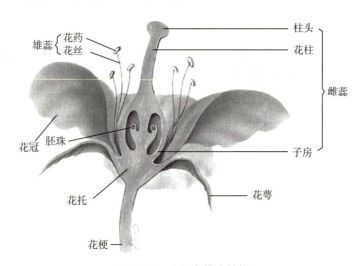

图26-1　花器官模式结构

花梗（花柄）：花连接茎的部分，起支撑作用，长、短或无。

花托：是花梗顶端略微膨大的部分，其上着生花萼、花冠、雄蕊群、雌蕊群。

花萼：花最外轮的变态叶，由若干萼片组成，起保护幼花的作用。

花冠：花的第二轮变态叶，是一朵花中所有花瓣的总称，常有各种颜色和芳香味，可吸引昆虫，并保护雌蕊、雄蕊。

雌蕊：由柱头（雌蕊的顶部，花粉附着的部位）、花柱（花粉进入子房的通道）、子房（由子房壁和胚珠组成）组成。

雄蕊：由花丝（细长形，有支持和输导作用）、花药（呈囊状，内含大量花粉粒）组成。

三、材料、试剂和仪器

1. **材料**　不同时期的香橼花（芸香科柑橘属）、番茄花（茄科番茄属），以及百合花药、子房横切面玻片标本等。

2. **试剂**　间苯三酚、浓盐酸等。

3. **仪器和用具**　镊子、放大镜、解剖刀、解剖针、解剖镜、培养皿、刀片、载玻片、盖玻片等。

四、实验方法与步骤

1. **观察番茄花与香橼花的一般结构**　花梗、花托、花萼、花冠（花瓣）、雄蕊群、雌蕊群等，分清各结构的数量、排列、形状等特点，尤其分清雄蕊、雌蕊的组成特点。

2. **观察香橼花雌蕊和雄蕊的结构**　将不同时期香橼花一侧的花瓣与内部相同一侧的雄蕊去除，观察雌蕊、雄蕊等花内部结构，并初步整理出花发育的进程。

3. **番茄花结构解剖观察**　找到番茄花结构的各个部位，并将各个部位取下分别在放大镜下观察。

4. **观察花药、子房的结构**　通过百合花药、子房横切面玻片标本，在显微镜下观察花药、子房的结构。

五、实验结果

1. **香橼花结构解剖和发育进程**　成熟的香橼花具有明显的花梗、花托结构，花萼不明显，花瓣呈现浅粉白色，内部雌蕊与雄蕊形态差异较大，只有一个粗而坚韧的雌蕊，顶部有黏性，呈黄色，花柱前部在成熟的香橼花中呈现紫色，其余部位为浅绿色（图26-2）。

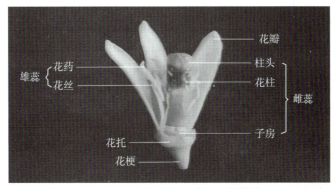

图26-2　成熟香橼花纵向解剖结构

2. **番茄花结构解剖** 番茄花的花梗与萼片上均具有较多的茸毛；萼片为深绿色且较为明显；番茄花瓣为黄色，有不规则弯曲，表面不平整；番茄花雄蕊异于普通两性花，其花药聚集在一起形成桶状结构，彼此不分离；雌蕊在雄蕊桶状结构之下，柱头、花柱与子房的界限较为明显，可以清晰地看到三段结构（图26-3）。

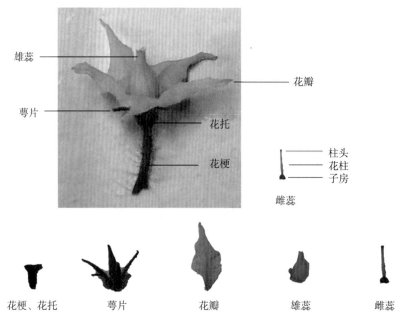

图26-3 番茄花器官各结构解剖

3. **百合花药、子房结构观察** 花药是花丝顶端膨大呈囊状的部分，是雄蕊产生花粉的主要部分。百合花药发育到一定阶段，其花药壁从外到内依次为表皮、药室内壁、中层（1～3层）、绒毡层（细胞核大，细胞质浓厚），花药内部是花粉母细胞（图26-4）。花药继续发育，直至花粉母细胞发育称为成熟花粉粒，花药壁的结构也发生了改变（图26-5），药室内壁纤维化成为纤维层，绒毡层退化解体。

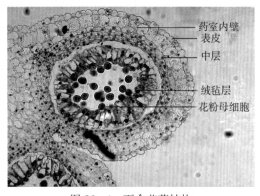

图26-4 百合花药结构

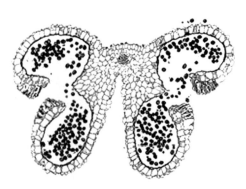

图26-5 开裂的百合花药结构

百合花子房大而细长，中轴胎座，有3个子房室，每一子房室中有两列胚珠。百合胚珠在中轴上排列整齐，着生部位一致，在制作玻片标本时，可在同一切面上同时切到6个胚珠，可观察到珠柄、珠孔、胚囊、合点等结构（图 26 - 6、图 26 - 7）。

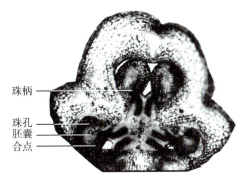

图 26 - 6　百合花子房示意

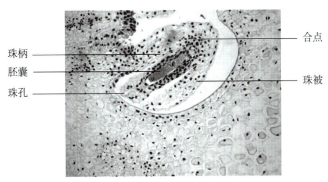

图 26 - 7　百合花子房室内胚珠结构

六、注意事项

（1）分离雄蕊时注意不要损伤雌蕊结构。
（2）注意观察香橼花雄蕊与雌蕊的区别。

七、作业题

1. 画出一种校园内植物花的结构图。
2. 画出一种植物花药、子房的结构图。

（廖芳蕾）

种子植物果实和种子的观察

一、 实验目的

1. 初步了解植物果实类型和分类知识，观察常见果实的形态特征和解剖结构。
2. 了解种子的主要结构和功能。

二、 实验原理

1. **果实**　是被子植物具有果皮及种子的器官，是由被子植物的雌蕊经过传粉受精，由子房或花的其他部分（如花托、萼片等）参与发育而成。果实一般包括果皮和种子两部分。种子起传播与繁殖的作用。

果实分为真果和假果两种基本结构。单纯由子房发育而成的果实为真果，多数果实为真果，其结构比较简单，外为果皮，内为种子。果皮由子房壁发育而成，一般可分为外果皮、中果皮和内果皮三层结构，外果皮上常有气孔、角质、蜡被和表皮毛等。假果由子房及花的其他部分共同发育而成，其结构较真果复杂，除由子房壁发育而成的果皮部分外，还有花的其他成分。

果实种类繁多，分类方法也是多种多样。根据果实来源，可分为单果、聚合果、聚花果（复果）三大类。一朵花中只有一个雌蕊发育成的果实称为单果。聚合果是指由花内若干离生心皮雌蕊聚生在花托上发育而成的果实，每一离生雌蕊形成一单果。聚花果是由整个花序发育而成的果实。

2. **种子**　裸子植物和被子植物特有的繁殖体，它由胚珠经过传粉受精形成。种子一般由种皮、胚和胚乳三部分组成，有的植物成熟种子只有种皮和胚两部分。种子的形成使幼小的孢子体胚珠得到母体的保护，获得充足的养料。种子还有各种适于传播或抵抗不良条件的结构，为植物的物种延续创造了良好的条件。种子是种子植物特有的器官，其主要功能是繁殖。种子的形状、大小、色泽、表面纹理等因植物种类不同而异。种子常呈圆形、椭圆形、肾形、卵形、圆锥形、多角形等。

种皮由珠被发育而来，具保护胚与胚乳的功能。裸子植物的种皮由明显的3层组成。外层和内层为肉质层，中层为石质层。裸子植物种子外面没有果皮。胚是种子最重要的部分，胚除具有胚根、胚芽、胚轴和子叶外，还具有胚根鞘和胚芽鞘，可以发育成植物的根、茎和叶。胚乳是种子集中养料的地方，由受精极核发育形成。绝大多数的被子植物在种子发育过程中都有胚乳形成，但在成熟种子中有的种类不具有或只具有很少的胚乳，这是由于它们的胚乳在发育过程中被胚分解吸收了。一般常把成熟种子分为有胚乳种子和无胚乳种子两大类。

三、材料和仪器

1. 材料
①果实：苹果、葡萄、柑橘、桃、板栗、葵花籽。
②种子：菜豆种子、玉米种子。
2. 仪器和用具　放大镜、解剖用具、解剖镜、绘图用具等。

四、实验方法与步骤

1. 果实的观察
（1）观察果实的外部形态。
（2）用解剖刀分别将果实从中部进行横切和纵切。
（3）从横切面和纵切面详细观察内部结构，用解剖针指出各部位并说出植物学名称。
2. 种子的观察
（1）分别取一粒浸软的菜豆种子和玉米种子，观察它的外形并用解剖针指出种脐。
（2）剥掉菜豆种子种皮，可观察到两片子叶。用解剖针指出各部位并说出植物学名称。
（3）用解剖刀将玉米种子纵向切开，观察辨认胚乳、胚的位置。

五、实验结果

1. 果实的观察
（1）梨果类。由花托（有文献称为花萼筒）与下位子房愈合发育而成的假果，花托形成的外果皮及中果皮均肉质化，内果皮纸质化或革质化，如梨和苹果（图 27-1）。

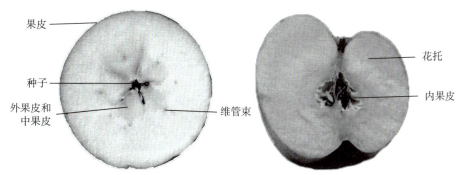

图 27-1　苹果果实结构

（2）浆果类。外果皮薄，中果皮、内果皮均为肉质化并充满汁液，如忍冬、葡萄等（图27－2）。

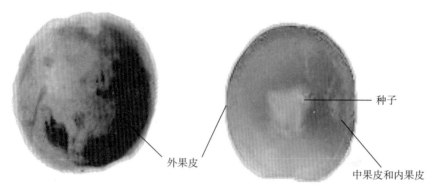

图 27－2　葡萄果实结构

（3）柑果类。由复雌蕊形成，外果皮革质，中果皮呈白色丝状，疏松，分布有维管束，一般称为橘络，内果皮膜质，分为若干室，向内生出许多多汁的毛囊（也称为汁胞），是食用的主要部分，如柑橘等（图27－3）。柑果为芸香科植物特有。

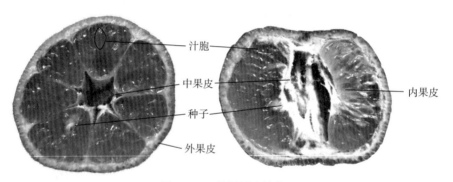

图 27－3　柑橘果实结构

（4）核果类。肉质果的一种，由1个到多个心皮组成。外果皮薄，中果皮肉质，内果皮坚硬木质化，包于种子外，构成果核，如桃（图27－4）、杏。

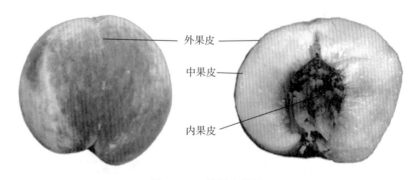

图 27－4　桃果实结构

（5）坚果类。外果皮坚硬木质化，中果皮与内果皮相连紧密，含 1 粒种子，坚果外面常有壳斗包裹，如板栗（图 27-5）。

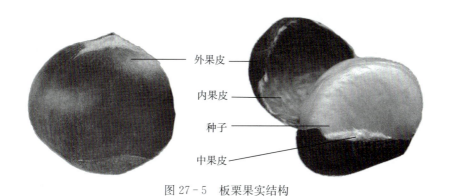

图 27-5　板栗果实结构

（6）瘦果类。果皮与种皮易分离，含 1 粒种子，如向日葵果实（图 27-6）。

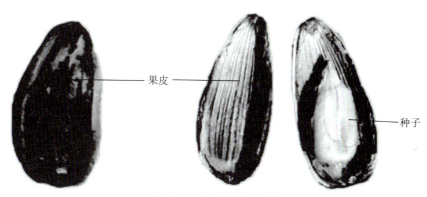

图 27-6　向日葵果实结构

2. 种子的观察

（1）菜豆种子（图 27-7）。

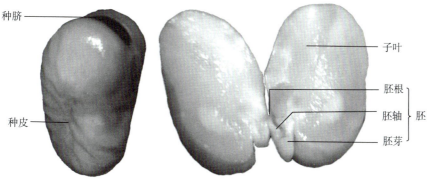

图 27-7　菜豆种子结构

（2）玉米种子（图27-8）。

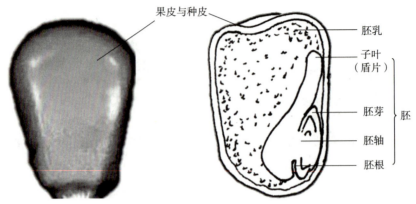

图27-8　玉米种子结构

六、注意事项

（1）对果实和种子进行解剖时，应小心使用解剖刀，防止割伤。
（2）剥掉菜豆种子种皮时应适当减小用力，防止用力太重导致子叶破碎。

七、作业题

1. 每一类果实画一个代表性的果实解剖图，并注明各部位名称。
2. 列出各果实类型的主要特征和其代表果实。
3. 比较菜豆种子和玉米种子，写出两者结构的相同点和不同点。

（廖芳蕾）

── 实验二十八
植物细胞质壁分离及复原观察

一、 实验目的

观察植物组织在不同浓度溶液中细胞质壁分离的发生过程。

二、 实验原理

植物细胞原生质层相当于一个半透膜系统（图 28-1）。当细胞液的浓度小于外界溶液的浓度时，细胞液中的水分就透过细胞膜进入外界溶液中，使细胞壁和细胞膜都出现一定程度的收缩。由于原生质层比细胞壁的伸缩性大，当细胞不断失水时，原生质层就会与细胞壁逐渐分离开来，即逐渐发生质壁分离。当细胞液的浓度大于外界溶液的浓度时，外界溶液中的水分就透过细胞膜进入细胞液中，整个原生质体就会慢慢地恢复成原来的状态，使植物细胞逐渐发生质壁分离复原。

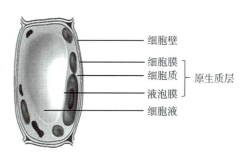

图 28-1　植物细胞的基本结构

三、 材料、试剂和仪器

1. **材料**　紫色的洋葱鳞片。
2. **试剂**　0.3g/mL 蔗糖溶液、蒸馏水。
3. **仪器和用具**　刀片、镊子、滴管、载玻片、盖玻片、吸水纸、显微镜等。

四、 实验方法与步骤

（1）制作洋葱鳞片外表皮的临时装片（注意不要选最外层的鳞片，因其死亡细胞较多）。
（2）用低倍显微镜观察紫色中央液泡的大小、原生质层的位置。
（3）从盖玻片的一侧滴入蔗糖溶液，在盖玻片的另一侧用吸水纸吸取。重复几次，使盖玻片下面的洋葱鳞片外表皮完全浸润在蔗糖溶液中。

（4）用低倍显微镜观察中央液泡的颜色与大小变化、原生质层的位置、细胞大小变化。

（5）从盖玻片的一侧滴入清水，在盖玻片的另一侧用吸水纸吸取。重复几次，使盖玻片下面的洋葱鳞片外表皮完全浸润在清水中。

（6）用低倍显微镜观察中央液泡的颜色与大小变化、原生质层的位置、细胞大小变化。

五、实验结果

将观察到的实验现象填入表 28-1 中。

表 28-1　实验结果记录

	中央液泡大小	原生质层的位置	细胞大小
蔗糖溶液			
清水			

绘制显微镜下观察到的洋葱鳞片外表皮质壁分离图。

正常的洋葱鳞片外表皮细胞	质壁分离的洋葱鳞片外表皮细胞

六、注意事项

（1）并不是只有洋葱鳞片可以发生质壁分离现象。该实验所用材料满足的条件：表皮细胞液泡大并且明显，有花青素。

（2）并不是分离后一定会复原。外界浓度过高或者分离时间过长会导致细胞失水过多而死亡，从而不再发生复原现象。

（3）并不是只有清水可以使质壁分离得以复原。所有比细胞液浓度低的溶液均可。

七、 思考题

1. 输液时用质量分数为 0.9% 的生理盐水或 5% 的葡萄糖，这是为什么呢？如果加大浓度或用蒸馏水会有什么现象呢？

2. 在给农作物施肥时，如果一次施肥过多，会出现什么现象？为什么？

3. 在盐碱地栽培的农作物会受到什么影响？

（章　薇）

——实验二十九

植物气孔运动观察

一、 实验目的

观察气孔在不同水分状态下的运动情况。

二、 实验原理

保卫细胞（图29-1）的内外壁有差异，由于其外壁薄于内壁，所以当保卫细胞吸水膨胀时，外壁伸长比内壁快，从而拉动微丝将内壁拉开，气孔张开，当失水时气孔关闭。小分子物质可以自由通过细胞膜。

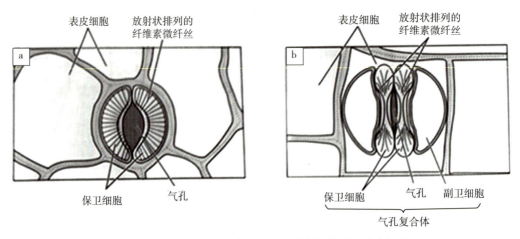

图 29-1　保卫细胞中纤维素微纤丝的放射状排列和表皮细胞
a. 肾形气孔　b. 禾本科类气孔
（引自 Meidner and Mansfield，1968）

三、 材料、试剂和仪器

1. **材料**　紫鸭跖草。
2. **试剂**　5% 甘油溶液。

3. **仪器和用具**　显微镜、镊子、吸水纸、载玻片、盖玻片、单面刀片、培养皿。

四、实验方法与步骤

（1）撕取紫鸭跖草叶下表皮制作临时装片，置于显微镜下观察并找到开度最大的气孔。

（2）在盖玻片的一端用吸水纸吸去水，从盖玻片一端滴加5％甘油，并从另一端用吸水纸吸取，使甘油完全取代水，显微镜下仔细观察气孔的变化情况。

（3）采取上述方法，用水取代甘油后，再观察气孔变化。

五、实验结果

绘制显微镜下看到的气孔变化。

处理前的气孔	5％甘油处理后的气孔	水处理后的气孔

六、注意事项

（1）要选择适合气孔观察的叶片，叶片太老或太嫩都不合适，且容易撕下叶肉。

（2）尽量观察叶表皮中间的位置，因为中间的气孔状态容易观察。

七、思考题

通过质壁分离复原实验和气孔运动观察能得出什么结论？

（章　薇）

实验三十

植物细胞骨架的观察

一、 实验目的

1. 掌握考马斯亮蓝 R - 250 对植物细胞骨架的染色方法。
2. 了解植物细胞骨架的形态与分布。

二、 实验原理

　　细胞骨架（cytoskeleton）系统包括微丝（microfilament，MF）、微管（microtubule，MT）和中间纤维（intermediate filament，IF）。细胞骨架在细胞形态维持、细胞分裂、细胞内物质运输以及胞内信号转导等过程中具有重要作用。微丝是一种直径为 7nm 的纤维，是以肌动蛋白（actin）为亚单位组成的螺旋状结构。微管由微管蛋白亚基组装而成，在电镜下呈现中空的管状结构，是细胞骨架的主要成分。中间纤维存在于大多数动物细胞中，它的结构较微丝与微管稳定，但在植物细胞中尚未发现中间纤维。

　　植物细胞经过适当浓度的非离子型去垢剂 Triton X - 100 处理后，细胞膜与胞内的大部分蛋白质被破坏，但细胞骨架系统蛋白质不受破坏。

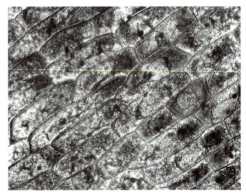

图 30 - 1　细胞骨架（洋葱内表皮）

考马斯亮蓝 R - 250，即三苯基甲烷，可结合在蛋白质的碱性基团上，使蛋白质呈深蓝色，所以经考马斯亮蓝 R - 250 染色后，在光学显微镜下可观察到网状结构的细胞骨架（图 30 - 1）。

三、 材料、试剂和仪器

1. 材料　洋葱。
2. 试剂
①0.02mol/L 磷酸缓冲液（pH6.8）（表 30 - 1）。

表 30 – 1　0.02mol/L 磷酸缓冲液组成

试剂	体积
0.2mol/L Na_2HPO_4 溶液	49mL
0.2mol/L NaH_2PO_4 溶液	51mL
加蒸馏水定容至 1 000mL	

②0.2%（m/V）考马斯亮蓝 R – 250 染色液：称取 0.2g 考马斯亮蓝 R – 250 溶于配制体积比为甲醇：冰醋酸：蒸馏水＝46.5：7：46.5 的 100mL 溶剂中。

③3%戊二醛溶液：12mL 25%戊二醛溶液溶于 80mL 磷酸缓冲液（0.02mol/L，pH6.8）中，定容至 100mL。

④M 缓冲液（pH7.2）（表 30 – 2）。

表 30 – 2　M 缓冲液组成

试剂名称	浓度	每 1 000mL 所需量
咪唑	50mmol/L	3.40g
KCl	50mmol/L	3.73g
$MgCl_2 \cdot 6H_2O$	0.5mol/L	0.10g
EGTA	1mmol/L	0.38g
$EDTA - Na_2 \cdot 2H_2O$	0.1mmol/L	0.037g
巯基乙醇	1mmol/L	70μL
甘油	4mol/L	294.8mL
加蒸馏水定容至 1 000mL，用 HCl 调节 pH 7.2		

⑤1% Triton X – 100 溶液：1mL 曲拉通（Triton）X – 100 溶于 90mL 的 M 缓冲液中，定容至 100mL。

3. 仪器和用具　显微镜、载玻片、盖玻片、镊子、青霉素小瓶、刀片、滴管、一次性水杯。

四、实验方法与步骤

（1）将洋葱鳞片内表皮切割成大约 1cm×1cm 的小片，取 3～5 片置于盛有磷酸缓冲液的青霉素小瓶中，轻轻吹打使其湿润下沉。

（2）吸去磷酸缓冲液，加入约 1/2 体积的 Triton X – 100 溶液，处理 20min。

（3）吸去 Triton X – 100 溶液，用 M 缓冲液洗 2 次，每次 1～2min。

（4）加入 3%戊二醛溶液，固定 30min。

（5）移去戊二醛溶液，用磷酸缓冲液洗 2 次，每次 1～2min。

（6）夹取洋葱鳞片表皮置于载玻片上，用镊子将表皮展开，滴 1 滴考马斯亮蓝染色液，染色 3min。

（7）加盖玻片，吸去多余的染色液，在低倍镜下选择细胞骨架形态较好的视野，再转换至高倍镜下，仔细观察细胞骨架的具体形态。

五、 注意事项

（1）洋葱鳞片内表皮勿切割太大，放入青霉素小瓶中时注意将表皮尽量展开，并与溶液充分接触。

（2）在每次洗涤时操作勿太剧烈，以免造成细胞骨架的破坏。

六、 作业与思考题

1. 本实验中观察到的是细胞骨架的哪种成分？并说明原因。

2. 绘制洋葱鳞片表皮细胞骨架分布图。

参考文献

王金发，何炎明，刘兵，2011. 细胞生物学实验教程 [M]. 北京：科学出版社.

（周　丹）

实验三十一

胞间连丝及膜泡系的观察

一、实验目的

1. 掌握徒手切片观察胞间连丝的方法。
2. 了解植物胞间连丝的结构。
3. 了解动物细胞中的膜泡系。

二、实验原理

高等植物细胞间主要通过胞间连丝相互连接，完成物质在细胞间的运输。胞间连丝是由相邻细胞的细胞质膜共同组成的管状结构（图 31-1），中央是由光面内质网延伸形成的连丝微管，连丝微管与管状质膜之间是环孔，由液泡构成。

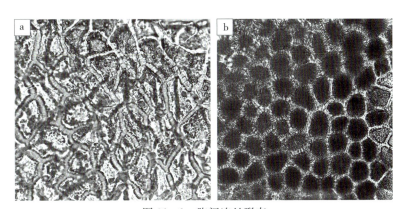

图 31-1　胞间连丝形态
a. 红辣椒表皮细胞示胞间连丝　b. 玉米糊粉层示胞间连丝
（浙江师范大学 2017 级生科专业学生提供）

动物细胞内由单层膜包裹的小泡属于膜泡系，如溶酶体、吞噬泡、转运泡等。中性红染色液可将细胞中的膜泡结构染成红色，故可在光学显微镜下观察到膜泡结构的存在。

三、材料、试剂和仪器

1. **材料**　红辣椒、玉米籽、口腔黏膜细胞。

2. **试剂**

①Ringer 溶液：称取 8.5g NaCl、0.12g $CaCl_2$、0.20g $NaHCO_3$、0.14g KCl、0.01g Na_2HPO_4，加蒸馏水定容至 1 000mL。

②中性红染色液：称取 1g 中性红溶于 100mL Ringer 溶液中，滤纸过滤后置于棕色瓶中放于暗处保存。使用前取 1%中性红染色液 1mL，加入 29mL Ringer 溶液稀释后混匀待用。

3. **仪器和用具**　光学显微镜、载玻片、盖玻片、镊子、剪刀、消毒牙签、刀片、滴管等。

四、实验方法与步骤

1. **红辣椒表皮细胞胞间连丝的观察**　剪取一小块红辣椒，用刀片小心刮除果肉，至留下一层极薄的表皮，置于载玻片上，加盖玻片。使用光学显微镜进行观察，在低倍镜下选择颜色较淡、果肉较少的部位，转换至高倍镜下观察胞间连丝。

2. **玉米糊粉层胞间连丝的观察**　取 1 粒已提前 1d 浸泡的玉米籽，剥去玉米籽外周的表皮，露出淡黄色的糊粉层。沿玉米籽粒的棱面进行徒手切片，选取切取的较薄的组织片，置于载玻片上，加盖玻片。使用光学显微镜进行观察，先在低倍镜下找到淡灰色的部分，再转换至高倍镜观察。

3. **口腔黏膜细胞膜泡系的观察**　将 1 滴中性红染色液滴于载玻片中央，漱口 1～2 次后用消毒牙签刮取口腔黏膜细胞，置于中性红染色液滴中轻轻摩擦，使细胞分散开，盖上盖玻片。使用光学显微镜进行观察，先在低倍镜下找到浅红色的口腔黏膜细胞，再转换至高倍镜下观察。

五、注意事项

（1）刮取红辣椒表皮时应尽量刮除果肉，至表皮成近透明。

（2）利用徒手切片获取玉米糊粉层时，应选取相对较薄的部分进行显微观察。

（3）在进行显微观察时，视野的光线不要太强，以利于聚焦观察到胞间连丝与膜泡系。

六、作业

1. 绘制红辣椒表皮与玉米糊粉层胞间连丝图，并标示出细胞的各部分。

2. 绘制人口腔黏膜细胞图，并标示出细胞的各部分。

（周　丹）

荧光显微镜及荧光染料的使用

一、实验目的

1. 初步掌握荧光显微镜的构造、工作原理与使用方法。
2. 初步掌握使用荧光染料 DAPI 标记细胞核的方法。

二、实验原理

　　荧光显微镜是在光镜水平上，对细胞内蛋白质、核酸等组分及细胞器进行定性定位研究的有力工具。荧光显微镜的核心部件是滤光片系统以及专用的物镜镜头。滤光片系统由激发滤光片（安装在光源和样品之间，只允许特定波长的激发光通过）和阻断滤光片（安装在物镜和目镜之间，只允许荧光染料发出的荧光通过）组成（图 32 - 1）。这样，通过激发滤光片的短波长的紫外线或者短波可见光如蓝紫色光，照射样品，使被检样品的原子受到激发，使之产生波长更长的可见光即荧光，用以观察和分辨样品中某些物质及其性质。早在 1904 年库列（Köehler）就创建了以紫外线为光源，激发出荧光观察细胞组织结构的方法。

　　目前，科研中使用的荧光染料和荧光蛋白可以在特定波长范围的激发光激发下发射特定波长的发射光，比如 DAPI、碘化丙啶（PI）等荧光染料，青色荧光蛋白（CFP）、绿色荧光蛋白（GFP）、黄色荧光蛋白（YFP）、红色荧光蛋白（RFP）、mCherry 等荧光蛋白。因此，可以利用特殊的荧光染料与荧光蛋白或者荧光染料与荧光蛋白组合，标记出细胞结构。

　　荧光染料 DAPI 即 4′,6 -二脒基- 2 -苯基吲哚（4′,6- diamidino - 2 - phenylindole），可以穿透细胞膜，结合到双链 DNA 小沟的 AT 碱基对

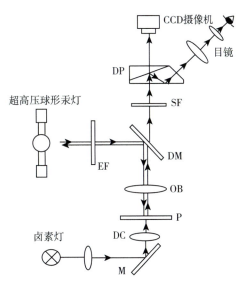

图 32 - 1　荧光显微镜构造示意
EF. 激发滤光片　DP. 分光棱镜　SF. 阻断滤光片
DM. 二向色分光镜　OB. 物镜　P. 标本
DC. 聚光镜　M. 反光镜

处，一个 DAPI 分子可以占据 3 个碱基对的位置，用紫外线波长的光线激发，产生比游离状态强 20 多倍的荧光（图 32 - 2）。游离 DAPI 的最大吸收波长为 340nm，最大发射波长为 488nm；与双链 DNA 结合状态的 DAPI，最大吸收波长为 364nm，最大发射波长为 454nm，更有利于提高结合态 DAPI 与游离态 DAPI 信号的信噪比。因此，DAPI 可以用于活细胞和固定细胞以及某些特定情况下的双链 DNA 的染色，在荧光显微镜下可以看到呈蓝色荧光的细胞核。

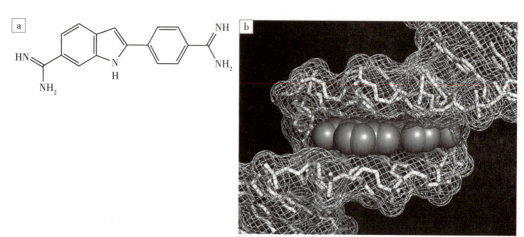

图 32 - 2　DAPI 的分子结构式及其与 DNA 的复合物晶体结构
a. DAPI 的分子结构式　b. DAPI 与 DNA 的复合物晶体结构

三、 材料、试剂和仪器

1. **材料**　洋葱。
2. **试剂**
①DAPI 储存液：ddH₂O 配制成 1mg/mL 的储存液，-20℃下避光保存。
②DAPI 工作液：将储存液稀释成 100ng/mL 的工作液。
3. **仪器和用具**　荧光显微镜、载玻片、盖玻片、剪刀、镊子、胶头滴管、一次性水杯等。

四、 实验方法与步骤

1. **取材、染色**　在载玻片上滴加 1～2 滴 DAPI 工作液，用镊子将撕下的洋葱表皮放在染色液中避光染色约 5min。
2. **制片**　在洋葱表皮上滴加 1～2 滴 ddH₂O，小心盖上盖玻片，用吸水纸将多余的水吸干，放在载物台上观察。
3. **镜检**　打开荧光显微镜电源和卤素灯开关，由低倍到高倍，找到合适的视野和细胞。打开荧光显微镜汞灯开关，选择 DAPI 通道（即阻断滤光片），使用荧光显微镜观察，找到洋葱表皮中细胞核被染成蓝色的细胞。

五、实验结果

细胞核的辨别：成熟的植物细胞中，液泡占据细胞内大部分空间，细胞核被挤压到细胞边缘，细胞核呈圆形或椭圆形，被 DAPI 染成蓝色（图 32 - 3）。

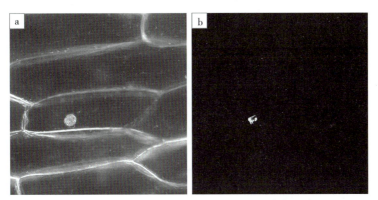

图 32 - 3　洋葱表皮细胞细胞核的 DAPI 染色观察
a. 明场下的洋葱表皮细胞　b. DAPI 通道下同一个洋葱表皮细胞的细胞核

六、注意事项

（1）荧光染料 DAPI 要避光保存，实验过程中注意避光。
（2）荧光相比环境光较弱，最好在暗室观察或者关闭房间光源。
（3）DAPI 可能具有致癌性，全部操作过程必须戴手套。
（4）汞灯打开 0.5h 之后才能关闭，关闭 0.5h 之后才能打开，以保护汞灯。

七、作业题

绘制 3 个典型的 DAPI 染色的细胞。

参考文献

朱昊，郭宏，曹良才，等，2011. 荧光显微实验的设计 [J]. 实验室研究与探索，30（11）：128 - 130，150.

（朱恩高）

实验三十三

叶绿体的分离和荧光观察

一、实验目的

1. 了解差速离心分级分离细胞组分的原理。
2. 了解叶绿体提取的原理及其过程。
3. 通过显微镜观察分离的叶绿体形态。
4. 初步掌握叶绿体荧光的原理和观察方法。

二、实验原理

在等渗介质中差速离心是分离细胞器的常用方法。一个颗粒在离心场中的沉降速率取决于颗粒的大小、形状和密度，也同离心力以及悬浮介质的黏度有关。在一定的离心力作用下，相同时间内，密度和大小不同的颗粒沉降速度不同。依次增加离心力和离心时间，可以使非均一悬浮液中的颗粒按其大小、密度先后沉淀在离心管底部。叶绿体的分离应在等渗溶液（$0.35mol/L$ NaCl 或 $0.4mol/L$ 蔗糖溶液）中进行，以免渗透压的改变使叶绿体受到损伤。离心可得到沉淀的叶绿体。

生物体内有些物质受激发光照射后直接发出荧光，称为自发荧光（或直接荧光），如叶绿体的火红色荧光。有的生物物质本身不发荧光，但它吸收荧光染料后同样也能发出荧光，这种荧光称为次生荧光（或间接荧光），如叶绿体吸附吖啶橙后可发出橘红色荧光。吖啶橙属于三环杂芳香类异嗜性阳离子荧光染料，主要通过嵌入核酸双链的碱基对之间和与单链核酸的磷酸发生静电作用而与核酸结合，使细胞中的 DNA 和 RNA 同时染色而显示荧光。叶绿体是半自主性细胞器，内含 DNA 和少量 RNA。经吖啶橙染色后叶绿体的荧光改变是叶绿体的自发荧光（红色），与吖啶橙结合的 DNA、RNA 3 种荧光叠加的结果。

三、材料、试剂和仪器

1. **材料** 菠菜叶。
2. **试剂** $0.35mol/L$ NaCl、0.01％吖啶橙。
3. **仪器和用具** 离心机、剪刀、研钵、离心管、载玻片、盖玻片、镊子、荧光显微镜、吸水纸、尼龙布等。

四、实验方法与步骤

（1）取 3g 菠菜叶，清洗干净后去除叶柄和大的叶脉，剪碎放入研钵中。

（2）在研钵中加入 4mL 0.35mol/L NaCl，研磨成匀浆，用尼龙布过滤到离心管中。分离过程最好在 0～5℃条件下进行，如果在室温下，要迅速分离和观察。

（3）1 000r/min 离心 2min，将上清液转移到新的离心管中，弃去沉淀。

（4）3 000r/min 离心 15min，弃去上清液，将沉淀用少量 0.35mol/L NaCl 重悬。

（5）在载玻片上滴加 1～2 滴叶绿体悬液，小心盖上盖玻片，用吸水纸吸去多余水分，放在载物台上观察。

（6）打开荧光显微镜电源和卤素灯开关，由低倍到高倍，找到合适的视野和细胞，可见叶绿体为绿色橄榄形，在高倍镜下可见叶绿体内部含有深绿色的小颗粒即基粒。

（7）打开荧光显微镜汞灯开关，选择 GFP 通道（即阻断滤光片），使用荧光显微镜观察，可见叶绿体发出火红色荧光。加入吖啶橙染色后，叶绿体发出橘红色荧光，而混有的细胞核发出绿色荧光。

五、实验结果

荧光显微镜观察到的叶绿体的自发荧光与次生荧光参见图 33-1。

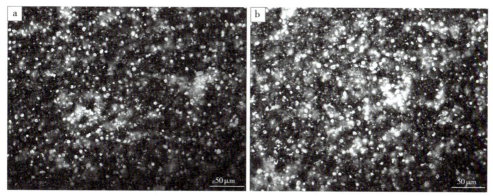

图 33-1　叶绿体的自发荧光与次生荧光
a. 叶绿体的自发荧光　b. 吖啶橙染色后叶绿体的次生荧光

六、注意事项

（1）分离叶绿体必须保证破碎细胞壁，同时不破坏叶绿体的完整性。注意不要研磨匀浆过度。

（2）吖啶橙有强致癌性，操作时一定要戴手套。

七、作业与思考题

1. 叶绿体自发荧光的原理是什么？
2. 完成叶绿体的提取，自发荧光的观察，吖啶橙染色及荧光观察。

参考文献

王秀玲，彭清才，2010. 叶绿体荧光观察方法的探讨 [J]. 实验室科学，13（4）：76 - 78.

（朱恩高）

实验三十四

苯胺蓝染色法观察拟南芥花粉管

一、 实验目的

使用苯胺蓝染料对拟南芥的花粉管进行染色，从而观察花粉管在拟南芥雌蕊中的生长情况。

二、 实验原理

苯胺蓝能够对花粉管内层的胼胝质进行特异性染色，并在紫外线灯下呈现荧光，使花粉管可视化。因此，苯胺蓝染色法被广泛应用于研究花粉管在体内的生长情况。

三、 材料、试剂和仪器

1. **材料** 授粉后的拟南芥雌蕊。
2. **试剂** 醋酸乙醇（$V/V = 1/3$）固定液、不同浓度梯度的乙醇溶液（70％、50％及30％）、NaOH溶液（8mol/L）、脱色苯胺蓝溶液（0.1％苯胺蓝溶于108mmol/L K_3PO_4 中，pH≈11）、活性炭粉末。
3. **仪器** 共聚焦显微镜、镊子、96孔板、塑料离心管（1.5mL）、50mL注射器、针头（18号）、载玻片及盖玻片等。

四、 实验方法与步骤

1. **固定** 将授粉后一定时间（具体时间根据实验需要）的拟南芥雌蕊用镊子小心取下，收集于含有1mL醋酸乙醇固定液的塑料离心管中进行固定。使用带有18号针头的50mL注射器在管盖上戳孔，将管中的空气抽出，直至样本不再释放气泡。将样品在室温下至少静置2h。

2. **复水** 移去固定液，向管内加入70％乙醇溶液处理样品，室温下静置10min。接下来依次用50％乙醇、30％乙醇及蒸馏水重复相同操作。

3. **碱性处理** 将样品移至8mol/L NaOH溶液中（建议使用96孔板）进行碱性处理，

在室温下静置过夜。

4. **洗涤**　小心移去 NaOH 溶液，加入蒸馏水，室温下洗涤 10min，此时可观察到雌蕊样品变成透明状。

5. **苯胺蓝染色**　小心移去蒸馏水，加入预先制备好的脱色苯胺蓝溶液，在室温黑暗条件下静置至少 2h。

6. **显微观察**

（1）在载玻片中心滴适量的苯胺蓝溶液，将待观察的拟南芥雌蕊组织放置于载玻片上，轻轻放上盖玻片进行制片。

（2）在共聚焦显微镜下观察样品，激发光波长为 420～490nm，发射光波长为 510nm。

五、实验结果

拟南芥花粉管观察结果参见图 34 - 1。

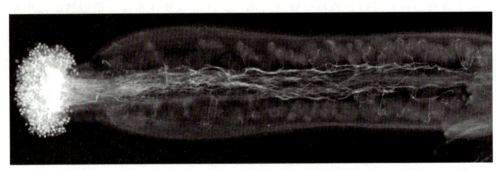

图 34 - 1　显微镜下观察到的拟南芥花粉管

六、实验难点及注意事项

（1）苯胺蓝溶液在配制时需进行脱色处理。称取一定量的苯胺蓝粉末溶解于 108mmol/L K_3PO_4 溶液中制成 0.1％（m/V）溶液。将制备好的溶液首先避光放置于 4℃冰箱过夜。翌日将该溶液加入适量活性炭粉末脱色并进行过滤，过滤后得到的溶液用于后续的染色实验。

（2）染色的各步骤操作顺序、加入的溶液及处理的时间均需准确。

（3）雌蕊在 NaOH 溶液中进行碱性处理后会变得非常软，用镊子夹取样品时需小心轻柔，以免损坏样品。

（4）在制片时操作需小心，避免产生气泡。

七、思考题

通过利用苯胺蓝染色法，可以观察和测定哪些与花粉管生长相关的生理形态或指标？

参考文献

Mori T，Kuroiwa H，Higashiyama T，et al.，2006.Generative cell specific 1 is essential for angiosperm fertilization [J]. Nat Cell Biol，8：64 – 71.

（薛大伟　牟望舒　李锦粤）

荧光增白剂染色法观察拟南芥根尖细胞壁

一、 实验目的

使用荧光增白剂对拟南芥的根尖细胞壁进行染色，以便观察和可视化根不同发育区内的细胞壁结构。

二、 实验原理

植物细胞壁位于植物细胞的外部，主要由纤维素、半纤维素、果胶、结构蛋白和糖蛋白等组分构成。荧光增白剂（CFW）是一种水溶性的染料，能够与细胞壁特异性结合，主要是基于其能够结合 β-葡聚糖（包括纤维素、木聚糖、胼胝质及几丁质），因此被广泛作为高等植物细胞壁的荧光染料。

三、 材料、试剂和仪器

1. **材料** 在光下生长 5~7d 的拟南芥幼苗。
2. **试剂** 荧光增白剂（CFW）染料、4% 多聚甲醛（PFA）固定液、磷酸缓冲盐（PBS）溶液、ClearSee 溶液［含 10%（m/V）木糖醇、15%（m/V）脱氧胆酸钠及 25%（m/V）尿素］。
3. **仪器** 共聚焦显微镜、镊子、载玻片及盖玻片等。

四、 实验方法与步骤

1. **固定** 用镊子小心地将在垂直培养基上生长 5~7d 的拟南芥幼苗放置于 4% 多聚甲醛固定液中，在 23~25℃ 条件下固定 60~120min。固定完成后，移去固定液，用 1×PBS 溶液洗涤样品 2 次，每次 1min，之后将样品移至 ClearSee 溶液中。
2. **透明** 将 ClearSee 溶液中的拟南芥幼苗在室温条件下进行透明处理（可将样品置于转速较低的水平摇床轻轻摇动）。对于 5~7d 的拟南芥幼苗根部，过夜处理即可达到透明效果。

3. 染色

（1）称取一定量的 CFW 染料粉末，将其溶于 ClearSee 溶液中，配制终浓度为 0.1%（m/V）的 CFW 染色液。

（2）将透明后的幼苗置于 0.1%（m/V）CFW 溶液中染色 30min（可将样品置于转速较低的水平摇床轻轻摇动）。

（3）移去染色液，将染色后的幼苗置于 ClearSee 溶液中洗涤至少 30min。

4. 显微观察

（1）在载玻片中心滴适量的 ClearSee 溶液，将待观察的拟南芥根部组织放置于载玻片上，轻轻放上盖玻片进行制片。

（2）在共聚焦显微镜下观察样品，激发光波长为 405nm，发射光波长为 425～475nm。

五、 实验结果

根尖观察结果参见图 35-1。

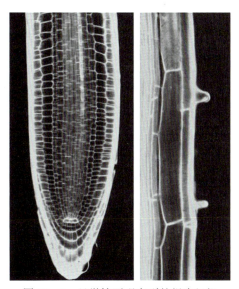

图 35-1　显微镜下观察到的根尖组织

六、 实验难点及注意事项

（1）固定样品之后的洗涤步骤非常重要，不可省略。

（2）确保对样品进行固定、透明及染色的处理顺序及时间均准确。

（3）配制的 0.1%（m/V）CFW 染色液需用锡纸包裹以避光储存。

七、 思考题

1. 为什么要先对植物组织进行固定及透明处理？

2. 如何利用荧光增白剂染色法来分析根不同发育区域的细胞结构与形态？

参考文献

Anderson C T，Carroll A，Akhmetova L，et al.，2010. Real‐time imaging of cellulose reorientation during cell wall expansion in *Arabidopsis* roots ［J］. Plant Physiol，152：787‐796.

Ursache R，Andersen T G，Marhavy P，et al.，2018. A protocol for combining fluorescent proteins with histological stains for diverse cell wall components ［J］. Plant J，93：399‐412.

（薛大伟　牟望舒　李　璇）

实验三十六

水稻花粉核质检测（DAPI 染色法）

一、实验目的

1. 了解成熟花粉发育过程，熟悉成熟花粉粒细胞核的形态特征。
2. 掌握花药 DAPI 染色技术。

二、实验原理

花粉发育过程可以分为两个阶段：小孢子发生阶段和雄配子体发生阶段。小孢子发育始于雄蕊原基细胞的有丝分裂，终止于小孢子母细胞减数分裂产生小孢子。初生造孢细胞经过有丝分裂生成花粉母细胞，花粉母细胞启动减数分裂，产生四个单倍体小孢子，随着胼胝质壁解体，小孢子（单核花粉，图 36-1）被释放出来。雄配子体发生始于释放的小孢子，终止于精细胞的形成。极化后的小孢子经过一次特殊的不对称有丝分裂，产生一个大的营养细胞和一个小的生殖细胞（二核花粉，图 36-2）。生殖细胞进入第二次有丝分裂，产生两个精细胞，完成雄配子体发生，此时是三核花粉（图 36-3）。

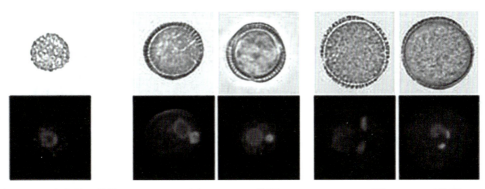

图 36-1　小孢子（单核）　　　　图 36-2　二核期　　　　　　图 36-3　三核期

4′,6-二脒基-2-苯基吲哚（4′,6 - diamidino - 2 - phenylindole，DAPI）是一种能够与 DNA 强力结合的荧光染料，能与 DNA 小沟结构，特别是 AT 碱基结合，也可插入少于 3 个连续 AT 碱基对的 DNA 序列中。虽然 DAPI 不能通过活细胞膜，但利用固定剂（通常是甲醛或多聚甲醛）将细胞固定，使得细胞膜的通透性大大增加后，DAPI 却能穿透扰乱的细胞膜与细胞核中的双链 DNA 结合而发挥标记的作用。DAPI-DNA 复合物的激发和发射波长分别为 360nm 和 460nm，荧光显微镜下可以显示蓝色荧光。

三、 材料、试剂和仪器

1. 材料　不同发育时期的水稻幼穗。
2. 试剂　冰醋酸、无水乙醇、卡诺氏固定液（无水乙醇：冰醋酸＝3：1）、70％乙醇、DAPI、ddH$_2$O、磷酸缓冲盐（PBS）溶液等。
3. 仪器和用具　载玻片、盖玻片、镊子、荧光显微镜等。

四、 实验方法与步骤

1. 配制 DAPI 染色液　称取 1mg DAPI 加入 1mL ddH$_2$O，溶解后制成 2.9mmol/L DAPI 母液，保存于－20℃。取 10μL DAPI 母液加到 1mL PBS 溶液中，制成 29μmol/L DAPI 染色液。
2. 水稻花药固定　取不同时期水稻幼穗，去除两边颖壳，将花器官浸入卡诺氏固定液中，室温下固定 24h。用 70％乙醇洗涤 3 次，一次洗 5min。
3. 染色　用镊子夹取花药置于载玻片上，滴 1～2 滴 DAPI 染色液，避光染色 10～30min。
4. 镜检　盖上盖玻片，用指甲油封片，于荧光显微镜下观察。

五、 实验结果

核型检测结果参见图 36-4。

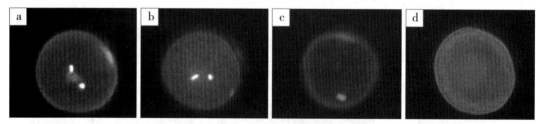

图 36-4　某水稻部分不育突变体的成熟花粉粒中核型检测
a. 正常花粉（3核）　b. 异常花粉（2核）　c. 异常花粉（1核）　d. 异常花粉（无核）

六、 注意事项

（1）DAPI 不能直接采用 PBS 等缓冲溶液进行溶解，需要先用水将其溶解。
（2）固定花药时，尽量不戳破花药，防止花粉粒外流。

七、作业与思考题

1. 水稻花粉发育过程中，如果少进行一次有丝分裂，可能形成几核花粉，为什么？
2. 绘制水稻花粉发育阶段细胞核形成过程图。

（林小丽　徐　杰　邓　洋）

实验三十七

台盼蓝染色法检测植物组织细胞死亡

一、实验目的

1. 理解台盼蓝染色法检测细胞死亡的基本原理。
2. 掌握台盼蓝染色法的基本操作。

二、实验原理

台盼蓝或称锥虫蓝，是一种细胞活性染料。可用于检测植物组织是否死亡。这种重氮染料还用于组织学和医学中，通过对细胞的着色来区分死细胞和活细胞。正常的活细胞，细胞膜结构完整，能够排斥台盼蓝，使之不能进入细胞内；而丧失活性或细胞膜不完整的细胞，细胞膜的通透性增加，不能阻止台盼蓝进入细胞内，因此可被台盼蓝染成蓝色。通常认为细胞膜完整性丧失，即可认为细胞已经死亡。因此，借助台盼蓝染色可以非常简便、快速地区分活细胞和死细胞。台盼蓝染色法是组织和细胞培养中最常用的死细胞鉴定方法之一。植物组织染色试剂盒（台盼蓝法）无须组织固定，可取新鲜组织直接染色。

注意凋亡小体有台盼蓝拒染现象。台盼蓝染色后，通过在显微镜下直接计数或显微镜下拍照后计数，就可以对细胞存活率进行比较精确的定量。台盼蓝染色只需 3～5min 即可完成，并且操作非常简单。

三、材料、试剂和仪器

1. **材料**　植物组织。
2. **试剂**　台盼蓝粉末、NaCl、KH_2PO_4、无水乙醇和冰醋酸。
3. **仪器和用具**　镊子、量筒、烧杯、脱色摇床、照相机或体视显微镜等。

四、实验方法与步骤

1. **染色液配制**　称取 0.81g NaCl、0.06g KH_2PO_4 和 0.4g 台盼蓝，溶解于 60mL 水中后定容至 100mL，室温保存。

2. **染色**　取各种待检测的植物组织，充分浸润于 0.4%（m/V）台盼蓝染色液中，室温处理2～3h。

3. **脱色**　如果检测组织含有叶绿素（叶片等），对染色结果分析会有干扰。此时取出组织，用水清洗两遍，再浸入脱色液（无水乙醇∶醋酸＝3∶1）中并放置于脱色摇床上，处理3～16h。

4. **记录结果**　将染色或脱色的组织取出，纯水漂洗3～5次，吸干水分，用相机或体视显微镜拍照记录。

五、　实验结果

实验结果可参见图 37-1 和图 37-2。

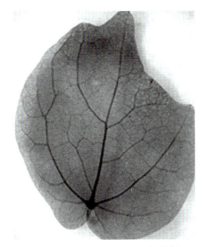 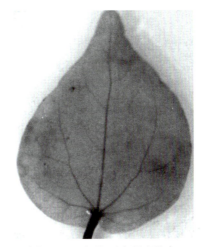

图 37-1　细胞死亡程度较低　　　　图 37-2　细胞死亡程度较高

六、　注意事项

（1）台盼蓝要完全溶解，以免未溶解颗粒附着于叶片表面影响实验结果观察。

（2）染色时间不宜过长，否则活细胞也会因透性增加而逐渐积累染料被染上颜色，影响实验结果。

七、　作业与思考题

1. 台盼蓝染色检测细胞死亡的优点和缺点分别有哪些？
2. 台盼蓝的染色效果受哪些因素影响？

（周志伟　徐　杰　李　璇）

种子生活力的测定（四唑染色法）

一、 实验目的

1. 掌握种子生活力的概念，了解测定种子生活力的基本原理。
2. 掌握种子四唑染色法的操作步骤。

二、 实验原理

种子生活力指的是种子发芽的潜在能力或种胚所具有的生活力。具有生活力的种子应包括能够发芽的种子以及由于处于休眠状态暂不能发芽但具备生命力的种子。

氯化三苯基四氮唑（简称四唑，TTC）是无色溶液，当 TTC 溶液被种子吸收后，渗入种子的活细胞内作为氢受体被脱氢酶还原为红色、稳定、不扩散的三苯基甲䐶（TTF）。凡有生活力的活细胞（如种胚）在呼吸作用过程中都有氧化还原反应，而无生活力的细胞则无此反应。当种胚生活力下降时，细胞呼吸作用明显减弱，脱氢酶的活性显著下降，种胚染色不明显。所以可以通过组织染色的有无、深浅程度了解种子的生活力强弱。化学反应如下所示：

（TTC，无色，溶于水）　　　　　　　　　　　（TTF，红色，不溶于水）

三、 材料、试剂和仪器

1. **材料**　水稻种子、玉米种子等。
2. **试剂**　四唑。
3. **仪器和用具**　培养皿、镊子、刀片、放大镜等。

四、 实验方法与步骤

1. **试剂配制**　称取 1g TTC 溶解于蒸馏水中并定容至 1L，配制成 1g/L TTC 染色溶液（pH 要求为 6.5～7.5）。TTC 不易溶解，可先加少量无水乙醇使其溶解后再加水配制。配好的溶液用棕色瓶保存。

2. **种子处理**　随机选取水稻、玉米等作物的新种子、陈种子或死种子（净种子）100 粒，2 次重复。提前用温水（30℃）浸泡进行预湿处理。水稻种子提前用 30℃恒温水浸泡 12h，玉米种子提前用 30℃恒温水浸泡 3～4h，使种子充分吸胀。水稻种子需要去除稃壳，注意不要损伤种胚。沿种胚中央准确切开，取每粒种子的一半备用。

3. **染色**　将切好的种子（选择结构完整的）分别放在培养皿中，加入 1g/L TTC 溶液，以将种子完全浸没为宜。置于 30～35℃的恒温箱黑暗保温 0.5～1h。

4. **观察记录结果**　完成染色后，倾倒染液后用清水洗涤 2～3 次，直接观察或者用放大镜观察种胚着色情况，判断种子有无生活力，将结果记入表中。计算种胚正常着色的（活种子）种子数占整个试样种子数的百分比。

五、 实验结果

实验结果参见图 38-1。

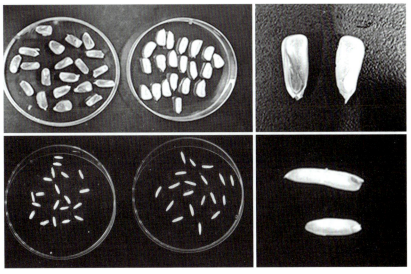

图 38-1　种子生活力测定结果

六、 注意事项

（1）TTC 溶液见光易分解，建议现配现用，如需贮藏需用棕色瓶保存，阴凉黑暗处保存。

（2）棉花种子使用的 TTC 染色溶液浓度为 5g/L，豆类种子使用的 TTC 染色溶液浓度为 10g/L。可对照《农作物种子检验规程　其他项目检测》（GB/T 3543.7）查询对应处理浓度。

七、作业与思考题

1. 比较 TTC 染色法与红墨水染色法判断种子生活力的不同之处。
2. 为什么胚乳不能染色？

参考文献

胡晋，2014. 种子学［M］. 2 版. 北京：中国农业出版社.

（蔡怡聪　徐　杰　周大虎）

——— 实验三十九

碘染法鉴定水稻花粉活性

一、实验目的

1. 掌握水稻花粉的育性鉴定方法。
2. 了解水稻花粉的败育类型，以及形态和生理特征。

二、实验原理

多数植物正常的成熟花粉粒呈球形，积累较多的淀粉。碘-碘化钾（I_2-KI）溶液可将其染成蓝色。发育不良的花粉常呈畸形，往往不含淀粉或积累淀粉较少，I_2-KI 溶液染色呈黄褐色。因此，可用 I_2-KI 溶液染色来测定花粉活力。

可育花粉粒呈圆形、大而饱满、深蓝色、着色均匀（图 39-1）；不育花粉包括典败、圆败和染败三种类型。典败指显微镜下观测花粉不染色，形状不规则，如三管形、多边形等（图 39-2）；圆败指花粉粒外观圆形，无染色淀粉粒（图 39-3）；染败指大多数花粉形态正常，但着色较浅或着色不均匀，也有部分花粉染色深，但粒形明显异于正常可育花粉粒（图 39-4）。

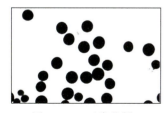
图 39-1 正常花粉

图 39-2 典败

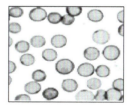
图 39-3 圆败

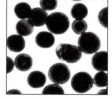
图 39-4 染败

三、材料、试剂和仪器

1. **材料** 花粉粒成熟的水稻幼穗。
2. **试剂** 碘、碘化钾、蒸馏水、1%（m/V）I_2-KI 溶液（称取 1g 碘放入盛有 8g 碘化钾及 20mL 蒸馏水的烧杯中，用玻璃棒搅拌至碘完全溶解，使用容量瓶加水定容 100mL，摇匀）。

3. **仪器和用具**　烧杯、玻璃棒、容量瓶、镊子、载玻片、盖玻片、显微镜等。

四、 实验方法与步骤

1. **花药采集**　水稻抽穗后，取翌日即将开花的幼穗，花药长度超过颖壳长度的 2/3 视为成熟花药（图 39-5）。使用镊子剥除水稻两片颖壳，取出花药。

图 39-5　水稻花药成熟小花

2. **释放花粉**　将数枚花药放置在载玻片上，加 1 滴蒸馏水，用镊子将花药捣碎，使花粉粒释放。

3. **染色、镜检**　再加 1～2 滴 I_2-KI 溶液，盖上盖玻片，在显微镜下观察。观察 2～3 张片子，每张取 5 个视野，统计花粉的染色情况。

五、 实验结果

实验结果可参见图 39-6。

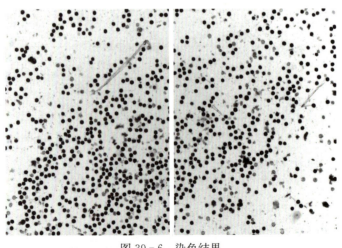

图 39-6　染色结果

六、 注意事项

（1）花粉碘染反应完，立即在显微镜下观察，放置过久载玻片的碘液易干。

（2）1‰（m/V）I_2-KI 溶液需避光保存，存放于棕色瓶中。

七、 作业与思考题

1. 花药长度未超过颖壳长度的 2/3，花粉碘染的类型可能会是哪种，为什么？

2. 统计花粉的染色率，以及败育花粉的类型。

（林小丽　徐　杰　沈思怡）

——实验四十

植物光合作用强度的测定

一、实验目的

1. 了解并掌握用便携式光合测定仪测定植物光合速率的方法。
2. 比较不同植物（C_3 和 C_4）成熟叶片的光合强度。

二、实验原理

光合作用是绿色植物（包括藻类）吸收光能将二氧化碳（CO_2）和水（H_2O）转化成有机物并释放氧气（O_2）的过程。

$$CO_2 + 2H_2O^* + 4.69kJ \longrightarrow (CH_2O) + O_2^* + H_2O$$

植物叶片的净光合速率可以用单位时间内单位面积氧气的生成量、单位时间内单位面积二氧化碳（CO_2）的消耗量、单位时间内单位叶面积干物质的生成量来表示。目前常用改良半叶法、氧电极法、红外线 CO_2 分析仪法测定。应用开放式气路原理设计制造的成套光合作用测定系统测定植物叶片光合作用是目前常用的方法，主要的使用型号有 CIRAS-1、TPS-1、LI-6400、LCA-4 等。LCA-4 是国内外研究植物光合生理生态的权威仪器，广泛应用于植物生理学、农学、林学、生态学等领域的研究中。最大的优点是可以进行活体测定，且进行野外测量时便于携带。

1. **便携式光合作用测定系统原理** 红外线 CO_2 气体分析仪（IRGA）工作原理：许多由异原子组成的气体分子对红外线都有特异的吸收带。红外线经过 CO_2 和 H_2O 气体分子时与其他分子振动频率相等能够形成共振的红外线，便被其他分子吸收，使透过的红外线的能量减少，被吸收的红外线的能量大小与该气体的吸收系数（K）、气体浓度（C）和气层厚度（L）有关，并服从朗伯-比尔定律，可用下式表示：

$$E = E_0 e^{KCL}$$

式中　E_0——入射红外线的能量；

　　　E——透过的红外线的能量。

只要测得透过红外线的能量（E），即可获知 CO_2 和 H_2O 气体浓度。

CO_2 的红外吸收带有四处，其吸收峰分别在 $2.69\mu m$、$2.77\mu m$、$4.26\mu m$ 和 $14.99\mu m$ 处，其中只有 $4.26\mu m$ 的吸收带不与 H_2O 的吸收带重叠，红外仪内设置仅让 $4.26\mu m$ 红外

线通过的滤光片，当该波长的红外线经过含有 CO_2 的气体时，能量就因 CO_2 的吸收而降低，降低的多少与 CO_2 的浓度有关，并服从朗伯-比尔定律。分别供给红外仪含与不含 CO_2 的气体，红外仪的检测器便可通过检测红外线能量的变化而输出反映 CO_2 浓度的电信号。

2. 光合作用测定的气路系统　红外线气体分析仪只能进行 CO_2 浓度和 H_2O 浓度的测定，要测定光合速率必须与气路系统相结合。常用的气路系统主要有：

（1）密闭式气路系统。被测植物或叶片密闭在同化室中，不与同化室外发生任何的气体交换（图 40-1），同化室内的 CO_2 浓度因光合作用而下降，可用 IRGA 测定同化室内 CO_2 浓度的下降值，计算光合速率。

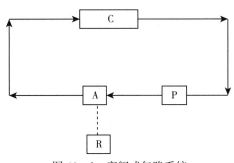

图 40-1　密闭式气路系统
P. 气泵　C. 叶室　A. 红外分析仪　R. 显示屏

$$P_n = \frac{\Delta C}{\Delta t} \times \frac{V}{S}$$

式中　P_n——光合速率；

　　　ΔC——CO_2 浓度差；

　　　Δt——时间间隔；

　　　V——同化室与气路系统体积；

　　　S——被测定的叶面积。

（2）开放式气路系统。该系统用双气室 IRGA，以气泵为动力，将流经同化室前的空气（参比气体）泵入参比气室，流经同化室后的空气（样本气体）泵入分析气室，最后将气体排出（图 40-2），由仪器测出参比气体和样本气体 CO_2 浓度差，根据气体流量、同化室中叶片的面积，求出叶片的光合速率。

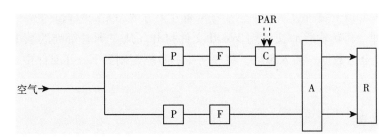

图 40-2　开放式气路系统
P. 气泵　F. 流量计　C. 同化室　A. 红外分析仪　R. 显示屏

$$P_n = \frac{F \times \Delta C}{S}$$

式中　P_n——光合速率；

　　　F——气体流速；

　　　ΔC——CO_2 浓度差；

　　　S——被测定的叶面积。

将叶片夹入气室以后，形成了一个连接叶室、主机及外界大气的开放式气路系统。通过气体采集杆供给叶室 CO_2 浓度稳定的气源，给予适当的光照，待仪器测定的参比与分析叶室 CO_2 浓度差值稳定后，根据内置的红外仪精确测量记录 CO_2 浓度差值，再根据叶片面积求出光合速率。

三、 材料和仪器

1. **材料** 田间有代表性的 C_3 和 C_4 植物活体叶片。
2. **仪器** LCA - 4 便携式光合作用测定系统（开放式气路系统）。

四、 实验方法与步骤

1. **连接，开机预热和性能检查** 按照要求将 CO_2 采集杆与 LCA - 4 光合仪主机进行连接，开机预热 5～10min，目的是使光合仪性能更加稳定，直到主机自动鸣叫。

2. **创建新文件并设定参数** 在主机屏幕上选择 Set-up，再依次选择 Logger、File name，此时主机会有如下提示：<Creat a new［empty］logfile?＞。注意如果要打开一个已有文件，则选择 No，并依次按回车键、上下键及 "√" 键确定；如果要查看或者编辑某个文件夹要测定的参数，按 CoLUMNS；如果要建立一个新文件，则选择 Yes，并按回车键，出现如下提示<File name for data set＞，输入文件名后按回车键确认，主机则会提示<Data log column setup not on men. Card!＞，按 "√" 键确定后，设置该新文件要测量的参数（可根据需要设置多个参数），设置结束后保存。

3. **测定数值** 待预热后，将绿色叶片夹入叶室，给予叶室合适的光照，待主机显示屏上 A 值（光合速率）基本稳定后，按叶室侧面的按钮记录结果，测定参数的结果会自动记录到 PC-Card 上，测定时，结果需要进行至少 3 次重复。

4. **传输实验数据到电脑**

5. **关机** 按 quit 键退至主界面，然后按屏幕左上方 "ADC" 标志或主界面中 off 键关机。

6. **数据处理** 将传输后的文件用 Word 文件打开，从左到右每列的数据含义与参数设置的顺序一致。全选数据，插入表格。将表格中的数据复制到 Excel 文件中，即可进行作图与分析。

五、 实验结果

将利用 LCA - 4 光合仪测定的光合速率填入表 40 - 1，并进行数据分析。

表 40 - 1 光合速率

项目 植物种类	成熟叶片						平均值	方差
	P_n［μmol/(m^2 · s)］（以 CO_2 计）							

数据分析：

六、 注意事项

（1）仪器使用前必须预热，以保证仪器性能的稳定性。

（2）在进行野外测定时，要选择无云无风或少云无风的晴天，以确保室外太阳光强度相对稳定的条件。

（3）平时要保持叶室处于开放状态，使其干燥通风。

（4）测量叶片时，要尽量使叶片处于自然状态，并应选择无病虫害、无损伤、水分和营养状况良好的叶片，即选择生长健康的叶片进行测定。叶片要布满整个叶室的面积，避免叶片太过深入与叶室风扇接触。

七、 思考题

在使用光合作用仪测定作物光合指标过程中，如何减少实验误差提高测量结果的准确性？

（章　薇）

实验四十一

生长素类物质对植物根、芽生长影响的观察

一、 实验目的

1. 了解植物不同部位对生长素类物质浓度反应的差异。
2. 了解生长素类物质对植物根、茎生长的促进或抑制作用。
3. 观察不同浓度的萘乙酸对植物根、芽生长的影响。

二、 实验原理

生长素及人工合成的类似物质萘乙酸（NAA）等对植物的生长有很大影响，但不同浓度所产生的生理效应不同，其作用呈现浓度效应。对某器官而言，低浓度起促进效应，中浓度起抑制作用，高浓度产生伤害，甚至致死。因此，生长素类物质对器官生长有一个最佳促进浓度。不同的植物或同一植物的不同器官，对生长素类物质的浓度反应都有差异（图 41-1）。

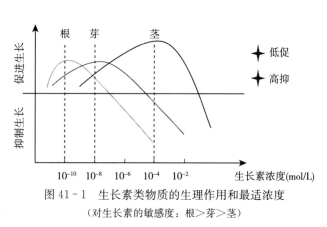

图 41-1　生长素类物质的生理作用和最适浓度
（对生长素的敏感度：根＞芽＞茎）

根据这一原理可观测 NAA 对植物不同部位生长的促进和抑制作用。NAA 是人工合成的生长素类物质，对根、芽生长的不同影响与生长素一致。

三、 材料、试剂和仪器

1. **材料**　成熟、饱满、大小均一的水稻种子（水稻种子用 0.1% HgCl$_2$ 溶液浸泡消毒 10min，37℃浸种 2d，然后置潮湿环境中培养 1d，这时种子刚刚萌动）。
2. **试剂**　100mg/L NAA 溶液（称取 NAA 10mg，先溶于少量乙醇中，再用蒸馏水定

容至 100mL，储存于冰箱中）。

3. **仪器和用具**　恒温培养箱、培养皿、移液管、圆形滤纸、尖头镊子、直尺等。

四、实验方法与步骤

（1）准备 8 套洁净培养皿，分别编号为 1～8，每个培养皿中加入一张圆形滤纸。

（2）分别配制 10mg/L、1mg/L、0.1mg/L、0.01mg/L、0.001mg/L、0.000 1mg/L、0mg/L 的 NAA 9mL（在 1 号培养皿中加入 100mg/L NAA 溶液 10mL，在 2～7 号培养皿中各加入 9mL 蒸馏水，然后用移液管从 1 号培养皿中吸取 1mL 100mg/L NAA 注入 2 号培养皿中，充分混匀后即成 10mg/L NAA 溶液；再用移液管从 2 号培养皿中吸取 1mL 注入 3 号培养皿中，充分混匀后即成 1.0mg/L NAA 溶液，如此稀释至 7 号培养皿，从 7 号培养皿吸取 1mL 弃去，第 8 号培养皿加蒸馏水 9mL 作为对照）。

（3）精选大小一致且露白的水稻种子 80 粒，将种子放入上述盛有不同浓度 NAA 溶液的培养皿中（皿内预先铺好滤纸），每培养皿 10 粒，加盖放在 30℃下培养。3～4d 后观察种子萌发情况，测定各处理中种子的不定根长及芽长并记录。

五、实验结果

按照表 41－1 记录数据，计算平均值，绘制根长和芽长在不同浓度下的曲线图，并进行结果分析。

表 41－1　各浓度下根长、芽长的数据

NAA 浓度（mg/L）	项目	1	2	3	4	5	6	7	8	9	10	平均值
100	根长（cm）											
	芽长（cm）											
10	根长（cm）											
	芽长（cm）											
1	根长（cm）											
	芽长（cm）											
0.1	根长（cm）											
	芽长（cm）											
0.01	根长（cm）											
	芽长（cm）											
0.001	根长（cm）											
	芽长（cm）											
0.000 1	根长（cm）											
	芽长（cm）											
0	根长（cm）											
	芽长（cm）											

根长、芽长在各浓度下的曲线图

结果分析：

六、注意事项

在进行各浓度生长素类物质的配制时，由于根和芽对其非常敏感，容易造成人为误差，使所配的溶液浓度相差过大，因此配制时要注意。

七、思考题

在该实验中，如果培养皿的盖子盖得不严，有水分挥发，对实验结果有何影响？另外，实验过程中还存在哪些误差？

（章　薇）

实验四十二

植物组织水势的测定（小液流法）

一、 实验目的

掌握用小液流法测定植物组织水势的原理和方法。

二、 实验原理

水总是从水势高处流向低处。当植物组织放在外界溶液中，如果植物组织的水势小于溶液的水势，组织吸水，外界溶液变浓，密度变大；如果植物组织水势大于溶液的水势，则反之；如果二者相等，则外界溶液的密度不变。

将植物材料浸于蔗糖溶液中，由于植物材料与蔗糖溶液间存在水势梯度，导致蔗糖溶液从植物材料中吸水、失水或保持动态平衡，从而使蔗糖溶液变稀、变浓或保持浓度不变；由此可以找到与植物材料水势相当的蔗糖溶液浓度，算出植物组织水势。

三、 材料、试剂和仪器

1. **材料**　含笑叶片。
2. **试剂**　1mol/L 蔗糖、美蓝。
3. **仪器和用具**　旋涡混合仪、具塞试管、青霉素瓶、毛细管、移液管、打孔器、玻璃棒等。

四、 实验方法与步骤

1. **溶液配制**　分别配制浓度为 0.1mol/L、0.2mol/L、0.3mol/L、0.4mol/L、0.5mol/L、0.6mol/L、0.7mol/L、0.8mol/L 蔗糖溶液 10mL 于 8 支具塞试管中，标号后于振荡器上混匀，作为对照组。

2. **溶液分装**　从上述对照组管中分别取 4mL 蔗糖溶液于 8 个青霉素瓶中，做好标记后作为实验组。

3. **叶片打孔**　用打孔器在含笑叶片中脉附近打取叶圆片。避开叶脉，在湿纱布上操作，注意防止损坏桌面。在潮湿纱布上混匀后往每个青霉素瓶中放入 20 个叶圆片，加塞后放置 30min，其间摇动数次。

4. 叶片染色　向实验组试管中加入少许美蓝将溶液染成蓝色。

5. 观察结果　取洁净干燥的毛细管 8 支，分别从青霉素瓶中吸取少量溶液，插入同浓度的对照管溶液中部，轻轻（需特别注意）挤出一滴蓝色液体，在白色背景前观察记录小液流的移动方向。

五、实验结果

1. 按表 42-1 记录实验结果

表 42-1　系列浓度蔗糖溶液的配制和实验结果记录

需配蔗糖溶液浓度（mol/L）	1mol/L 蔗糖溶液（mL）	蒸馏水（mL）	小液流移动方向（上、下或不动）
0.1			
0.2			
0.3			
0.4			
0.5			
0.6			
0.7			
0.8			

2. 植物组织水势值计算　将测得的等渗浓度值代入以下公式计算出植物组织的水势。

$$\psi_W = \psi_\pi = -iCRT$$

式中　ψ_W——植物组织水势（MPa）；

　　　ψ_π——溶液的渗透势（即溶液的水势）；

　　　C——等渗浓度（mol/L）；

　　　R——气体常数 $[0.008\ 3 L \cdot MPa/(mol \cdot K)]$；

　　　T——热力学温度 $[(273+t)℃]$；

　　　i——解离系数（蔗糖=1；$CaCl_2$=2.60）。

六、注意事项

（1）在配制各浓度的溶液时，一定要将溶液充分混匀。

（2）所取材料在植株上的部位要一致，打取叶圆片要避开主脉和伤口。

（3）取材以及打取叶圆片的操作过程要迅速，以免失水。

（4）用美蓝对溶液染色，不能将溶液染得过深，以免过多的溶质影响溶液浓度。

（5）在用毛细管挤出小液滴和移走毛细管时，动作一定要轻，最好毛细管尖端弯成直角，以保证从中出来的液滴不受向下力的影响。

七、思考题

1. 用小液流法测定植物组织水势时，为什么强调所用试管、毛细管应保持干燥，打取小叶圆片并投入试管中时动作应迅速，加入的美蓝不能太多？
2. 在干旱地方生长的植物其水势较高还是较低？为什么？
3. 什么类型的植物适合用小液流法测定水势？

参考文献

侯福林，2004. 植物生理学实验教程［M］. 北京：科学出版社．

蒋德安，朱诚，1999. 植物生理学实验指导［M］. 成都：成都科技大学出版社．

张志良，1998. 植物生理学实验指导［M］. 3 版. 北京：高等教育出版社．

（王长春）

缺素胁迫下植物形态观察与
生长速率测定

一、实验目的

1. 学习溶液配制的基本方法。
2. 掌握溶液培养植物的基本方法。
3. 了解不同元素的缺乏症，为配方施肥打下基础。

二、实验原理

用植物必需的矿质元素按一定比例配成培养液来培养植物，可使植物正常生长发育，如缺少某一必需元素，则会表现出缺素症。

本实验使用完全培养液和缺素培养液培养植物，观察植物的生长情况。

三、材料、试剂和仪器

1. **材料**　玉米种子。

2. **试剂**　$Ca(NO_3)_2 \cdot 4H_2O$、KNO_3、$MgSO_4 \cdot 7H_2O$、KH_2PO_4、$NH_4H_2PO_4$、$NaNO_3$、$CaCl_2$、KCl、Fe-EDTA、微量元素。

3. **仪器和用具**　分析天平、容量瓶、量筒、镊子、培养皿、塑料杯、移液管、各种储备液、培养塑料桶等。

四、实验方法与步骤

1. **播种**　浸泡玉米种子24h，充分吸胀后，播于干净的湿沙中培养（培养期间要补充营养液）。待芽长7～8cm时，选择长势一致的苗36株，用吸水纸吸干水分，4株1组，称重，进行水培。

2. **溶液配制**　母液配制按照表43-1进行。具体方法是将大量元素分别配制母液；微量元素配制成母液（先加少量水，然后分别称取，最后定容）；铁盐与EDTA配制为母液

（分别在两个烧杯中量取一定量的蒸馏水，将 Fe 与 EDTA 分别在两个烧杯中完全溶解，然后二者混合即可）。

3. **营养液配制**　按照表 43-2 分别配制完全营养液和缺 N 及缺 K 营养液。

4. **植株培养**　取 9 个培养塑料桶，做好处理标记，每桶培养 4 株，置于一定条件下培养。

5. **换液观察**　定期更换培养液，一定时间后观察植株表型，描述与对照植株的区别。

6. **测量生长速率**　将处理与对照的植株在吸干水分后分别称重，比较它们的生长速率。

表 43-1　母液的组分浓度

	试剂名称	相对分子质量	浓度（mmol/L）	浓度（g/L）	浓度（mL/L）
大量元素	KNO_3	101.1	1 000	101.1	6.0
	$Ca(NO_3)_2 \cdot 4H_2O$	236.16	1 000	236.16	4.0
	$NH_4H_2PO_4$	115.08	1 000	115.08	2.0
	$MgSO_4 \cdot 7H_2O$	246.48	1 000	246.49	1.0
	KH_2PO_4	136.09	1 000	136.09	1.0
	$CaCl_2$	110.98	500	55.49	5.0
	KCl	74.55	25	1.864	0.4
微量元素	H_3BO_3	61.83	12.5	0.773	
	$MnSO_4 \cdot H_2O$	169.01	1.0	0.169	
	$ZnSO_4 \cdot 7H_2O$	287.54	1.0	0.288	
	$CuSO_4 \cdot 5H_2O$	249.68	0.25	0.062	
	H_2MoO_4（85%MoO_3）	161.97	0.25	0.040	
铁盐	$EDTA-Na_2$	338.24	11.01	3.725	
	$FeSO_4 \cdot 7H_2O$	278.05	11.01	3.06	

表 43-2　缺素营养液的配制（配制 1L 工作液所需母液体积）

储备液	完全（mL）	缺 N（mL）	缺 K（mL）
大量元素母液			
KNO_3	6.0	0	0
$Ca(NO_3)_2 \cdot 4H_2O$	4.0	0	4.0
$NH_4H_2PO_4$	2.0	0	2.0
$MgSO_4 \cdot 7H_2O$	1.0	1.0	1.0
KH_2PO_4	0	1.0	0
$CaCl_2$	0	5.0	5.0
KCl	0.4	0.4	0
微量元素母液（5 种盐组成）	0.4	0.4	0.4
$EDTA-Na_2\ FeSO_4 \cdot 7H_2O$	5	5	5

五、 注意事项

（1）营养液原料的计算过程和最后结果要反复核对，确保准确无误。

（2）称取各种原料时要反复核对，以保证称取数量的准确，并确保所称取的原料名实相符。特别是在称取外观上相似的化合物时更应注意。

（3）全部原料称量好后再进行最后一次复核，以确定配制营养液的各种原料没有错漏。

（4）建立严格的记录档案，将配制的各种原料用量、配制日期和配制人员详细记录下来，以备查验。

六、 思考题

为什么要用 EDTA 与亚铁盐一起配制溶液？

参考文献

李玲，2014. 植物生理学模块实验指导［M］. 北京：科学出版社.

（王长春）

植物生长发育有效积温的测定

一、 实验目的

1. 了解掌握植物生长发育各阶段有效积温的测定方法。
2. 加深温度与植物生长发育关系的认识。

二、 实验原理

温度是主要的环境因子之一，对植物的生长发育起着十分重要的作用。一方面体现在某些植物需要经过一个低温"春化"阶段，才能开花结果，完成生命周期；另一方面，温度会影响植物的发育速率。植物在生长发育过程中，必须从环境中摄取一定的热量才能完成某一阶段的发育，而且植物各个发育阶段所需的总热量是一个常数，即有效积温法则，可表示为公式：

$$NT = K$$

式中　N——发育历期，即生长发育所需时间；

　　　T——发育期间的平均温度；

　　　K——有效积温。

但植物的发育都是从某一温度开始，而不是从0℃开始，植物开始发育的温度称为发育起点温度。只有在发育起点温度以上的温度对植物生长发育才是有效的，因此上述公式应改写为：

$$N(T-C) = K$$

式中　C——发育起点温度（生物学零度）。

计算有效积温 K 和生物学零度 C 最简单的方法为：在两种实验温度（T_1 和 T_2）下，分别观察和记录两个相应的发育时间（N_1 和 N_2）。根据上面的公式得出：

$$K_1 = N_1(T_1-C)$$
$$K_2 = N_2(T_2-C)$$
$$且 K_1 = K_2$$
$$即 C = \frac{N_2 T_2 - N_1 T_1}{N_2 - N_1}$$

C 求出后，将其代入有效积温公式 $N(T-C)=K$，就可求出有效积温 K。根据此原理，可以计算出不同植物不同生长发育阶段的 K 值。

有效积温法则不仅适用于植物，也可应用到昆虫和其他一些变温动物上。在生产实践中，有效积温可以用来预测生物地理分布界限以及害虫发生的世代数、来年发生的程度、害虫的分布区和危害猖獗区，还可根据有效积温制定农业规划，合理安排作物和预报农时。

三、材料和仪器

1. 材料

（1）种子。根据当地环境情况和实验条件选择合适的植物种子。本实验推荐用大豆或者豌豆的当年生种子。

（2）培养用沙。采用细沙进行培养，沙子用清水洗净，去除沙子中的有机质和可溶性矿质元素。

2. 仪器和用具　一次性塑料花盆（盆口直径约 10cm）、滤纸（或报纸）、光照培养箱、温度计、铲子、纱布、镊子、小烧杯等。

四、实验方法与步骤

1. **种子催芽**　选取适量饱满的种子在常温下用湿纱布包裹好。取 1 只 200mL 的烧杯，倒入适量温水，常温下浸泡种子 1d，然后把水倒掉。放入 25℃ 培养箱中恒温培养，注意保持纱布湿润、透气。露出芝麻粒大小的芽，便可播种。

2. **器皿准备**　准备 10 只一次性塑料花盆，每 5 只为 1 组，在每个花盆底部垫上 2 片滤纸（或 2 层报纸）。分别按以下处理贴好标签。

25℃ 光照培养箱中培养：A1、A2、A3、A4、A5。

变温条件下（带回宿舍）培养：B1、B2、B3、B4、B5。

3. **装沙**　取实验用沙，将洗净的沙子装入准备好的花盆。

4. **播种**　选取经过预处理的饱满、大小均匀的种子，分别放入准备好的花盆中，每盆 10 粒，并在种子上均匀覆盖 1~2cm 厚的沙子。一组 5 盆放入光照培养箱，在 25℃、500lx 光照条件下培养；另一组 5 盆带回宿舍，在变温条件下培养，每天分时段用温度计测量该时刻温度。每天适量浇水 1 次，使基质保持一定湿度。

5. **观察记录**　每天定时观察记录温度、生长情况和各生育期，包括种子出苗、子叶展开、长出第一片真叶、第一对真叶展开的天数，将结果记入表中（实验记录样表见附表 1 和附表 2）。

6. **实验结束**　本实验在各组 80% 的植株第一对真叶完全展开后结束（图 44-1），记录所用的天数（或时数）、处理的温度。

本实验也可采用不经过预处理的种子，每盆放入 15 粒种子，当种子发芽后拔除多余的植株，使每盆保持 10 株长势类似的植株。

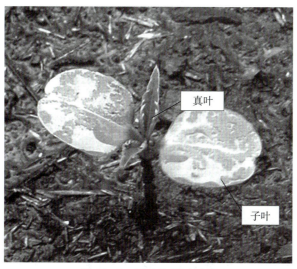

图 44 - 1　子叶和真叶示意

五、 实验结果

1. **实验结果统计**　处理完毕后，将实验处理统计结果记录在表 44 - 1 中。

表 44 - 1　实验结果统计

分组	平行	种子数（粒）	平均温度（℃）	从播种到第一对真叶完全展开的天数（d）
A	A1	10	25	
	A2	10	25	
	A3	10	25	
	A4	10	25	
	A5	10	25	
B	B1	10		
	B2	10		
	B3	10		
	B4	10		
	B5	10		

2. **数据处理**　用公式 $C=(N_2T_2-N_1T_1)/(N_2-N_1)$ 求出发育起始温度 C 值和有效积温 K 值。

六、 注意事项

（1）注意重复处理的培养盆之间是否存在长势上的差异。若差异不大，则取其平均值；若差异过大，则重新再做一次处理。

（2）因种子生长状况受许多条件影响，本实验在各培养组 80% 的植株第一对真叶完全展开时结束，即 40 株植株第一对真叶完全展开时结束。

（3）每天分时段测量温度时，时段可以长短不一，但每个时段内温度的变化幅度应尽可能小，每天温度变化明显的时间一定要测量。温度计测量温度时，不需要插入花盆中，只要测量花盆摆放的环境温度即可。计算该时段积温时，只要将时段长度与所测温度相乘。特别注意夜晚积温的计入。

（4）观测记录的人员应该固定，并认真做好相应的观察记录，尽量减少观察带来的误差。

（5）实验用的沙子在装盆之前要用水洗干净，避免里面的有机质造成培养基质不一致而导致实验误差。

（6）花盆底部垫上2片滤纸（或2层报纸），以免沙子从盆底流出。

（7）花盆装沙子时，先装至花盆2/3处，之后均匀撒入种子（不用按压，小心操作，避免破坏种子而影响发芽），然后再加1~2cm厚的沙子，整体到花盆螺纹处即可。

（8）浇水不宜过多，当发现沙子变干、泛白色时立即浇水，只要保持沙子潮湿即可，以免水分过多，种子腐烂。

补充：播种数量及保留植株的数量与选用花盆大小有关，尽量避免密度效应的影响。

七、思考题

1. 为什么植株在初期生长缓慢，真叶长出后生长加快？
2. 在农业生产实践中，如何根据有效积温法则调控植株或器官生长？

参考文献

付荣恕，刘林德，2004. 生态学实验教程［M］. 北京：科学出版社.

侯东敏，朱万龙，2017. 植物生长发育有效积温测定的实验探究［J］. 绿色科技（12）：147-148，153.

李铭红，吕耀平，颉志刚，等，2010. 生态学实验［M］. 杭州：浙江大学出版社.

（彭国全　杨冬梅）

附表1　变温组记录样表

日　　期	时间	温度 （℃）	平均温度 （℃）	发育时间 （h）	植株生长发育情况
3月12日	10:00	17		0	
	12:00	17	17	2	
	13:00	18	17.5	1	
	17:30	18	18	4.5	播种
	20:30	18.5	18.25	3	
	23:30	18	18.25	3	

（续）

日　期	时间	温度（℃）	平均温度（℃）	发育时间（h）	植株生长发育情况
	7：00	17.5	17.75	7.5	
3 月 13 日	13：00	18	17.75	6	无发芽
	……	……	……	……	
……	……	……	……	……	……
	……	……	……	……	B1 出苗 1 株
					B2 出苗 3 株
3 月 16 日	……	……	……	……	B3 出苗 2 株
					B4 出苗 1 株
	……	……	……	……	B5 出苗 1 株
……	……	……	……	……	……
	……	……	……	……	B1 出苗 10 株，9 株子叶展开
					B2 出苗 9 株，6 株子叶展开
3 月 19 日	……	……	……	……	B3 出苗 10 株，8 株子叶展开
					B4 出苗 10 株，8 株子叶展开
	……	……	……	……	B5 出苗 9 株，7 株子叶展开
……	……	……	……	……	……
	……	……	……	……	B1 出苗 10 株，10 株子叶展开，2 株长出第一片真叶
					B2 出苗 10 株，9 株子叶展开，3 株长出第一片真叶
3 月 22 日	……	……	……	……	B3 出苗 10 株，10 株子叶展开，4 株长出第一片真叶
					B4 出苗 10 株，9 株子叶展开，2 株长出第一片真叶
	……	……	……	……	B5 出苗 10 株，7 株子叶展开，1 株长出第一片真叶
……	……	……	……	……	……
	……	……	……	……	B1 出苗 10 株，9 株第一对真叶展开
					B2 出苗 10 株，8 株第一对真叶展开
3 月 29 日	……	……	……	……	B3 出苗 10 株，9 株第一对真叶展开
					B4 出苗 10 株，8 株第一对真叶展开
	……	……	……	……	B5 出苗 10 株，10 株第一对真叶展开

$K_{1d} = 2 \times (17-C) + 1 \times (17.5-C) + 4.5 \times (18-C) + 3 \times (18.25-C) + 3 \times (18.25-C) + \cdots$

$K_{2d} = \cdots\cdots$

$K_{3d} = \cdots\cdots$

……

附表 2　恒温组记录样表

日　期	温度（℃）	发育时间（h）	生长发育情况
3 月 12 日	25	24	播种
3 月 13 日	25	24	无发芽
……	……	……	……

（续）

日 期	温度（℃）	发育时间（h）	生长发育情况
3 月 16 日	25	24	A1 出苗 1 株 A2 出苗 3 株 A3 出苗 2 株 A4 出苗 1 株 A5 出苗 1 株
……	……	……	……
3 月 18 日	25	24	A1 出苗 10 株，9 株子叶展开 A2 出苗 9 株，6 株子叶展开 A3 出苗 10 株，8 株子叶展开 A4 出苗 10 株，8 株子叶展开 A5 出苗 9 株，7 株子叶展开
……	……	……	……
3 月 20 日	25	24	A1 出苗 10 株，10 株子叶展开，2 株长出第一片真叶 A2 出苗 10 株，9 株子叶展开，3 株长出第一片真叶 A3 出苗 10 株，10 株子叶展开，4 株长出第一片真叶 A4 出苗 10 株，9 株子叶展开，2 株长出第一片真叶 A5 出苗 10 株，7 株子叶展开，1 株长出第一片真叶
……	……	……	……
3 月 22 日	25	24	A1 出苗 10 株，9 株第一对真叶展开 A2 出苗 10 株，8 株第一对真叶展开 A3 出苗 10 株，9 株第一对真叶展开 A4 出苗 10 株，8 株第一对真叶展开 A5 出苗 10 株，10 株第一对真叶展开

$K = N (25 - C)$

实验四十五

水稻杂交技术

一、实验目的

1. 了解水稻花器官结构和开花生物学特性。
2. 掌握水稻杂交技术。

二、实验原理

杂交是指将不同个体之间的生殖细胞精子和卵细胞结合在一起，形成新的生殖细胞和种子的过程。在水稻的杂交实验中，通常选用两个或多个不同基因型的水稻作为亲本，通过授粉杂交产生杂交种。这样可以将亲本之间的优质性状和遗传特性进行有效组合和选择，产生更好的后代。同时，还可以加速"近交劣化"等问题的解决，提高水稻产量和品质。

水稻花是水稻植株中的繁殖器官，呈穗状，由许多小花组成（图45-1）。每个小花由颖片、花药和柱头组成（图45-2）。水稻是自花授粉作物，对配制杂交种子不利，要将两个不同的水稻品种进行杂交，先在开花前将作为母本的水稻品种进行人工去雄，然后将作为父本的另一水稻品种的雄蕊花粉授给去雄的母本，这样杂交出来的水稻就称为杂交水稻。

图45-1 水稻花序

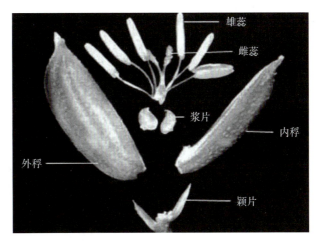

图45-2 水稻花器官结构

三、 材料和工具

1. **材料**　父本和母本水稻材料。
2. **工具**　剪刀、镊子、杂交袋和回形针。

四、 实验方法与步骤

1. **材料种植**　分期播种父本材料和母本材料，每隔一周播种一次，使二者的花期相遇。
2. **选株选穗**　作为母本的植株应具有该品种的典型性状，生长健壮，无病虫害。选取已伸出剑叶叶鞘 3/4 以上或者前一天已开过少量花的稻穗用于去雄。
3. **整穗**　先用剪刀剪去稻穗上部已开过的小花和下部枝梗上的小穗，将中部枝梗上的小穗留下来。然后在中部枝梗上留下 30~40 个当天能够开花的小穗，将其他小穗全部剪去。当天能够开花的标志是花丝已经伸长，花药即将顶到内稃上端。
4. **去雄**　在杂交前一天下午 3 时以后至当天水稻开花前 1h 这段时间内，用剪刀从小花外稃上部斜剪去 1/4~1/3。将镊子伸入内稃，轻轻夹出 6 个花药。
5. **套袋隔离**　去雄后的稻穗要套上杂交袋，并将纸袋下面的开口沿穗柄折合，用回形针别好。
6. **授粉**　去雄后当天或翌日，选择具有父本品种典型性状、生长健壮的植株，将处于盛花期的稻穗剪下，插入去雄稻穗的纸袋中，轻轻抖动，使花粉散落在母本柱头上。
7. **标记**　授粉完成后将纸袋重新折叠好，在纸袋上写明组合代号或名称、杂交日期和操作者姓名。
8. **收获**　一般杂交 21~25d 收获最佳。

五、 案例演示

水稻杂交实操参见图 45-3。

图 45-3　水稻杂交过程
a. 整穗、剪颖　b. 去雄　c. 套袋　d. 授粉　e. 杂交种

六、注意事项

（1）掌握好去雄时间。一般应在开花前一天下午或当天开花以前进行。去雄时，不能将未成熟的或过分成熟的小花作为去雄杂交对象，因为这样的小花容易发生不结实或自交的情况。

（2）夹取花药时，动作要轻而准确，既不能漏夹花药，也不能将花药碰破。万一碰坏花药，必须将整个小穗淘汰。

（3）收种不宜过早或过晚，过早杂交种未熟，过晚种子露出颖壳有被黏虫啃食的风险。

七、思考题

1. 是否存在其他去雄的方法？
2. 为什么水稻杂交技术如此简单和成熟，而水稻杂种优势直到袁隆平院士的三系杂交水稻配套后才开始利用起来？

（周志伟　徐　杰　沈思怡）

实验四十六

口腔上皮细胞和原生动物观察

一、 实验目的

1. 掌握口腔上皮细胞和原生动物标本的制作方法。
2. 观察口腔上皮细胞和原生动物的结构特点。

二、 实验原理

口腔上皮细胞作为较易观察到的动物细胞，可以在未染色状态下观察到细胞膜和细胞质，而通过染色细胞核也能清楚可见。以草履虫为代表的原生动物的观察可以掌握单细胞生物的特点。

三、 材料、试剂和仪器

1. **材料**　新鲜口腔上皮细胞、草履虫。
2. **试剂**　0.9％生理盐水、0.1％亚甲基蓝溶液、2％冰醋酸溶液、墨汁。
3. **仪器和用具**　显微镜、载玻片、盖玻片、吸管、吸水纸、牙签、棉花等。

四、 实验方法与步骤

1. 口腔上皮细胞涂片制作与观察

（1）用牙签粗的一端放在自己的口腔里，轻轻地在口腔颊内刮几下（注意不要用力过猛，以免损伤颊部）。

（2）将刮下的白色黏性物薄而均匀地涂在载玻片上。加 1 滴 0.9％生理盐水，然后加盖玻片，在低倍显微镜下观察。口腔上皮细胞常数个连在一起。由于口腔上皮细胞薄而透明，因此光线需要暗些。

（3）找到口腔上皮细胞后，将其放在视野中心，再转高倍镜观察。口腔上皮细胞呈扁平多边形。试辨认细胞核、细胞质、细胞膜。若观察不清楚时，可在盖玻片一侧加 1 滴 0.1％亚甲基蓝溶液，另一侧放一小块吸水纸。如此，可使染色液流入盖玻片下面，将细胞染成浅蓝色。核染色较深。注意染色液不可加得过多，以免妨碍观察。

2. 草履虫临时装片制作与观察　在显微镜下，草履虫游动迅速，难以观察。可用下列方法限制和减缓其运动。将少量棉花纤维放在载玻片上，滴上草履虫培养液，盖上盖玻片，先在低倍镜下观察，如水多，可用吸水纸在盖玻片的一侧吸去些水分，直至容易观察为止。

外形：草履虫形似一只倒置的草鞋，前端钝圆后端尖。

表膜：为虫体最外一层具有弹性的薄膜。

纤毛：细小，密生在表膜上。

细胞质：分为表膜之下一层薄而透明的外质和外质之内多颗粒、流动性的内质。

口沟：身体前侧斜行的一条纵沟。

胞口：口沟底部的小孔，胞口的背面是由许多纵生密集的纤毛组成的波动膜。

胞咽：胞口之下呈漏斗状的弯管。

食物泡：波动膜不断地摆动，使随水流入胞口的食物在胞口的底部被原生质包围，即形成食物泡，然后进入内质中环流。加墨汁 1 滴（注：在盖玻片的一侧），耐心观察食物泡的形成过程和在体内的环流情况。

伸缩泡：在身体的前后端各有一个，每个伸缩泡周围有 6～7 条收集管。

胞肛：位于口沟一侧的下端，只有在虫体排遗时才能看到。

刺丝泡：位于表膜之下的外质内，呈椭圆形的小囊，排列整齐。在盖玻片的一侧加 1 滴 1%墨汁，能见到有细长的刺丝放出。

细胞核：两个，活动时核不易见，可在盖玻片的一侧加 1 滴 2%冰醋酸，待 2～3min 后能清楚地看到被染成淡黄色肾形的大核在大核中部的圆形小核。

草履虫模式图见图 46 - 1。

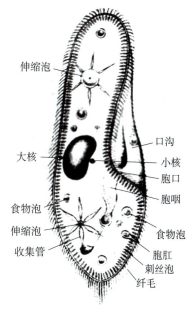

图 46 - 1　草履虫模式图
（仿堵南山）

五、实验结果

用显微镜观察到的口腔上皮细胞和草履虫分别可参见图 46 - 2 和图 46 - 3。

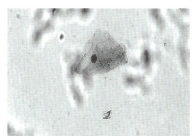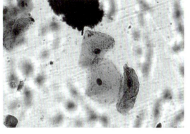

图 46 - 2　口腔上皮细胞

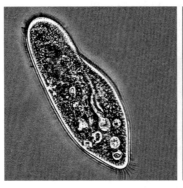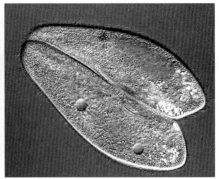

图 46-3　草履虫

六、注意事项

（1）口腔上皮细胞制片时，一定轻轻刮取完整的口腔黏膜细胞。

（2）观察口腔上皮细胞和草履虫时，视野的光线不要太强，以利于调焦。

（3）观察口腔上皮细胞和草履虫时，注意染色时间的把握。

七、作业题

1. 绘制口腔上皮细胞和草履虫细胞。

2. 比较单细胞生物和多细胞生物的单个细胞的异同点。

（张加勇）

实验四十七
蛔虫与蚯蚓解剖观察

一、实验目的

1. 学习蛔虫和环毛蚓的一般解剖方法。
2. 通过对蛔虫、环毛蚓外形观察及内部解剖，了解线虫动物、环节动物的基本结构和特征。

二、实验原理

比较以蛔虫为代表的假体腔动物和以环毛蚓为代表的真体腔动物的外部和内部形态结构差异，掌握真体腔动物比假体腔动物进步的特点。

三、材料和仪器

1. **材料** 蛔虫、环毛蚓。
2. **仪器和用具** 显微镜、蛔虫和环毛蚓横切玻片标本、解剖器具、大头针、蜡盘等。

四、实验方法与步骤

1. **蛔虫外形观察、内部解剖和玻片标本的观察** 取蛔虫横切玻片标本在低倍镜下观察以下结构（图47-1）。

（1）外胚层。蛔虫身体最外面是由表皮细胞所分泌的一层非细胞结构的厚膜，称为角质层（角质膜），它构成了蛔虫体壁的最外层。位于角质层内侧的是单层的表皮细胞层，由于细胞界限消失，因此为合胞体构造。在背腹正中和两侧由表皮细胞向内延伸形成的加厚隆起部分别为背线、腹线及侧线，在背线、腹线内有背、腹神经切面，在侧线内有排泄管切面。

（2）中胚层。中胚层形成蛔虫的纵肌，位于表皮层之内，整个肌肉层被4条体线（1条背线、1条腹线、2条侧线）分隔成4个间隙，每个间隙内有许多纵肌细胞组成的较厚的肌肉层，每个纵肌细胞的基部为纵行的肌丝，染色较深，称为肌细胞收缩部。肌细胞向着原体腔的部分呈大的空泡状，染色较浅，称作肌细胞原生质部，并有突起与神经索相连，原生质部具有纵肌细胞核。

（3）内胚层。横切面中靠近背侧的扁的管子，即是源于内胚层的、由单层柱状上皮细胞组成的肠（消化道），细胞核靠近原体腔一侧，肠中间的空隙就是肠腔。

（4）原体腔。指肠与体壁之间的空腔，即内胚层与（体壁）中胚层之间的空腔，腔内充满着生殖系统各组成部分。在生活时，腔内还充满着体腔液。

（5）生殖系统。在肠的腹侧能看到生殖系统的切面。雌蛔虫横切面中有两个最粗的管面，即子宫，腔内充满许多虫卵。卵巢的管面，数目最多，细胞呈放射状排列，中央有轴索。中空的为输卵管，中央无轴索，内输卵管较短，有些切片中不一定能看到。生活时蛔虫卵巢最细小，而输卵管比前者粗。

雄蛔虫横切面中能看到染色较深、数量多、细小呈管状的精巢。染色较浅、较粗的是输精管。最大的一个管腔为储精囊。

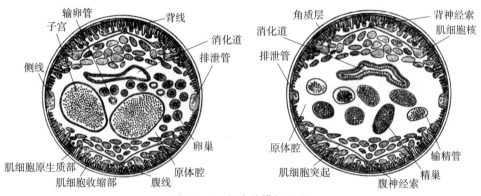

图 47-1　蛔虫的横切面观

2. 环毛蚓外形和内部结构观察及玻片标本的观察　取环毛蚓横切面装片在显微镜下观察（图 47-2）。

（1）外胚层。环毛蚓身体最外层是透明的薄的角质膜，由表皮细胞所分泌。位于角质膜之内的为柱状上皮细胞组成的表皮层。

（2）中胚层。环毛蚓的中胚层可分为体壁中胚层和肠壁中胚层。体壁中胚层在表皮层之内，并与表皮层共同组成环毛蚓的体壁。体壁中胚层可分为 3 层，外为环肌层，较薄；中为纵肌层，较厚；内为由扁平细胞构成的体壁体腔膜，紧贴在纵肌层下面。肠壁中胚层与肠道上皮共同组成肠壁。肠壁中胚层也可分为 3 层，内为环肌层，很薄，紧贴肠上皮；中为纵肌层，

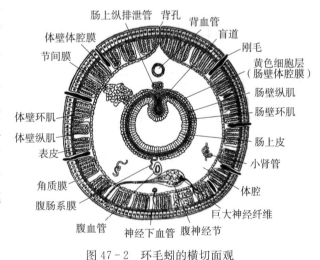

图 47-2　环毛蚓的横切面观

很薄；外为一层排列并不整齐的细胞，称作黄色细胞，即肠壁体腔膜，有排泄功能。

（3）内胚层。指组成环毛蚓肠道的一层柱状上皮细胞。其包围的空腔即肠腔。肠腔凹下

的纵槽为盲道,具有使肠道内表面积增大、有利于吸收的作用。

(4) 真体腔。体壁与肠壁之间的空腔是真体腔。在真体腔内,肠道的背面有背血管,腹面有腹血管,腹血管之下有腹神经索,神经索之下有神经下血管。在有的切片上,还能观察到部分小肾管、节间膜等构造。

3. **蛔虫的外形和内部解剖**

(1) 蛔虫的外形。蛔虫新鲜虫体为淡红色或淡黄色。虫体呈中间粗、两端较细的圆柱形。头端有 3 片唇片,一片背唇较大,两片腹唇较小,3 片唇片呈"品"字形。体表具有厚的角质层。雄虫尾端向腹面弯曲,呈钩状。雌虫较直,尾端稍钝。雌虫比雄虫大。

(2) 蛔虫的解剖。按照是否存在唇片或者按照生殖孔的位置区分蛔虫的前后端,之后将蛔虫的腹面朝下置于蜡盘的中央,以解剖针从背部插入,将虫体的体壁略微挑起,沿着背中线的偏右侧向前将虫体小心划开,勿伤及虫体的内部结构。将虫体全部划开之后,用镊子轻轻打开体壁,用大头针将体壁固定在蜡盘上,大头针与蜡盘呈向外 45°角。固定之后用清水浸没虫体标本去除浸泡的溶液,倒去清水之后用解剖针将器官小心进行分离。

(3) 蛔虫的内部结构观察。

①消化系统:一条由口、咽、肠、直肠和肛门组成的扁形消化管。肠是一根粗细相近的扁平直管,直肠是末端较细的一段。

②生殖系统:生殖管为细长的管状结构,盘曲在假体腔内。观察到雌性蛔虫具有一对细丝状的卵巢,各连接一输卵管及膨大的子宫,两子宫在前段汇合成短的阴道,开口于雌性生殖孔(图 47 – 3)。

③神经系统:在咽部有一咽神经环,其上连有腹、侧、背神经节。由神经环向前伸出神经到达头端唇乳突等感觉器,向后伸出腹、背、侧神经索,在尾端汇集。

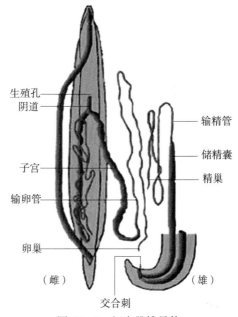

图 47 – 3　蛔虫雌雄异体

4. **环毛蚓的外形和内部解剖**

(1) 环毛蚓的外形。环毛蚓体呈细长圆柱形。各体节相似,通常由 100 个左右同形体节构成。头部不明显,感觉器官退化。前端具口,用手触碰比较粗糙;后端具肛门,粗糙程度不如口端。除了围口节以及末节以外,其余各节的中部都着生刚毛。第 14 节腹面的中央有一雌性生殖孔,第 18 节腹面有雄性生殖孔。第 6~7 节、7~8 节、8~9 节各节间于腹面的两侧有 3 对受精囊孔。

(2) 环毛蚓的解剖。分清环毛蚓的前后端之后,将环毛蚓的腹面朝下置于蜡盘的中央,以解剖剪从背部剪开横向小口,右手持剪,左手将虫体拉伸绷直,以解剖剪将虫体的背部略微挑起,沿着背中线的偏右侧向前将虫体小心划开,而勿伤及虫体的内部结构。将虫体全部划开之后,用解剖刀小心地划断连于体壁和内脏之间的隔膜,将体壁与内脏分离,用镊子轻轻拉开体壁,用大头针将体壁固定在蜡盘上,大头针与蜡盘呈向外 45°角。固定之后用培养皿取少许清水浸泡虫体,使清水没过虫体标本之后用解剖针将器官小心进行分离。

（3）环毛蚓的内部结构观察。

①消化系统：由较发达的消化管道和消化腺组成。消化管道由口腔、咽、食道、嗉囊、砂囊、胃、肠（小肠、盲肠、直肠）、肛门所构成。口腔为口内侧的膨大处，较短，位于围口囊的腹侧，只占有第二或第一至第二体节。口腔之后为咽，向后延伸到约第六体节处。咽外部具有辐射状的肌肉与体壁相连，在咽背壁上有一团灰白色、叶裂状的咽腺。紧接咽后部的细管即为食道。食道具有钙腺，钙腺系食道壁左右两侧突出的一对或多对囊状腺体。嗉囊为食道之后一个膨大的薄壁囊状物。在嗉囊之后紧接的是坚硬而呈球形或椭圆形的砂囊。有些蚯蚓仅具 1 个砂囊，占 1 个或多个体节。砂囊之后便是一段狭长而多腺体的管道，称为胃。胃之后紧接一段膨大而长的消化管道，是小肠，其管壁较薄，最外层为黄色细胞形成的腹膜脏层，中层外侧为纵肌层，内侧为环肌层，最内层为小肠上皮。小肠沿背中线凹陷形成盲道，这有助于小肠的消化和吸收。环毛蚓常有 1 对盲肠与小肠相通。小肠后端狭窄而薄壁的部分为直肠，使已被消化吸收后的食物残渣变成蚓粪而经此通向肛门，排出体外。

②生殖系统：生殖器官限于身体前部的少数几个体节，包括雄性和雌性生殖器官以及附属器官、环带和其他腺体结构。雄性生殖器官由精巢、精巢囊、储精囊、雄性生殖管、前列腺、副性腺和交配器构成。一般具有 1 对或 2 对精巢，储精囊内充满营养液和发育着的精细胞。精巢囊和储精囊相连处为发育着的精细胞的储存囊，精子或漏斗囊都进入体节的后壁。体外雄孔开口于输入管。前列腺与输精管后端相连，受精囊成对。雌性生殖器官由卵巢、卵囊、卵巢腔、雌性生殖管和受精囊构成。卵巢产生卵，开口于卵漏斗的背壁，其狭窄的后部形成输卵管，开口于体腹面，一般生殖带由厚的腺体表皮组成，特别是背部和侧部由三层腺体细胞组成。

③神经系统：在咽头的背侧有一个由两脑神经节组成的脑，与围咽神经及腹面的咽下神经节相连，后接神经索，它在各体节内有神经节，形成神经链。从脑分出神经至口前叶、口腔壁；从围咽神经分出神经到口腔壁和第 1 节；从咽下神经节分出神经至第 2、3、4 节体壁；于每节的神经索上通出 3 对侧神经，分布至体壁和各器官。

五、实验结果

蛔虫解剖结构参见图 47-4、图 47-5。

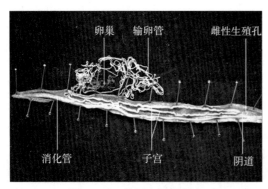

图 47-4　雌蛔虫解剖示意

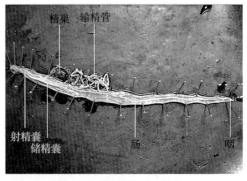

图 47-5　雄蛔虫解剖示意

六、注意事项

解剖蛔虫要小心使用解剖针，解剖环毛蚓要用解剖剪并用解剖刀去隔膜。

七、作业题

比较蛔虫和环毛蚓的结构特点。

（张加勇）

实验四十八

河蚌的形态结构和常见软体动物观察

一、实验目的

1. 通过对河蚌的解剖，掌握软体动物的解剖方法和主要形态结构特征。
2. 通过对软体动物门所属各纲代表动物的观察，了解软体动物门所属各纲的主要特征，并认识常见经济种类。

二、实验原理

以河蚌为代表的软体动物的解剖，掌握软体动物的结构特征和解剖方法。

三、材料和用具

1. **材料** 河蚌、牡蛎、缢蛏、毛蚶、扇贝、贻贝、石鳖、乌贼、单齿螺、疣荔枝螺等。
2. **用具** 蜡盘、解剖工具等。

四、实验方法与步骤

1. **河蚌外形观察** 壳分左右两瓣，大小和形状一样，近椭圆形。钝圆的一端是前端，后端稍尖，背缘互相铰合，腹缘分离。壳背方隆起部分为壳顶，略偏向前端，壳表面以壳顶为中心而与壳的腹缘相平行的弧线称为生长线。两壳在背部相连的地方有富有弹性的韧带（图48-1）。

2. **河蚌解剖** 将河蚌放在蜡盘中，用解剖刀插入壳内侧和外套膜之间，紧贴内壳割断前、后闭壳肌，先除去一侧贝壳，使软体全部外露，再观察它的内部结构（图48-2）。

图48-1 河蚌外形

（1）两壳的内面贴着一层柔软的膜，包裹着蚌的身体，称为外套膜；外套膜和躯体之间的空腔称为外套腔。

（2）外套膜在体后端形成两个开孔，腹面的较大，是入水孔；背面的较小，是出水孔。

（3）河蚌的头部退化，背部是柔软的内脏团，腹面连接斧状的肉足。

（4）在河蚌身体前后端各有一个粗大的前、后闭壳肌。前闭壳肌的腹面是一小的伸足肌，前、后闭壳肌的背面有一小型的缩足肌。

（5）呼吸系统。左右各有1对瓣鳃，每1对瓣鳃由2片鳃瓣组成，外侧的称为外鳃瓣，内侧的称为内鳃瓣。内、外鳃瓣又分外侧的外鳃小瓣和内侧的内鳃小瓣。

（6）消化系统。由口（在口的两侧各有1对触唇）、食道、肝脏、肠、直肠（穿过心室）、肛门（开口在出水管内）构成。

（7）循环系统。由围心腔、心脏（一心室二心房）、前大动脉、后大动脉构成。

（8）排泄系统。包括肾脏（1对）、围心腔腺。

（9）生殖系统。雌雄异体，生殖腺位于内脏团中。通常睾丸呈白色，卵巢呈淡黄色。

（10）神经系统。包括脑侧神经节1对、足神经节1对、脏神经节1对。

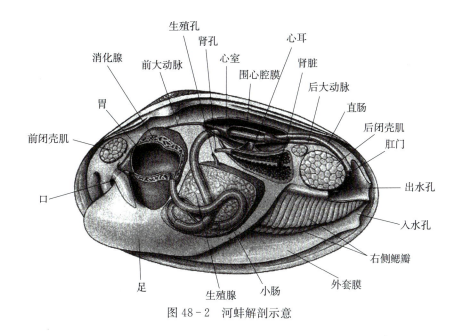

图 48-2　河蚌解剖示意

3. 常见软体动物观察　如牡蛎、缢蛏、毛蚶、扇贝、贻贝、石鳖、乌贼、单齿螺、疣荔枝螺等。

五、实验结果

观察到的河蚌实物内部结构见图 48-3。

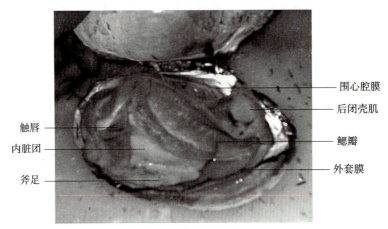

触唇
内脏团
斧足

围心腔膜
后闭壳肌
鳃瓣
外套膜

图48-3 河蚌内部结构

六、 注意事项

解剖河蚌时小心切割前后闭壳肌，不能用解剖刀撬河蚌。

七、 作业题

绘制河蚌的内部结构。

（张加勇）

实验四十九

小鼠的外部形态观察及内部结构解剖

一、 实验目的

1. 学习哺乳动物的一般解剖方法。
2. 掌握小型哺乳动物的颈椎脱臼处死法。
3. 通过对小鼠外部形态与内部结构的观察，了解并掌握哺乳动物的主要特征。

二、 实验原理

　　哺乳动物是脊椎动物中最高等的类群。其形态多样，可栖息于多种环境；五指（趾）型附肢和强大的肌肉极大促进了哺乳动物的运动；消化系统发达，消化道分化明显，消化吸收功能强；肺的结构进一步复杂，气体交换能力强；胸腔和腹腔的形成为心脏和肺的保护以及生殖和消化系统的发达提供了重要的条件。此外，高效的双循环、精准的神经调节和体液调节以及胎生哺乳的繁殖方式都为哺乳动物发展成为动物界中进化程度最高的动物类群奠定了基础。小鼠是生命科学研究中重要的实验动物，具有哺乳动物完善的外部形态结构和内部器官系统。

三、 材料和用具

1. **材料**　小鼠。
2. **用具**　剪刀、镊子、解剖盘、大头针等常规解剖工具。

四、 实验方法与步骤

　　1. **外部形态观察**　小鼠全身被毛，身体分为头、颈、躯干、四肢和尾5个部分。
　　①头部：眼1对，具上下眼睑；外耳1对，大而薄；鼻孔1对；口位于鼻孔下方，其内有肉质舌。
　　②颈部：明显。
　　③躯干：背面弯曲，腹面末端有外生殖器和肛门。

④四肢：五指（趾）型附肢，前肢肘部向后弯曲，后肢膝部向前弯曲，指（趾）端具爪。

⑤尾部：与体长几乎相等，有散热、自卫和平衡的功能。

2. 性别鉴定

①雄性：外生殖器较大，距肛门较远；成体可见到阴囊；阴部可见2个开口，从前往后分别为尿道口和肛门；腹部乳头不明显。

②雌性：外生殖器较小，距肛门较近；无阴囊；阴部可见3个开口，从前往后分别是尿道口、阴道口和肛门；成体腹部有明显的乳头。

3. 颈椎脱臼法处死小鼠　将小鼠置于实验台上，其中一只手抓住鼠尾根部稍向后上方斜拉，另一只手捏住小鼠的头后部，两只手同时用力捏住和拉扯小鼠即可使其颈椎脱臼死亡。

4. 解剖及内部结构观察

（1）解剖。将处死的小鼠腹部朝上，四肢展开，用大头针将其四肢固定在蜡盘上。用水浸湿小鼠腹中线上的毛，然后用镊子稍提起小鼠外生殖器前的皮肤，用剪刀沿腹中线向前剪开直到下颌底。再用镊子提起外生殖器前的腹壁肌肉，用剪刀尖自体后沿腹中线偏左向前剪开至胸骨柄处，观察膈和腹腔。之后剪断两侧肋骨，小心移去胸骨和肋骨，暴露出心脏和肺。

（2）消化系统。消化系统包括消化道和消化腺两部分。

①消化道：

口腔：沿口角剪开颊部，可见口腔底有肌肉质的舌；其上下颌各有门牙2颗和臼齿6颗，存犬牙虚位和前臼齿虚位；上颚的前后部分别为硬腭和软腭。

咽：为软腭后方的腔，咽部后方腹面开口为喉门，连接气管；咽部背面开口为食道口，连接食道。

食道：位于气管背面，一端与咽相连，一端穿过胸腔和横膈膜进入腹腔与胃相连。

胃：略弯曲，膨大呈袋状，一端连接十二指肠，称为幽门；另一端与食道相连于胃中部，此处称为贲门。

小肠：分为十二指肠、空肠和回肠。十二指肠一端与胃相连，一端与空肠连接，呈U形；空肠与回肠无明显区别，空肠始于十二指肠末端，而回肠终于盲肠和结肠，回肠较空肠稍粗、色略深。

大肠：分为盲肠、结肠和直肠。盲肠为短盲囊状，位于回肠和结肠分界处；结肠较粗，且色深；直肠穿过盆腔开口于肛门。

②消化腺：

颌下腺：1对，位于颌部腹面，呈浅红色圆形。

肝脏：4叶，位于横膈膜下。

胰脏：位于胃和十二指肠弯曲处，呈粉红色。

胆囊：暗绿色、椭圆形小球，在肝脏内。

（3）呼吸系统。在小鼠的颈部可观察到有软骨支撑的气管1根。顺着气管向上，可见到气管连接着小鼠的咽喉部；另一端，沿着小鼠的气管向下，进入胸腔后，气管一分为二，形成两根支气管分别进入左右肺叶。肺叶呈淡红色海绵状，位于胸腔两侧，其中左肺1叶，右肺4叶（图49-1）。

（4）循环系统。小鼠的循环系统为双循环，分为肺循环和体循环；心脏为二心房二心室（图49-2）。

①心脏：位于围心腔内。用镊子轻轻将覆盖在心脏表面的心包膜提起，用剪刀尖将心包膜剪开并移去；幼鼠心脏上有胸腺覆盖，需先移除胸腺后再剪开心包膜。

②血管：用镊子夹住心尖轻轻往后拉，这时在心脏的另一端较容易看到与心脏相连的体动脉弓，由体动脉弓向后发出3支动脉，自左向右分别为左锁骨下动脉、左总颈动脉和无名动脉；无名动脉继续向前延伸又分成右锁骨下动脉和右总颈动脉。

③脾脏：位于腹腔背壁左侧，呈深红色长条状。

（5）排泄系统。小鼠的排泄系统位于腹腔的背侧，因而需先移去位于腹侧的消化系统再观察排泄系统。

肾脏1对，位于腹腔背壁左右两侧，右肾稍高于左肾；肾上腺呈淡黄色，在肾脏上

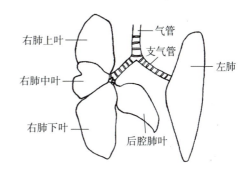

图49-1 小鼠呼吸系统

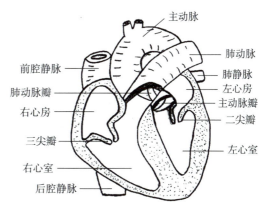

图49-2 小鼠心脏结构

方。用镊子轻轻拉扯肾脏，可见到连接在肾脏上的输尿管，沿输尿管向前，可看到输尿管通入膀胱，膀胱一端与尿道相连。

剪开小鼠的趾骨联合，顺着尿道继续向前观察，雄性个体的尿道向前通入阴茎，并通过阴茎开口于体外；雌性个体的尿道向前直接开口于阴道前庭。

（6）生殖系统。

①雄性生殖系统（图49-3，a）：

睾丸：1对，椭球形，未性成熟个体睾丸位于腹腔中，性成熟个体睾丸位于阴囊中，成熟个体睾丸需用镊子将其从阴囊中拉出以便观察。

附睾：1对，可分为附睾头、附睾体和附睾尾。附睾头在睾丸前方，呈圆形；附睾体连接在附睾头后方，沿睾丸内缘下行；附睾尾稍膨大，后与输精管连接。

输精管：1对，细长，从左右附睾尾向腹腔背侧中部汇合后开口于尿道。

阴茎：为外生殖器，交配器官，有尿道开口于顶端。

副性腺：包括精囊腺、凝固腺、前列腺、尿道球腺和包皮腺等。

精囊腺：1对，位于左右输精管交汇处上方，呈白色钩曲状，后端与尿道相连接。

凝固腺：位于精囊腺内侧，呈半透明状。

前列腺：位于膀胱基部，由尿道背面的背叶和尿道腹面的腹叶形成。

尿道球腺：1对，位于尿道旁，在尾基部的尾椎和腹部肌肉之间，呈白色椭球形。

包皮腺：位于阴茎前部两侧的腹壁皮下，呈淡黄色扁圆形。

②雌性生殖系统（图49-3，b）：

卵巢：1对，位于腹腔背壁两侧肾脏下方。

输卵管：1对，位于卵巢旁边，其前端卷曲缠绕。

子宫：输卵管后膨大部分，两侧子宫汇合于子宫颈，并与阴道相连，呈 V 形。

阴道：与子宫颈相连，开口于体外。

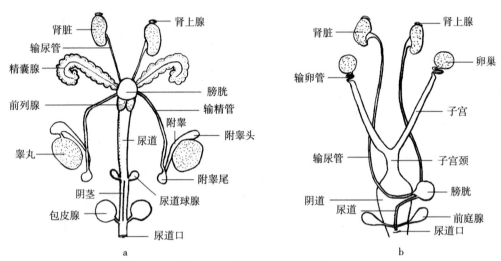

图49-3　小鼠泌尿生殖系统

a. 雄性　b. 雌性

五、注意事项

（1）在通过外部形态特征对小鼠进行性别鉴定后，建议进一步通过内部生殖系统进行佐证。

（2）消化系统中，小鼠的小肠，尤其是空肠和回肠不易区分。一般说来，回肠较空肠稍粗、颜色略深。

六、作业与思考题

1. 绘制小鼠排泄和生殖系统解剖图。

2. 哺乳动物为什么是进化程度最高的动物类群？

（王　宇）

实验五十

牛蛙的外部形态观察及内部结构解剖

一、 实验目的

1. 熟练使用解剖工具，掌握两栖动物的解剖方法。
2. 学习蛙类的双毁髓处死法。
3. 观察牛蛙的形态结构特征，理解两栖动物初步适应于陆生生活的形态结构特征。

二、 实验原理

两栖动物是脊椎动物从水生进化到陆生的过渡类群，其不但具备了适应于陆生生活的先进性特征，同时也保留了水中生活的原始性特点。牛蛙是一种典型的两栖类动物，其个体大，结构完善，作为食用蛙类易于获得。牛蛙皮肤裸露，不易保水；其口咽腔结构复杂，与诸多功能相关联；成体用肺呼吸，但肺部不发达；循环系统为双循环，但由于仅有一个心室，因此动静脉血并不能完全分开；雄性个体用输精尿管来同时完成输送精子和运输尿液的功能；有胸骨，但不具肋骨；四肢发达，但灵活性较差。

三、 材料和用具

1. **材料** 牛蛙。
2. **用具** 剪刀、镊子、解剖盘、大头针、毁髓针等常规解剖工具。

四、 实验方法与步骤

1. **外部形态观察** 牛蛙体型较大，分为头、躯干和四肢3个部分。

①头部：扁平，略呈三角形，吻端稍尖；眼1对，具上下眼睑和透明瞬膜；外鼻孔1对，可通过内鼻孔连通口咽腔；鼓膜，位于眼后方，呈圆形；口大，由上下颌组成，其内有肉质舌；雄蛙在咽部有声囊1对。

②躯干：短而宽，在躯干末端有一小孔，为泄殖孔。

③四肢：前肢短小，4指，指间无蹼；后肢粗壮，5趾，趾间有蹼。

2. 双毁髓法处死牛蛙

（1）一只手握住牛蛙腹部，使其背部向上；用食指压住其头部，使其略向下弯；用大拇指指尖紧贴牛蛙背部头骨沿背中线向后摸，此时在头骨与脊柱相连处会触摸到一凹陷，即为解剖针插入部位。

（2）手持解剖针垂直于牛蛙身体插入皮肤，在穿过皮肤后，随即将解剖针向后倒，使针尖向前；将解剖针针尖通过枕骨大孔推入颅腔；在颅腔内搅动解剖针捣毁脑髓。

（3）将解剖针针尖退回到枕骨大孔处，并将解剖针向前倒，使得针尖向后；将解剖针针尖通过枕骨大孔插入椎管；搅动解剖针，破坏脊髓。

（4）当牛蛙四肢肌肉完全松弛时，表明脑髓和脊髓已被破坏；如后肢仍可弯曲或运动，则需要重新进行毁髓。

3. 解剖及内部结构观察

（1）解剖。将处死的牛蛙腹面向上置于蜡盘内，展开四肢，并用大头针进行固定。用镊子夹起腹部泄殖腔前的皮肤，用剪刀剪开一切口，并由此沿腹中线向前剪开皮肤，直至下颌前端。再用镊子夹起腹部泄殖腔前的肌肉，剪开并移去肌肉，暴露内脏。

（2）消化系统。牛蛙的消化系统由消化道和消化腺两部分组成（图50-1）。

①消化道：包括口咽腔、食道、胃、肠和泄殖腔。

口咽腔：牛蛙的口腔和咽腔由于大部分重合，因此称为口咽腔。在口咽腔中可观察到内鼻孔、耳咽管孔、喉门、食道口、舌、上颌齿、犁骨齿、声囊孔等结构（图50-2）。

内鼻孔：位于口咽腔上壁前方的一对孔，与外鼻孔相连通。

耳咽管孔：位于口咽腔侧后方、颌角附近的一对大孔，与中耳相连通。

喉门：位于口咽腔后部，食道开口前方的一闭合的纵裂缝，可用镊子打开裂缝观察。

食道口：位于口咽腔底，是食物进入食道的开口。

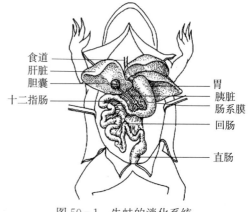

图50-1　牛蛙的消化系统

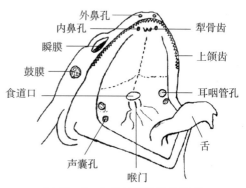

图50-2　牛蛙口咽腔结构示意

舌：位于口咽腔底部，前端固定于下颌，后端游离，舌呈叉状。

上颌齿：着生于上颌的一排牙齿。

犁骨齿：1对，着生于内鼻孔之间。

声囊孔：1对，位于雄蛙口咽腔底部，耳咽管孔前方处的开孔。

食道：开口于咽喉的背面，穿过心脏背面，与胃连接。

胃：膨大弯曲，位于体左侧，前端与食道相连处稍粗，为贲门；后端与小肠连接处稍细，为幽门。

肠：分为小肠和大肠，小肠又分为十二指肠和回肠，大肠只有直肠。十二指肠一端与胃幽门连接，另一端与回肠相连；自十二指肠向后折，经多次旋转后与大肠相连，这部分小肠即回肠；直肠较粗，向后开口于泄殖腔。

泄殖腔：短小，呈管道状，该处汇集有肛门、输精尿管、输尿管和输卵管，其腹面还有膀胱开口。泄殖腔向外的开口为泄殖孔。

②消化腺：包括肝脏和胰脏。

肝脏：位于体腔前端，红褐色，分左右二大叶和中间一小叶。胆囊位于左右大叶背面间，呈墨绿色。

胰脏：位于胃和十二指肠间，为一长条形不规则的淡红色或黄白色管状腺体。

（3）呼吸系统。牛蛙成体主要以肺来进行陆上呼吸，皮肤有辅助气体交换的功能；牛蛙蝌蚪则是依靠鳃在水中进行气体交换。

①肺：1对，位于心脏背部，呈粉红色薄壁囊状。

②喉气管室：为喉门向后的短粗气管。

（4）循环系统。牛蛙的循环系统为不完全的双循环，心脏为二心房一心室（图50-3）。

①心脏：位于体腔前端、胸骨的背面，用镊子轻轻夹起心包膜，并用剪刀剪去，将心脏暴露出来。

②心房：2个，位于心脏前部，呈薄壁囊状。

③心室：1个，心房后厚壁部分，心尖向后，心房和心室间有明显的冠状沟，可用来区别心房和心室。

④动脉圆锥：位于心室腹面右上方的1条肌肉质的较粗的管道，其后端稍膨大；一端与心室相连，另一端发出1条粗短的动脉干。

⑤静脉窦：用镊子夹住心尖，将其翻转可见在心脏的背面有一暗红色的薄壁囊，即为静脉窦。

⑥脾脏：位于直肠前端肠系膜上的一红色球状体。

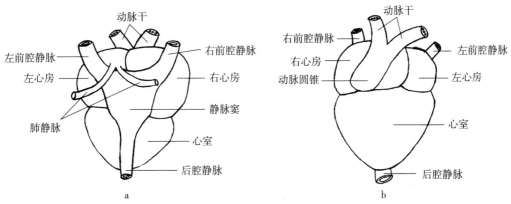

图50-3　牛蛙心脏结构
a. 背面观　b. 腹面观

（5）排泄系统。牛蛙的排泄系统包括肾脏、输尿管、膀胱、泄殖腔等部分（图50-4）。

①肾脏：位于体腔后部背壁，紧贴脊椎两侧，呈扁平状；在其腹面有黄色的肾上腺。

②输尿管：从两侧肾脏外缘近后端处发出的1对薄壁细管，其后端通入泄殖腔；雄性个体的输尿管同时具有输送精子的作用，因此也称为输精尿管。

③膀胱：位于泄殖腔腹侧，开口于泄殖腔，壁薄，呈叶状。

（6）生殖系统。牛蛙雌雄异体，不同性别在生殖系统上有较大差异，可通过比较观察找出二者的区别（图50-4）。

脂肪体：在雄性精巢或雌性卵巢前均具有的黄色指状体，其大小在不同季节有所差异。

①雄性生殖系统：

精巢：1对，位于肾脏的腹侧，呈淡黄色米粒状，其大小在不同季节有所差异。

输精小管：用镊子轻轻拉扯精巢，可见到从精巢内侧发出许多细管，即输精小管；输精小管穿过肾脏通入输尿管。

输精管：与输尿管共用一根管道，也称为输精尿管。

②雌性生殖系统：

卵巢：1对，位于肾脏前端腹面，其大小在不同季节有所差异。在生殖季节发达，其内可见到大量的卵。

输卵管：1对，长而迂曲的管子，位于输尿管外侧，呈乳白色；其前端为开口的漏斗口。

子宫：1对，输卵管后端膨大的囊状结构，开口于泄殖腔背壁。

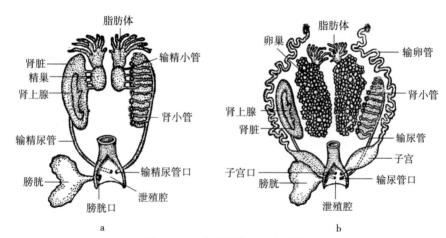

图50-4　牛蛙排泄、生殖系统

a. 雄性　　b. 雌性

五、注意事项

（1）在对牛蛙进行双毁髓处死时，必须将解剖针插入颅腔和脊髓腔内；实验中可用手指紧贴皮肤感受解剖针插入的位置是否在髓腔内。

（2）在剪开牛蛙的腹部肌肉时，需注意腹中线上的静脉血管，避免血管破裂造成大量失血而影响实验。

六、作业与思考题

1. 绘制牛蛙的排泄和生殖系统解剖图。
2. 处于从水生过渡到陆生阶段的两栖动物同时具有哪些适应于水生和陆生的特征？

（王　宇）

实验五十一

鲫鱼的外部形态观察和内部结构解剖

一、实验目的

1. 熟练使用解剖工具，掌握鱼类的解剖方法。
2. 观察鲫鱼的主要结构，理解鱼类适应于水生生活的形态结构特征。

二、实验原理

　　鲫鱼是重要的淡水硬骨鱼类，作为生活于水中的典型的脊椎动物，其在形态结构上发育了一系列适应于水生生活的特征。鱼类体呈纺锤形，具鳞片，以鳃作为呼吸器官，以鳍作为运动器官，通过单循环的方式完成血液循环，并以肾脏完成机体代谢和体内水分及渗透压的调节。鱼类具有可用于主动捕食的上下颌，具有较完整的消化系统和五部脑。

三、材料和用具

1. **材料**　鲫鱼。
2. **用具**　剪刀、镊子、解剖盘、大头针等常规解剖工具。

四、实验方法与步骤

　　1. **外部形态观察**　鲫鱼体呈纺锤形，分为头、躯干和尾 3 个部分（图 51-1）。

　　①头部：自吻端到鳃盖骨后缘；口端位，可随上下颌运动而开闭；外鼻孔 1 对，无内鼻孔，鼻腔不能与口腔连通；眼 1 对，位于头部两侧，无眼睑，无瞬膜；鳃盖在眼后头部两侧，其后缘有鳃盖膜覆盖鳃孔。

　　②躯干：自鳃盖骨后缘到肛门；体外

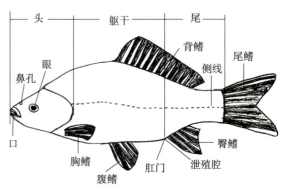

图 51-1　鲫鱼外部形态

覆有圆鳞，呈覆瓦状排列；具侧线鳞。

③尾部：自肛门到脊柱的最后一枚椎骨。

④鳍：偶鳍位于体两侧，胸鳍位于胸部，腹鳍位于腹部；奇鳍位于体中线，分背鳍、臀鳍和尾鳍（正尾型）。

2. 解剖及内部结构观察

（1）解剖。将鱼体腹部朝上，用剪刀从肛门沿腹中线剪开直到鳃盖下方；再把鱼体侧卧，左侧向上，自肛门处向背方剪开，沿脊椎下方剪至鳃盖后缘，再沿鳃盖后缘剪至胸鳍前方，除去左侧体壁肌肉和肋骨，使各内脏器官暴露。

（2）消化系统。消化系统主要包括消化道和消化腺（图51-2）。

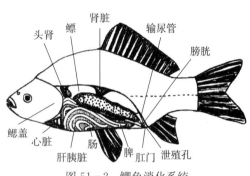

图51-2 鲫鱼消化系统
（仿姜乃澄）

①消化道：

口腔：无齿，由上下颌组成，可主动捕食；舌，位于口腔底后半部，呈三角形。

咽：位于口腔后，有由鳃弓演变而来的咽下齿。

食道：位于咽后，短，其背面有鳔管。

肠：位于食道后，弯曲盘旋在肝胰脏间，管长但形态差异不明显，末端开口于肛门。

②消化腺：

肝胰脏：鲫鱼的肝脏和胰脏尚未形成各自独立的形态而混合在一起，分布于肠管间。

胆囊：暗绿色、椭圆形小球，主要部分埋在肝胰脏内。

（3）呼吸系统。鲫鱼的呼吸器官是鳃，主要由鳃弓、鳃耙和鳃片组成。

①鳃弓：位于咽的两侧，5对，其中前4对各有鳃片两列，第5对鳃弓特化为咽下齿。

②鳃耙：着生于每个鳃弓的内缘。

③鳃片：附着于鳃弓上，由红色的鳃丝形成片状结构；其中1个鳃片即为1个半鳃，每个鳃弓上有2个半鳃，2个半鳃可形成1个全鳃；鳃丝两侧有突起的鳃小片，富含毛细血管，是进行气体交换的场所。

（4）循环系统。鲫鱼的循环系统为单循环，心脏中的血液为少氧的静脉血。

剪开鲫鱼的围心腔，暴露出鲫鱼的心脏，观察静脉窦、心房、心室、动脉球、腹大动脉和入鳃动脉等结构和血管。

①动脉球：心脏前方略呈圆锥形的白色小球，其一端与心室相连，另一端与腹大动脉连接。

②心室：一端与动脉球相连，另一端为心房，壁厚，呈淡红色。

③心房：一端与心室相连，另一端与静脉窦连接，为一暗红色的薄囊状结构。

④静脉窦：与心房相连，壁薄，呈暗红色囊状。

⑤腹大动脉：自动脉球向前发出的1条粗大血管。

⑥入鳃动脉：自腹大动脉两侧分出的4对血管，分别进入4对鳃弓。

⑦脾脏：位于肠道前端背面，呈深红色长条状。

（5）排泄系统。排泄系统主要包括肾脏、输尿管和膀胱（图51-3）。

①肾脏：1对，位于体腔背壁中线两侧，呈暗红色；每肾的前端为头肾。

②输尿管：从两肾脏最宽处发出的细管，沿腹腔背壁向后延伸，在近末端处汇合形成膀胱。

③膀胱：在两输尿管后端汇合形成的稍膨大的囊，其末端开口于泄殖腔。

（6）生殖系统。鲫鱼是雌雄异体动物，其生殖系统主要包括生殖腺和生殖导管两个部分（图 51 - 3）。

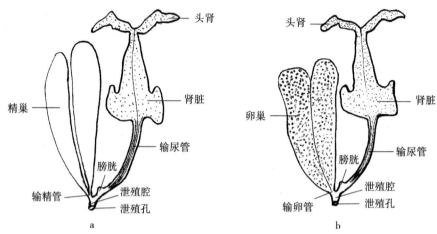

图 51 - 3 鲫鱼排泄和生殖系统
a. 雄性 b. 雌性
（仿姜乃澄）

①生殖腺：

雄性：精巢 1 对，长囊状，性成熟时为白色，性未成熟时为淡红色。

雌性：卵巢 1 对，长带状，性成熟时为土黄色，可见卵粒。

②生殖导管：

雄性：输精管，由精巢表面的膜向后延伸形成，短，左右导管后端合并后通入泄殖腔。

雌性：输卵管，由卵巢表面的膜向后延伸形成，短，左右导管后端合并后通入泄殖腔。

（7）神经系统。从眼眶上缘沿体长轴方向剪开鲫鱼头部背面的骨骼，暴露出脑部。从鲫鱼脑部的背面可从前向后依次观察到左右大脑半球，有中脑形成的球形视叶 1 对，近圆形的小脑 1 个和长圆形的迷走叶 1 对，在迷走叶后端是延脑本体，在大脑半球之前可见由左右大脑半球发出的嗅神经和嗅球（图 51 - 4）。

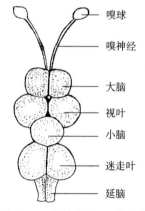

图 51 4 鲫鱼的脑（背面观）

五、注意事项

（1）剪开移去一侧体壁时需注意剪切的深度及部位，太深会伤及内脏器官，太浅则无法移去体壁；同时需注意肾脏所在位置，避免将其中一叶肾脏随体壁剪下。

（2）沿腹中线从泄殖孔向前剪开时，注意一定要剪到鳃盖下方，否则心脏会被体壁覆盖，无法暴露出来。

六、作业与思考题

1. 绘制鲫鱼内脏解剖图。
2. 鲫鱼适应于水生生活的形态结构特征有哪些？

参考文献

姜乃澄，卢建平，2010. 动物学实验 [M]. 杭州：浙江大学出版社.

（王　宇）

实验五十二

昆虫采集与标本制作

一、 实验目的

1. 通过对不同类型的昆虫采集，掌握昆虫的采集方法。
2. 通过对不同类型的昆虫标本制作，掌握昆虫标本的常用制作方法。

二、 实验原理

掌握以蝗虫、蜻蜓、蝴蝶、甲虫等为代表的昆虫的采集方法以及标本制作。

三、 材料、试剂和用具

1. 材料　蝗虫、蜻蜓、蝴蝶、甲虫。
2. 试剂　乙醇。
3. 用具　采集网、扣管、镊子、昆虫标本盒、昆虫针、展翅板、泡沫等。

四、 实验方法与步骤

1. 陆生昆虫采集方法

（1）网捕法。是采集昆虫标本最常见的方法之一。对于飞行迅速的昆虫，要迎头捕捉，并立即挥动网柄，使网袋下部连同虫子一并甩到网圈上来，以免虫子逃脱。栖息在草丛或灌木丛中的昆虫要用扫网去捕捉。扫网的使用方法是边走边左右扫动，网口略向下倾斜。可根据需要用镊子将捕获的虫子一一取出，也可在网底部开口并套一塑料管，直接将虫集中于管中，节省时间。

捕网的使用方法有两种，一种是当昆虫入网后，将网袋底部往上甩，使网底连同昆虫倒翻至上面；另一种是当昆虫入网后，转动网柄，使网口向下翻，将昆虫封闭在网底部。捕到昆虫后，应及时取出捏死后放入三角包。

（2）扣管法。有些小型昆虫具快速游走和跳跃习性，可以直接用采集管扣捕。扣捕时左手拿采集管扣住昆虫，右手拿塞子塞住管口。或用拿塞子的右手将昆虫驱入采集管内堵住。

（3）观察搜索法。许多昆虫往往不易被发现，特别是具"拟态"现象的昆虫，与环境融为一体，难以辨认。此时只要震动周边环境，昆虫便会受惊起飞；具"假死性"的昆虫，经震动便会坠地或吐丝下垂。根据不同的昆虫生境进行观察采集，如土蜂、蝼蛄、步甲及它们的幼虫生活在土中；天牛、象甲、吉丁虫、小蠹虫等大多数甲虫及其幼虫钻蛀在植物茎秆中；卷叶蛾、螟蛾等生活在卷叶中；也有不少昆虫在枯枝落叶、岩石缝隙中。只要仔细观察和搜索，便可从这类环境中采集多种昆虫。总之，掌握昆虫生境，仔细观察采集。

（4）诱捕法。利用昆虫对某些物理、化学因素的特殊趋性或生活习性进行诱捕。具有趋光性的昆虫如蛾类、蝼蛄、蟋类、金龟子、叶蝉等可用灯诱的方法在夜间进行诱集（可用专业、不同频率的诱光灯诱捕不同的昆虫）；具有趋化性的种类如夜蛾类、蝇类等可用食物来诱捕。

（5）震落法。对于高大树木上的昆虫，可用震落的方法进行捕捉。其方法是先在树下铺上白布，然后摇动或敲打树枝树叶，利用昆虫的假死习性，将其震落到白布上进行收集。用这种方法可以采集到鞘翅目、脉翅目和半翅目的许多种类。有些没有假死习性的昆虫，在震动时，由于飞行暴露了目标，可以用网捕捉。所以采集时利用震落法，可以捕到许多昆虫。

2. 水生昆虫采集方法　对于水生昆虫，采集时可使用 D 形踢网、手网或单柄踢网，可两人或单人操作。两人操作时，一人在水流上游用手脚搅动水体底质，将混浊了的水用脚或手往网内泼，大部分水生昆虫就随水流进入了网内；另一人在水流下游撑住网，待流经网中的水变清后，捞起手网或踢网，将网上的水生昆虫连同底质一起倒入白塑料盘中，然后挑选。

（1）急流踢网样。一般为 2 个，在流速不同的区域各设 1 个，总采样面积约为 $1m^2$，主要采集毛翅目、蜉蝣目、襀翅目和广翅目等水生昆虫。

（2）抄网样。采集时可根据样地环境使用不同的抄网，集中在堤岸和大型水生植物基部进行多次扫网采集，主要采集双翅目的摇蚊（体色为红色的摇蚊幼虫）、蜻蜓目昆虫、携可移动巢的毛翅目昆虫、广翅目泥蛉和某些蜉蝣目的幼虫。

（3）周丛生物样。洗刷部分浸在水体的石块和枯木，主要采集双翅目等个体较小的底栖动物。

（4）枯枝落叶堆样。一般选择急流中的枯枝落叶堆，用手网或踢网采样，最好是采集已经开始分解（腐烂）的老枯枝落叶堆。在底质沙地的较大溪流中，枯枝落叶堆中有很好的水生昆虫多样性，包括双翅目的大蚊和襀翅目、蜉蝣目、毛翅目幼虫等。

（5）缓流淤泥底质或沙石底质样。一般选择具淤泥底质或沙石底质且水体近膝盖深的缓流区域，用手网或踢网采样，采样方法同急流踢网样，主要采集双翅目摇蚊和蜉蝣目昆虫等。

3. 标本制作

（1）针插甲虫类标本制作。

①用针插在虫体近中部右侧的鞘翅上，并固定在泡沫板上。

②用针在虫体的胸部和尾部进行固定。

③固定虫体后开始整理姿态，一般前脚向前，中脚向两侧或是前侧，后脚向后，并且左右要求对称。

④固定时可用针交叉固定，一般昆虫的大腿可以略微抬起。

⑤整理完脚以后，再整理触角，触角短的可以前伸，触角长的可以弯向后侧，便于保护触角。

⑥整理完成以后，需要用灯泡烘烤。

⑦烘烤完成后附上标签，标签上注明采集地点、时间和采集人等信息，最后放入标本盒。

⑧标本放入干燥、密闭性能良好的标本盒中，在盒中可放一些樟脑丸和干燥剂（盒中右侧物），干燥剂在一些食品中会附带，用针扎几个洞，然后固定在盒中。

（2）针插蝴蝶标本制作。

①将蝴蝶的身体放入展翅板的槽中。

②将针从胸部正中垂直插入，如果没有专用的昆虫针，也可以用加长的大头针或缝衣针替代，针头应高出蝴蝶身体 20mm 左右。

③将蝴蝶的翅膀展开，前翅后端压住后翅前端，交叉线与身体纵向垂直。

④用展翅纸将蝴蝶翅膀压住，用针将展翅纸和蝴蝶翅膀固定。

⑤针向外斜插在蝴蝶翅膀的外缘固定，不能损坏翅膀。

⑥展好一侧再展另外一侧。

⑦展翅完成后，将触角压入纸下，并用针固定。

⑧完成后放入烘箱烘干，也可以放在 40W 的灯泡下烘烤，但要注意和展翅纸有一段距离，防止烤焦，时间 2～3d。

⑨烘完后附上标签，包括采集时间和地址等信息。

⑩将制作好的针插蝴蝶标本存放起来，存放条件与方法同甲虫类。

五、 实验结果

制作好的甲虫标本和蝴蝶标本可分别参见图 52-1 和图 52-2。

图 52-1　针插甲虫标本

图 52-2　针插蝴蝶标本

六、 注意事项

（1）昆虫标本制作完成后务必标上物种名、采集时间、采集地点（有经纬度最佳）、采集人等信息。

（2）存放标本的标本盒中要放置防虫药丸，如樟脑丸，防止虫蛀。

七、作业题

采集昆虫并制作成相应的标本。

（张加勇）

实验五十三

小鼠脾脏淋巴细胞的分离与观察

一、实验目的

1. 学习脾脏淋巴细胞的分离方法。
2. 了解淋巴细胞在机体中的免疫应答功能。

二、实验原理

脾脏是机体最大的免疫器官，占全身淋巴组织总量的 25%，含有大量的淋巴细胞和巨噬细胞，是机体细胞免疫和体液免疫的中心。淋巴细胞是体积最小的白细胞，由淋巴器官产生，是机体免疫应答功能的重要细胞组分。按其发生迁移、表面分子和功能的不同，淋巴细胞可分为 T 淋巴细胞（又名 T 细胞）、B 淋巴细胞（又名 B 细胞）和自然杀伤细胞。

B 淋巴细胞约占脾脏内淋巴细胞总数的 55%，细胞表面有多种膜表面分子，借以识别抗原，与免疫细胞和免疫分子相互作用。脾脏 T 淋巴细胞拥有全身循环 T 淋巴细胞的 25%，可直接参与细胞免疫，在适应性免疫应答中占主导地位。

三、材料、试剂和仪器

1. **材料** 小鼠脾脏组织。
2. **试剂** 磷酸缓冲盐（PBS）溶液、红细胞裂解液、蒸馏水。
3. **仪器和用具** 天平、pH 计、剪刀、烧杯、离心管、离心机、尼龙布、胶头滴管、镊子、光学显微镜等。

四、实验方法与步骤

1. 缓冲液的配制

①PBS 溶液：称取 8.0g NaCl、0.2g KCl、1.44g Na_2HPO_4 和 0.24g KH_2PO_4，溶解于 800mL 蒸馏水中，用 HCl 调节溶液 pH 7.4，最后加蒸馏水定容至 1 L 即可。

②红细胞裂解液：称取 1.87g NH_4Cl，0.65g Tris，溶于 200mL 蒸馏水中，用 HCl 调

节溶液的酸碱度至 pH 7.4，最后加蒸馏水定容至 250mL 即可。

2. 小鼠脾脏淋巴细胞分离

（1）采用颈椎脱臼法处死小鼠，打开腹部皮肤，小心分离皮下组织和腹部肌肉，暴露出脾脏，提起，剪去周围结缔组织，放入小烧杯中。

（2）用预冷的 PBS 溶液冲洗脾脏组织 2～3 次。

（3）向烧杯中加入 2mL 预冷的 PBS 溶液，用剪刀将脾脏剪碎，再加入 4～5mL PBS 溶液混匀，用单层尼龙布过滤于一干净的小烧杯中，备用。

（4）取 1.0mL 过滤液至离心管，1 200r/min，离心 5min。

（5）用胶头滴管去除上清液，轻轻拍散细胞沉淀，加入 200μL（4～5 滴）红细胞裂解液，裂解 30s。

（6）向离心管中加入 1mL PBS 溶液，1 200r/min，离心 5min。

3. 淋巴细胞的观察

（1）用胶头滴管去除上清液，加入 100～200μL PBS 溶液重悬。

（2）取 1 滴重悬液于载玻片上，盖上盖玻片，光学显微镜下观察细胞。

五、　注意事项

（1）脾脏位于左侧肋弓下一到半指的距离，呈紫色（或深红色）长条形。

（2）加入红细胞裂解液后，切勿放置时间过长，否则将造成淋巴细胞的裂解。

六、　思考题

如何分离与培养 B 淋巴细胞，并应用于单克隆抗体试验？

（杨　莉）

实验五十四

线粒体的分离与观察

一、实验目的

1. 掌握差速离心法分离动物细胞线粒体的原理及方法。
2. 掌握詹纳斯绿 B 染色线粒体的方法。

二、实验原理

线粒体是一种存在于大多数细胞中，由两层膜包被的细胞器，是细胞进行有氧呼吸、制造能量的主要场所。除氧化磷酸化产生 ATP 外，线粒体还参与许多非常重要的生命活动过程，如细胞氧化还原电位的调节、信号转导、细胞凋亡以及细胞电解质平衡等（翟中和等，2013）。

线粒体的制备主要采用组织匀浆，在悬浮介质中进行差速离心。悬浮介质通常采用蔗糖缓冲溶液，该溶液接近于细胞的分散相，在一定程度上可保持细胞器结构与酶活性。在一定的离心场中，颗粒的沉降速度取决于其密度、半径及悬浮介质的黏度。在均匀悬浮介质中离心一定时间后，组织匀浆中的各种细胞器及其他内含物，由于沉降速度不同将停留在不同的位置。细胞器中最先沉淀的是细胞核，其次是线粒体。

线粒体的鉴定可采用詹纳斯绿 B 活染法。詹纳斯绿 B，又称健那绿 B，是对线粒体专一的活细胞染料，毒性较小。作为一种碱性染料，詹纳斯绿 B 解离后带正电荷，堆积于线粒体膜上；线粒体中包含的细胞色素氧化酶使该染料保持氧化状态，呈现蓝绿色，而胞质中的染料将被还原成无色。

三、材料、试剂和仪器

1. **材料**　动物肝脏组织。
2. **试剂**　蔗糖缓冲溶液、詹纳斯绿 B 染色液。
3. **仪器和用具**　容量瓶、研钵、天平、离心管、试管、胶头滴管、离心机、尼龙布、剪刀、光学显微镜等。

四、实验方法与步骤

1. 组织匀浆　取 1.0g 动物肝脏组织或细胞剪碎，加入预冷的 9.0mL 蔗糖缓冲溶液（0.25mol/L）于冰上匀浆（也可先加 2.0mL 匀浆，匀浆后再加 7.0mL），用双层尼龙布过滤于 10mL 试管中，备用。

2. 差速离心　取 1.0mL 预冷的蔗糖缓冲溶液（0.34mol/L）于 1.5mL 离心管中，然后沿管壁缓慢加入肝脏匀浆 0.5mL，3 000r/min，离心 10min；将上清液转移至一新的离心管中，12 000r/min，再次离心 10min，弃去上清液，沉淀即为线粒体。

3. 染色　取线粒体沉淀涂片，加 1 滴 0.02％詹纳斯绿 B 染色液于沉淀上染色 3～5min。

4. 观察　盖上盖玻片，置于光学显微镜下观察。

五、注意事项

（1）涂布线粒体沉淀时，注意勿太浓密。

（2）线粒体呈现蓝绿色，在电镜下呈小棒状或哑铃状。

六、思考题

线粒体的形状与大小是否固定不变？如果不是，线粒体在细胞内呈现怎样的动态特征？

参考文献

翟中和，王喜忠，丁明孝，2013. 细胞生物学［M］. 4 版. 北京：高等教育出版社.

（杨　莉）

实验五十五

温度对昆虫生长发育的影响

一、实验目的

1. 掌握外界环境因子对昆虫生长发育的影响，学会绘制、记录及分析昆虫生命表。
2. 能够利用昆虫与环境的关系制定相关害虫防治策略。

二、实验原理

温度是生命活动中不可缺少的环境因子，它在任何时间、任何环境中都起作用。地球上的温度在时间、空间上表现出节律性变化，使生物的生长发育与温度昼夜和季节性变化同步（也称为温周期现象）。昆虫是变温动物，它的体温基本取决于环境温度。因此，环境温度对于昆虫的生长、发育和繁殖有直接和极大的作用。

昆虫的生长发育和繁殖要求在一定的温度范围，当外界温度低于某一温度时，昆虫停止生长发育，而高于这一温度，昆虫开始生长发育，这一温度阈值称为发育起点温度。昆虫在生长发育过程中，需要从外界摄取一定的热量，其所摄取的总热量为一个常数，该常数称为积温。利用这一常数分析昆虫发育速度与温度的关系，称为有效积温法则，可用以下公式表示：

$$N(T - C) = K$$

式中　　N——发育历期；

　　　　T——发育期间平均温度；

　　　　C——发育起点温度；

　　　　K——有效总积温。

根据有效积温法则，在一定的温度范围内，外界环境温度越高，其发育历期越快。因此，可以利用有效积温法则，预测一个地区某种昆虫一年可能发生的世代数，预测昆虫的地理分布，预测昆虫的发生期和发生程度，有利于天敌的保护与利用。

在研究外界环境因子对昆虫生长发育的影响时，通常以生命表的形式进行分析。生命表是与年龄或发育阶段有联系的某种群特定年龄或时间的死亡和生存记载。它是在田间系统调查或室内实验的系统观察基础上，以一定的表格形式，记录某一种群在各年龄或发育阶段的死亡数量、死亡原因和成虫阶段的繁殖数量。在设计生命表时，应根据研究对象的生活史、各虫态发育历期等，合理制订时间间隔，设置必要的处理及重复，并拟定具体的实验方法和观察记载的项目。

三、材料和仪器

1. **材料**　根据教学实际安排，选择家蚕、黄粉虫、赤拟谷盗、蚜虫等作为饲养及观察的对象；饲料。

2. **仪器和用具**　可控温光照培养箱、培养皿、镊子、毛笔、放大镜、解剖镜、昆虫饲养及观察设备等。

四、实验方法与步骤

1. **供试昆虫准备**　以赤拟谷盗为例，将收集到的赤拟谷盗成虫（图 55 - 1）放入盛有小麦粉与活性酵母制成的混合饲料（9∶1）的恒温养虫室内饲养，环境条件为温度 26℃±1℃、相对湿度 80%±5%，光周期为 16h 光照加 8h 黑暗。为获得龄期一致的幼虫，每天用 40 目（孔径 0.6mm）和 70 目（孔径 0.2mm）的筛网筛选一次卵，将筛到的卵放入赤拟谷盗的饲料中备用。

图 55 - 1　赤拟谷盗成虫

2. **温度处理实验**　用细毛笔挑取同一天初孵化的一龄幼虫，单头放入装有饲料的 1.5mL 离心管中（饲料约 0.5mL），每个离心管盖子扎一小洞，以保证透气。分别放入 26℃、30℃、34℃的培养箱进行饲养（培养箱的湿度及光照条件同第 1 步），每个温度处理 20 个重复。每天记录赤拟谷盗的存活情况，并记录其每一龄期的蜕皮时间及化蛹、羽化时间。每隔 3d 更换一次赤拟谷盗的饲料，直至全部羽化成虫为止。

3. **生命表的绘制及分析**　以表 55 - 1 为例，填写赤拟谷盗在不同温度下的生命表参数，包括每一龄期的发育时间、蛹期、化蛹率、羽化率、生存曲线等，并对结果进行统计分析，比较不同温度下赤拟谷盗生命表参数的差异。

表 55 - 1　不同温度下赤拟谷盗的生长发育情况

生命表参数		26℃	30℃	34℃
	一龄幼虫			
	二龄幼虫			
	三龄幼虫			
发育历期	四龄幼虫			
	五龄幼虫			
	蛹期			
化蛹率				
羽化率				

五、 注意事项

（1）赤拟谷盗初孵幼虫较脆弱，应使用细毛笔轻轻挑取转移。

（2）赤拟谷盗幼虫每一龄期蜕皮应仔细观察，以免记录错误的蜕皮时间。

六、 思考题

1. 本实验仅探究了不同温度条件下，赤拟谷盗从初孵幼虫到成虫的生长发育情况，请思考温度对赤拟谷盗成虫的寿命及繁殖力有何影响。

2. 如何利用外界环境因子，制订相应的赤拟谷盗防治方法？

参考文献

戈峰，2008. 昆虫生态学原理与方法［M］. 北京：高等教育出版社.

黄一平，陈琼，陈铭德，2012. 饲养条件对赤拟谷盗发育盒繁殖力影响的探究实验［J］. 生物学教学，37（9）：58 - 59.

（薛大伟　党　聪　张　弦）

—— 实验五十六

神经干动作电位的记录及传导速度与不应期的测定

一、实验目的

1. 学习刺激神经干的实验方法和相关记录系统的操作。
2. 记录和分析神经干动作电位的基本波形，测得复合动作电位的大小及时间长短。
3. 学习如何由刺激及波形生成关系测定神经干兴奋传导速度和神经不应期的基本方法并掌握其原理。

二、实验原理

给予超过阈值的刺激，可以使分离的神经干产生动作电位。在神经干表面放置两个记录电极，则可记录到动作电位两个相反方向的电位变化，即双相动作电位。但如果将一电极置于另一处溶液中或将两电极间神经麻醉或损伤，阻止神经传递，则只能记录到单一方向的电位变化，称为单相动作电位。神经干含有不同种类的神经纤维（A 类 $A_{\alpha,\beta,\gamma,\delta}$ 和 C 类等），且每种神经纤维的兴奋阈值和动作电位传导速度不同。经由刺激神经干产生的动作电位是由被兴奋的各种神经纤维产生的动作电位相加而形成的，因而称为复合动作电位。然而，在低强度刺激下并不能激活神经干内所有神经纤维，因此，复合动作电位受到不同刺激强度的影响，其大小变化取决于受兴奋的神经纤维的种类和数目。

在神经干受刺激且产生复合动作电位后，短时间内再刺激神经干，并不能再次引起另一个复合动作电位，该段时间称为不应期。可细分为绝对不应期和相对不应期。其中可能对刺激出现超常期和低常期反应，再回到正常状态。可利用不同时间进行第二次刺激，来观察和计算不应期的长短。

复合动作电位的传导速度（$v=d/t$）可由两个记录电极的距离（d）和动作电位经过两点（波峰之间或波谷之间）的时间差（t）求得。坐骨神经主要包含 A 类纤维，其传导速度为 20～30m/s（室温下）。不同种类神经纤维的传导速度有差异，与其纤维粗细、有无髓鞘、离子通道表达相关。已知两栖类动物坐骨神经的各类神经纤维直径为 3～29 μm。温度会影响细胞及离子通道活性，故对传导速度的测量也有影响。

三、 材料、试剂和仪器

1. **材料** 蟾蜍或牛蛙。

2. **试剂** 任氏液（每升溶液含 NaCl 6.5g、KCl 0.14g、$CaCl_2$ 0.12g、$NaHCO_3$ 0.20g、NaH_2PO_4 0.01g）。

3. **仪器和用具** 蛙板、玻璃分针、锌铜弓、小烧杯、滴管、纱布、线团、滤纸、棉球、神经屏蔽盒、生理记录系统（刺激器、张力换能器、模数转换器、电脑设备及操作软件）、刺激电极、记录电极等。

四、 实验方法与步骤

1. **处理坐骨神经干标本** 尽量分离取得较长的坐骨神经干标本。将棉线绑于神经干标本两端，方便移动标本。将标本置于含有任氏液的小盘中，稳定 5～10min 后，可进行实验。提起神经干标本放在屏蔽盒上，用滤纸片或棉球吸去标本上过多的任氏液。刺激电极可放置在靠近神经干与脊椎相接端，而靠近腿部的另一端则放置两对记录电极。所有电极可先用棉球沾湿任氏液擦拭。注意保持神经干标本湿润，可放置少许湿棉球于屏蔽盒内保持湿度，或定时滴数滴任氏液于神经干上，防止标本干燥。

2. **连接实验系统装置** 系统装置包含生理记录系统和连接的屏蔽盒。需注意屏蔽盒要良好接地，减少外来信号的干扰。

3. **对神经干标本进行刺激** 在神经干标本放置好后，打开操作软件，进行以下两种刺激。

（1）单刺激。保持适当刺激时间及较长的时间间隔不变，逐步增加刺激电压，观察两对记录电极所测得的复合动作电位的时间及大小，并由此计算神经传导速率，观察其是否因为刺激电压不同而改变。同时也注意观察复合动作电位的波形是否因为电压不同而有差异。

记录肌肉达到最大复合动作电位所需的最小电压值（U_{min}）及达到最大复合动作电位一半时的刺激电压（$U_{1/2max}$）。

（2）串刺激。每个串刺激包含两个相同刺激，刺激电压先测试 $U_{1/2max}$，再测试 U_{min}。在一定刺激电压和刺激时间下，逐步减小串刺激的刺激频率，例如从 5kHz 逐步减少到 0.1kHz。观察和分析复合动作电位波形在哪个刺激频率开始可以产生两个动作电位波形，以上记录到的为双相动作电位。

下一步可以在两引导电极之间用镊子夹伤或用药物（如普鲁卡因或 70％乙醇）阻断兴奋传导，观察单相动作电位，用上述方法测量动作电位各数据。

五、 实验结果

记录双相和单相复合动作电位，计算神经传导速率，观察不应期。

六、注意事项

（1）两对记录电极的间距越长越好。

（2）神经干标本尽量拉成笔直状放置，且与电极接触良好。

（3）神经干标本需保持湿润，但电极间不能有任氏液连接，防止短路。

七、思考题

1. 增强刺激强度，观察造成神经干动作电位产生的次数、幅度及形态是否发生变化并说明原因。

2. 为何药物普鲁卡因会改变记录的动作电位由双相变单相？

3. 比较不同刺激强度或频率下，动作电位的传导速度是否不同，说明原因。

参考文献

艾洪斌，2014. 人体解剖生理学实验教程［M］. 3 版. 北京：科学出版社.

（吴　敏）

实验五十七

骨骼肌的单收缩与强直收缩观察

一、实验目的

1. 学习肌肉收缩的原理和基本记录方法。
2. 了解肌肉单收缩及强直收缩的形成过程。
3. 观察与分析刺激强度和频率对骨骼肌收缩形式的影响。

二、实验原理

肌肉受到相连接的运动神经刺激而产生收缩。神经干被电极刺激而激活，产生动作电位，刺激相连接的肌肉产生收缩。单次电极刺激的电压越大，活化神经纤维越多，其相对应的收缩强度也越强，此为肌肉单收缩的特性。其过程可分为 3 个时相，即潜伏期、缩短期与舒张期。

当电极刺激频率增加时，肌肉收缩尚未恢复而又受到刺激，会造成细胞内钙离子累积，增加肌肉收缩的时间及强度。更多的肌肉纤维也可能因更多神经纤维兴奋而产生收缩，在此情形下，肌肉收缩状态持续上升、累加而达到一个特定峰值，称为强直收缩状态。如果表现为每次收缩的开始发生在上次收缩的舒张期，称不完全强直收缩，如果表现为每次收缩的开始发生在上次收缩的缩短期，称完全强直收缩。

三、材料、试剂和仪器

1. **材料**　蟾蜍或牛蛙。
2. **试剂**　任氏液（每升溶液含 NaCl 6.5g、KCl 0.14g、$CaCl_2$ 0.12g、$NaHCO_3$ 0.20g、NaH_2PO_4 0.01g）。
3. **仪器和用具**　蛙板、手术器械一套、烧杯、吸管、玻璃分针、棉线、铁支架、肌槽（包含刺激电极）、培养皿、生理记录系统（刺激器、张力换能器、模数转换器、电脑设备及操作软件）等。

四、实验方法与步骤

1. **制备蟾蜍的坐骨神经-腓肠肌标本**（图 57-1）

（1）双毁髓法破坏脑髓和脊髓。

（2）剪除躯干上部及内脏并剥去皮肤。

（3）分离两后肢。

（4）分离坐骨神经和腓肠肌。

2. **标本固定**　将标本的股骨残留部分插入肌槽的固定孔内，用螺丝固定。将坐骨神经干置于电极上，注意勿使神经干干燥，使其保持湿润。将肌腱上的结扎线与张力换能器垂直相连，注意结扎线连接后需要有一定张力。

3. **进行刺激**　在固定标本前，将张力换能器和刺激电极先连接到生理记录系统上（图 57-2）。利用软件进行下述两种刺激。

（1）单刺激。每个刺激间隔数秒（刺激频率固定），改变每次刺激的电压，每次刺激的时间长短应固定于一个合适值。观察及记录肌肉收缩的大小及持续时间，记录肌肉达到最大收缩的最小电压值（U_{min}）及达到最大收缩一半时的电压值（$U_{1/2max}$）。

（2）连续刺激。在固定电压下（先用 $U_{1/2max}$，再用 U_{min}）改变刺激频率。每个单刺激的强度大小不变，观察及记录肌肉收缩的大小变化。在高频率刺激下，肌肉收缩将会出现明显的叠加。在两项实验操作中，信号波、数据取样频率及其他相关参数请参照记录系统说明及相关实验指导的指示操作。

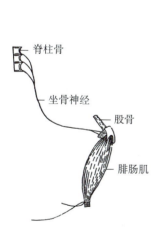
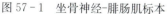

图 57-1　坐骨神经-腓肠肌标本

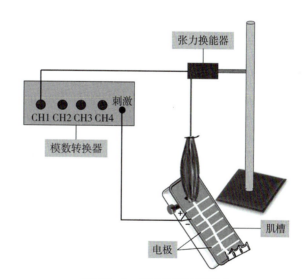

图 57-2　肌肉收缩检测示意

五、实验结果

在单刺激实验结果中，描绘电压大小与收缩强度之间的关系曲线（图 57-3）。在连续刺激实验结果中，描绘刺激频率与肌肉收缩强度的关系曲线（图 57-4）。在原始记录图中，

比较 $U_{1/2max}$ 与 U_{min} 刺激下，不同频率刺激时反应有何不同以及产生不完全强直收缩和完全强直收缩的条件有何不同。

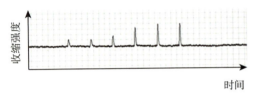

图 57-3 肌肉单收缩曲线

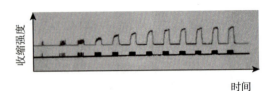

图 57-4 连续刺激时肌肉收缩曲线

六、注意事项

（1）忌用金属器械触、夹神经，防止过度牵拉神经。

（2）整个实验过程中要用任氏液保持标本湿润。

七、思考题

1. 在实验操作上，有哪些因素会影响到电极刺激电压大小和肌肉收缩之间的关系？

2. 分析刺激频率与骨骼肌的收缩形式、收缩力之间的相关关系。强直收缩产生的收缩力为什么比单收缩产生的收缩力大得多？

3. 如果骨骼肌收缩的潜伏期是 10ms，缩短期是 90ms，舒张期是 120ms，那么使该骨骼肌发生完全强直收缩的最低刺激频率是多少（次/s）？

参考文献

艾洪斌，2014. 人体解剖生理学实验教程 [M]. 3版. 北京：科学出版社.

（吴　敏　陈正豪）

反射时的测定、反射弧的分析及搔扒反射的观察

一、实验目的

1. 学习反射时的测量方法和结果分析。
2. 了解反射弧的组成。

二、实验原理

当身体感受器接受刺激后，不经意识控制，自发地激活运动神经，产生动作反应，称为反射作用。产生反射作用的神经回路称为反射弧。从感受器接受刺激经由反射弧传递至机体出现反应的时间称为反射时。反射弧的任何一部分缺损，反射不再出现。由于脊髓的反射弧组成较为简单，所以常选用毁脑但保留脊髓的动物（称脊动物）为实验材料，以利于观察和分析。

普鲁卡因（procaine）可以抑制 Na^+ 通道，可用其阻断神经兴奋的产生和传导，产生局部麻醉作用。细神经纤维较粗神经纤维对药物作用更敏感，药物麻醉反应时间更短。皮肤的痛觉传导神经纤维以 C 型为主，为较细的神经纤维。刺激骨骼肌收缩的运动神经纤维为 α 型，是较粗的神经纤维。

三、材料、试剂和仪器

1. **材料** 蟾蜍或牛蛙。
2. **试剂** 生理盐水，生理盐水配制的 0.5%、1%硫酸溶液，2%普鲁卡因溶液。
3. **仪器和用具** 常用手术器械、支架、蛙嘴夹、蛙板、蛙腿夹、小烧杯、小玻璃皿（2个）、小滤纸片、棉花、棉线、棉条、秒表、纱布、塑料滴管、记号笔等。

四、实验方法与步骤

（1）取蟾蜍（或牛蛙）1 只，用解剖针毁脑，注意要保留脊髓，然后将其以俯卧位放置

于蛙板上。如果毁脑效果不好，可以考虑将头部剪去。在右侧股部剪开皮肤，用玻璃针小心将肌肉和结缔组织分离，则可见坐骨神经位于肌肉内侧，用生理盐水打湿细棉线后，从神经下方穿过备用。

（2）用蛙嘴夹夹住蟾蜍下颌，悬挂于桌面支架上。用记号笔在蟾蜍右后肢的最长趾上划一黑线，黑线下方浸入 0.5％硫酸溶液液面下 2～3mm 处，须同时记录时间（以 0.1s 为单位）。浸入硫酸溶液时间不要超过 10s。一旦产生屈反射，则停止计时，所需时间为屈反射时。之后用滴管吸取生理盐水，冲洗浸泡的皮肤，然后用纸巾擦干（要避免生理盐水冲洗到分离出的坐骨神经）。重复上述步骤 3 次，测得屈反射时的平均值，则为右后肢最长趾的反射时。重复上述方法测定左后肢最长趾的反射时。

（3）将右后肢最长趾基部的皮肤剪开，用手术镊剥除皮肤，再重复步骤（2）硫酸溶液刺激实验。之后，再用右后肢有皮肤的趾，重复步骤（2）实验，该结果可作为对照组，探讨皮肤有无对反射弧及反射时的影响。

（4）用镊子取约 1cm×1cm 的滤纸片浸入 1％硫酸溶液，将滤纸片贴在蟾蜍右侧下背部或下腹部的皮肤上，并开始计时，直到蟾蜍下肢抬起将滤纸片扒掉，此反射作用称为搔扒反射，本实验则测定其反射时。

（5）在坐骨神经下方放置细棉条，在棉条上滴数滴 2％普鲁卡因溶液后，在右后肢有皮肤的第三趾上，每隔 2min 重复步骤（2）的硫酸溶液刺激实验（记录加药时间）。

（6）在步骤（5）中，当发现右下肢屈反射不再出现时，则立即重复步骤（4）滤纸片刺激实验，每 2min 测试一次，直到搔扒反射消失。需记录从加药开始到右下肢屈反射消失所需的时间和右下肢搔扒反射消失所需的时间。

（7）用左侧后肢最长趾先重复步骤（2）实验。用解剖针将脊髓毁坏后再重复一次实验，比较有无脊髓时，结果有何不同。

五、 实验结果

测定反射时，分析反射弧。

六、 注意事项

（1）重复实验时，要注意受到硫酸接触的皮肤面积不变，如此可假定受刺激的皮肤感受器数量没有改变。

（2）皮肤受硫酸刺激后要立即用生理盐水冲洗，保持皮肤状态稳定。

七、 思考题

1. 探讨下肢屈反射和搔扒反射的反射时是否相同及其与反射弧形成途径之间的关系。
2. 探讨普鲁卡因的麻醉作用，为什么其能让感觉机能比运动机能先丧失。

参考文献

艾洪斌，2014. 人体解剖生理学实验教程 ［M］. 3 版 . 北京：科学出版社 .

（吴　敏　陈正豪）

实验五十九

胰岛素对血糖浓度影响的观察

一、实验目的

通过观察胰岛素引起的低血糖效应,了解胰岛素对血糖调节的重要性。

二、实验原理

胰岛素是降低血糖的重要激素。其作用机制是通过促进组织血液中葡萄糖的吸收和储存(包含增加肌肉、肝脏和脂肪组织摄取速率,促进糖原和脂肪合成及储存)而降低血糖浓度。当血液中胰岛素含量大量增加且超过正常范围时,动物会出现低血糖症,根据严重程度不同会出现活动减少、昏厥、肌肉抽搐、休克等病理症状。在高胰岛素状态下补充高浓度葡萄糖,可使动物的低血糖症状明显减弱甚至消失。

三、材料、试剂和仪器

1. 材料   小鼠或大鼠。
2. 试剂   新配制的胰岛素溶液(医用,溶于生理盐水中,终浓度 $2U/mL$)、20%葡萄糖、生理盐水(0.9% NaCl)。
3. 仪器和用具   28 号针头,1mL、5mL、20mL 注射器,鼠笼,防护手套,简易照相器材。

四、实验方法与步骤

(1)为降低及稳定实验动物血液中胰岛素浓度,实验前给予小鼠(或大鼠)禁食24h处理,其间自由饮水。

(2)实验时取小鼠4只,分为实验组和对照组,每组2只(图59-1)。

(3)在未处理前,先观察室温(25~30℃)下小鼠的活动情形,包括活动量、移动速度、休息时间等。

(4)给实验组小鼠腹腔注射胰岛素溶液(每100g体重1mL),对照组小鼠腹腔注射生理盐水(每100g体重1mL),记录注射时间。将两组小鼠都置于室温下观察其活动状态,主要比较小鼠的姿势、形态及活动等情况。注意注射胰岛素的小鼠是否有翻滚、抽搐、焦躁不安等现象出现。

（5）在注射胰岛素 10～30min 后，小鼠可能出现惊厥反应，包括呼吸急促、四肢抽搐、全身翻滚、大量出汗、出现角弓反射（背肌强直性痉挛，使头和下肢后弯而躯干向前成弓状）等，最后甚至昏迷或死亡。

（6）实验 30min 后或小鼠出现惊厥反应后，立即给一只实验组和一只对照组小鼠腹腔注射 20％葡萄糖溶液（每 100g 体重 1mL），观察并记录小鼠活动状况的恢复。每 10min 对小鼠进行拍照或 1min 录像，记录小鼠活动情形。

（7）当一只实验组小鼠因注射葡萄糖溶液而恢复后，则立即再给另一只实验组小鼠注射高浓度葡萄糖溶液，再观察后续小鼠的状态变化。

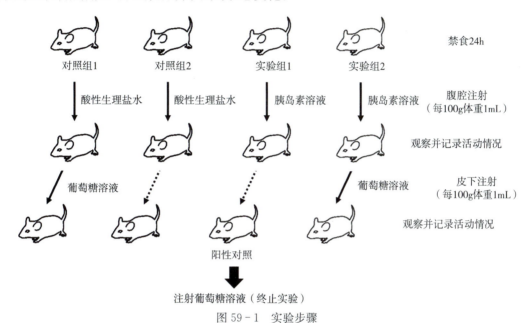

图 59-1　实验步骤

<h2>五、实验结果</h2>

实验组和对照组小鼠在实验后的状态参见图 59-2。

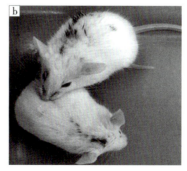

图 59-2　实验后小鼠状态
a. 对照组：活跃　b. 实验组：疲倦

六、 注意事项

（1）动物在实验前，饥饿24h有助于实验预期结果展现。

（2）如动物不出现明显症状，在30min后再追加注射胰岛素一次，胰岛素需用酸性生理盐水（pH 2.5～3）新鲜配制。

（3）如果胰岛素溶液已配制数日，可增加注射量来增强效果。

七、 思考题

1. 动物低血糖时，为什么会出现肌肉僵直或昏迷现象？

2. 正常生理状态下，胰岛素的产生是如何调节血糖水平，不使血糖水平过低的？

3. 通过本实验，分析糖尿病患者在注射胰岛素或用药物增加胰岛素分泌进行治疗时，有哪些注意事项？

参考文献

艾洪斌，2014. 人体解剖生理学实验教程 ［M］. 3版. 北京：科学出版社.

（吴　敏　陈正豪）

实验六十

蟾蜍心室肌的期前收缩和代偿间歇观察

一、实验目的

1. 测试心室在收缩、舒张的不同时期下，对外加电刺激的反应。
2. 了解心肌的生理特性与心肌产生期前收缩和代偿间歇反应的关系。

二、实验原理

心肌细胞收缩的兴奋性刺激频率不高是因为它具有较长的有效不应期，包含整个收缩期和舒张早期。该特征说明，在心室收缩期及舒张早期给予任何电刺激，都无法引发另一次心室收缩。因此，用电刺激方式无法造成心肌产生完全强直收缩。然而，在心室舒张中期或末期给予有效强度的单刺激，则可诱发心室收缩，称为期前收缩。在此情形下，若静脉窦传来节律性的兴奋刺激，且恰好心室肌细胞处在期前收缩的有效不应期时，则无法观察到心室再一次收缩，直到静脉窦产生下一次兴奋刺激，才会产生心室收缩。因此，当心室有期前收缩产生，就会出现一个较长时间的舒张期，称为代偿间歇期。

三、材料、试剂和仪器

1. **材料** 蟾蜍或牛蛙。
2. **试剂** 任氏液（每升溶液含 NaCl 6.5g、KCl 0.14g、CaCl$_2$ 0.12g、NaHCO$_3$ 0.20g、NaH$_2$PO$_4$ 0.01g）。
3. **仪器和用具** 常用手术器械、蛙板、蛙心夹、支架、双凹夹、生理信号记录系统、张力换能器、双针形刺激电极、滴管、小烧杯、纱布、棉线、橡皮泥、一次性手套等。

四、实验方法与步骤

1. **暴露心脏** 用解剖针将蟾蜍脑髓和脊髓破坏，再将其仰置于蛙板上。用手术镊提起心脏上方的皮肤，用解剖剪剪去并适当移除开口附近皮肤。用手术镊提起腹肌，用解剖剪剪开肌肉层，小心伸入剪刀，由腹腔向胸骨中央方向，刀尖向上微提剪刀，剪开胸腔，避免剪伤心脏和血管。剪刀再沿胸骨下缘右侧剪开肌肉，随后将胸骨下缘左侧肌肉剪开。此时可使心脏暴露于开口处。用眼科镊小心夹起心包膜，用眼科剪剪开，使心脏完全暴露。辨认心脏的静脉窦、心房、心室，并观察心脏收缩顺序。

2. **准备仪器**　将张力换能器和刺激电极连接在模数转换器上并打开与其连接的生理记录系统。用蛙心夹夹住少许心尖部的肌肉，用细线将其连接到张力换能器上（图 60-1）。调节适当的系线拉力，维持足够的张力又不影响心脏的收缩活动（可以通过记录的收缩曲线中看出）。将刺激电极置于心室壁外侧，紧密接触心室但不影响心搏。

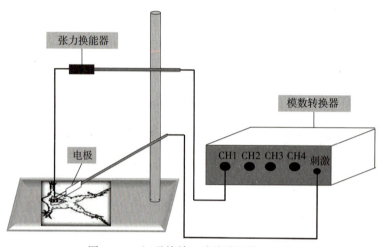

图 60-1　记录蟾蜍心脏收缩的装置示意

3. **记录正常心搏曲线**　测量 10 个心动周期，由平均值求得 1 个心动周期的平均时间，再计算出心脏跳动频率和心室的收缩期时间长短。

4. **观察反应**　在心室舒张期调试刺激强度，选择能引起心室发生期前收缩的刺激强度。确定刺激强度后，每隔 3～4 个正常心搏，在心室收缩期和舒张期的早、中、末期分别给予单个刺激。

五、 实验结果

刺激蟾蜍心室产生的期前收缩和代偿间歇参见图 60-2。

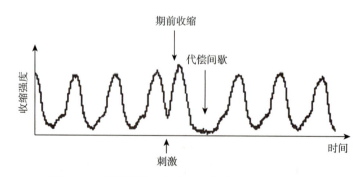

图 60-2　刺激蟾蜍心室产生的期前收缩与代偿间歇

六、注意事项

（1）要彻底双毁髓（脑髓和脊髓），以免神经中枢控制的动物活动，尤其是呼吸运动影响实验记录。

（2）一定要小心剪开心包膜，不要损伤心脏和大血管。心包膜必须剪开，否则将影响心动曲线的记录。

（3）每次刺激后，要等有3～4个正常心搏曲线（作为对照）产生，再给予下一个刺激。

（4）经常用吸管滴加任氏液于蟾蜍心脏，使其保持湿润。

七、思考题

1. 如何通过蟾蜍心室的缩短期来估计有效不应期的时间长短？

2. 观察在心室收缩期，舒张期的早、中、末期给予刺激，对心室收缩曲线及下次收缩产生的影响，并说明原因。

参考文献

艾洪斌，2014. 人体解剖生理学实验教程［M］. 3版. 北京：科学出版社.

（吴　敏　陈正豪）

植物种内、种间竞争现象的观察

一、实验目的

1. 了解植物的自然稀疏现象及竞争规律。

2. 通过两种植物的盆栽实验，观察和了解植物的种间竞争现象，理解种间竞争的基本原理，掌握种间竞争实验的基本技术。

二、实验原理

植物间相互关系的研究是种群生态学及植物群落学的重要任务之一，它有助于阐明许多生态学原则。竞争是指两个或两个以上的物种（也可以是种内多个个体）在所需的环境资源或能量不足的情况下，或因某种必需的环境受限制，或因空间不够而发生的相互作用，导致适合度下降。一般可以认为，每个个体的平均生物量小，意味着为了竞争而消耗的物质（或能量）就多，竞争就比较激烈，反之亦然。

种内关系主要表现在种群内个体之间的关系，在种群密度过大时，通过自疏作用，淘汰或削弱部分个体的生存能力，减少个体的数量，使种群的数量维持在一个合理的水平上（反馈调节）。种群数量的变化普遍遵循-3/2自疏法则［即自疏导致的密度（d）和个体质量（m）的关系为：$m=Cd^{-a}$，C 为常数；a 为恒定数值，等于 3/2，其双对数曲线斜率为-3/2］和最后产量恒值法则（即植物种群的最终产量与播种密度无关，在一定的密度范围内，其最后的产量是相等的）这两个基本法则。

种间关系主要表现在生活于同一生境中的物种间的相互作用（种间竞争、捕食作用、寄生、共生等），种间的竞争能力取决于种的生长习性和生态幅。而生长速率、个体大小、抗逆性、叶和根系的数目以及植物的生长习性等，也会影响竞争能力。

三、材料和仪器

1. **材料**　一般选用生长周期比较短的草本植物的种子进行培养，常用豌豆、大豆、油菜、小麦等。但应注意的是，在种间竞争实验中，所选择的两种植物，至少在幼苗阶段形态上差异较大，以便识别和区分。常使用豌豆-油菜、大豆-油菜、大豆-小麦、油菜-小麦等配对进行实验。土壤和腐熟厩肥。

2. **仪器和用具**　直径 10～20cm 的花盆、标签、铅笔、剪刀、纸袋、烘箱、天平等。

四、实验方法与步骤

1. **实验材料的遴选和培养盆的准备**　野外采集或大田中采集或市场上购买的种子往往参差不齐，需要在实验前仔细遴选。一般应选择籽粒饱满、完整、大小均匀、发芽率高的种子。将泥土与有机肥充分拌匀（为了便于日后收获植物，建议用沙土培养），并装入花盆，花盆中土面低于盆口约 2cm。在每个花盆上贴上标签，注明培养方式、重复号和播种日期。

2. **种内竞争实验**　主要依据最后产量恒值法则和－3/2 自疏法则开展实验。在不同的培养盆中，设计不同的播种密度，一般分高、中、低密度。根据所选用培养盆直径的大小确定播种植物种子的数量。以直径为 10cm 的培养盆为例，高密度可考虑播 30 粒左右的种子（最后根据发芽状况，可删除部分出芽个体，保留 20 个个体）；中密度可考虑播 18～20 粒种子（最后根据发芽状况，可删除部分出芽个体，保留 10 个个体）；低密度可考虑播 10～15 粒种子（最后根据发芽状况，可删除部分出芽个体，保留 5 个个体）。每个密度至少应有 3 个重复（共 9 盆），置于常温下（或温室中）培养，定期浇水并适当交换位置。培养时间长短应根据当地的气温状况而定，日平均气温在 15℃ 以上，一般培养 20d 左右即可收获；若日平均气温在 15℃ 以下，一般培养 30d 以上视生长情况收获。

3. **种间竞争实验**　在确定好物种配对后，一般以中密度方式播种种子数量（指最后保留的幼苗总数）；且最好两个物种保留的个体数相同，便于与种内竞争比较。可设计 3 种竞争状态：①地下部分竞争（图 61-1，a）；②地上部分竞争（图 61-1，b）；③全方位竞争（图 61-1，c）。每种状态至少应有 3 个重复（共 9 盆），置于常温下（或温室中）培养。培养时间与种内竞争相同。需每天观察、记录每种植物的生长状况，统计幼苗的成活情况。

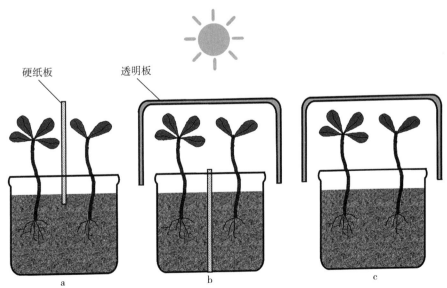

硬纸板　　透明板

a　　　　　　　b　　　　　　　c

图 61-1　植物种间竞争设计示意

a. 地下竞争，地上不竞争　b. 地上竞争，地下不竞争　c. 地上地下都竞争

4. 竞争结果判定及分析　在不损伤植物的前提下，仔细将每个培养盆中的植株个体完整收获，洗去表面泥土，记录每个植株的株高、根长，在烘箱中烘干，称量其干重。计算每盆中所有个体相关参数的平均值，分别记录在表 61-1 和表 61-2 中。以株高、根长、平均干重为指标，进行竞争结果的比较。

表 61-1　植物种内竞争生长状况观测记录

观测时间：　　　　　　　　　　　　　　　观测人：

	编号	平均株高（cm）	平均根长（cm）	平均干重（g）
高密度	1			
	2			
	3			
	平均			
中密度	1			
	2			
	3			
	平均			
低密度	1			
	2			
	3			
	平均			

表 61-2　植物种间竞争生长状况观测记录

观测时间：　　　　　　　　　　　　　　　观测人：

编号		地上部分竞争				地下部分竞争				全方位竞争		
		1	2	3	平均	1	2	3	平均	1	2	3	平均
种 1	平均株高（cm）												
	平均根长（cm）												
	平均干重（g）												
种 2	平均株高（cm）												
	平均根长（cm）												
	平均干重（g）												

五、实验结果

1. **种内竞争**　比较不同密度下收获时植物的平均株高、根长及干重；计算不同密度下每个重复内所有植株的总干重，简单分析不同密度的平均总干重与密度的关系。

2. **种间竞争**　收获时分别测定两种植物的平均株高、根长和干重等形态学数据，并描述两种植物的形态特征（如叶片大小、茎的粗细等），分析两者竞争中的优势。

3. **讨论竞争机制**　利用所学的统计学知识分析结果，讨论竞争机制。

六、注意事项

（1）设计密度适当。因资源利用性竞争的强度与资源量成反比关系，资源一定的前提下，一定限度实验植株数越多，竞争效应越明显，因此播种密度应适当高于环境承载量。

（2）培养条件应保持一致。环境因子对实验的影响非常复杂，实验中应对实验植物的培养条件严加控制，尽可能地减小非设计因素干扰性效应，以利于实验结果的易读和可靠。实验时，尽可能保证各处理的光照、肥力、水分等实验条件均一。

（3）根据学校的具体实际情况，选用合适的实验材料。选用实验材料时，两种实验材料之间要容易区分。

（4）种子发芽后，在删除部分出芽个体时，建议不要将植株连根拔起，以免在拔苗过程中将泥土带出而伤害欲保留个体的根系，影响保留个体后期生长。建议用剪刀将欲删除个体从基部剪断。

（5）由于实验时间较长，可以让学生带回宿舍培养、观察和测量。

（6）种内竞争实验在收获时，可以将同密度培养的材料（同密度的三个培养盆中的植物）混在一起进行烘干、称量并计算其个体平均生物量。种间竞争实验在收获时，应将不同处理、不同物种分开烘干、称量并计算其个体平均生物量。

七、思考题

如何理解达尔文的"自然选择，适者生存，优胜劣汰"理论？

参考文献

李铭红，吕耀平，颉志刚，等，2010. 生态学实验［M］. 杭州：浙江大学出版社.

牛翠娟，2015. 基础生态学［M］. 北京：高等教育出版社.

（彭国全　杨冬梅）

水体生态系统初级生产量的测定

一、实验目的

1. 以黑白瓶测氧法为例，学习测定水体初级生产量的原理和操作方法。
2. 学习水体初级生产量的估算方法，为评价水体生产能力做准备。

二、实验原理

淡水对地球上的生命至关重要。人们饮水和粮食生产都离不开淡水，清洁的水对人类健康非常重要。对于生活在湖泊、池塘和河流周边的动植物而言，水质也非常重要。不幸的是，世界各地的淡水资源都正在或已经被工业和农业生产所产生的化学物质，以及日常生活中的废弃物和垃圾所污染。

湖泊和池塘中最常见的污染形式是水中营养物质（如氮和磷）含量的增加，这种现象被称为富营养化。营养物质为藻类提供食物，太多的营养物质会使水变得混浊，从而影响生长在水底的植物的生长，并可能导致水中的氧气含量较低，使动物也很难在那里生活。

水体初级生产量是评价水体富营养化水平的重要指标，一般用于测定水生生态系统生产者的初级生产量，即生态系统中生产者绿色植物光合作用固定的太阳能量，或制造的有机物量。黑白瓶测氧法是根据水中浮游植物和其他具有光合作用能力的水生生物，利用光能合成有机物，同时释放氧的生物化学原理，测定水体初级生产量的方法。将注满水样的白瓶和黑瓶悬挂在采水深度处，曝光一定时间后，黑瓶中的浮游植物由于得不到光照只能进行呼吸作用，因此黑瓶中的溶解氧量一般会减少；而白瓶完全曝光，瓶中的浮游植物可进行光合作用，因此白瓶中的溶解氧量一般会增加。假定光照条件下与黑暗条件下生物的呼吸强度相等，可根据黑瓶中与白瓶中溶解氧的变化，计算光合作用和呼吸作用的强度，并可间接计算有机物质的生成量。该方法所反映的指标是每平方米垂直水柱的日生产量。根据瓶中溶解氧的测定值，可计算得出产生的总氧量 $[mg/(L \cdot d)]$。

$$产生的总氧量＝白瓶溶解氧－黑瓶溶解氧$$

三、材料、试剂和仪器

1. **材料**　从池塘、湖泊的一定深度中采取含有自养生物的水样。

2. **试剂**　浓硫酸、硫酸锰溶液、0.01mol/L 硫代硫酸钠溶液、碱性碘化钾溶液、淀粉溶液。

3. **仪器和用具**　温度计、照度计、塞氏盘（透明度盘）、采水瓶、250mL 溶解氧瓶、便携式溶解氧分析仪、卷尺、绳子等。

四、实验方法与步骤

1. **取水样地选择和样地基本状况调查**　取水样地应选择水面面积适当的水域，一般以 2 000m² 为宜（面积太小，研究意义不大；面积太大，少数几个取水样点不能反映水域的整体状况）。然后就取水样地的基本状况（平均水深，不同深度水体的温度、透明度、pH 等）开展调查，做好记录。

2. **采水与挂瓶**

（1）挂瓶深度确定。根据所测得的水体平均深度，一般从水面到水底每隔 1～2m 挂一组瓶。为了测定光合作用指标，可在透明度的一半深度处挂 1 组瓶。例如透明度在 1.00m 左右，则应在 0.5m 处采水，并将瓶挂在相应的水深处。

（2）试剂瓶准备。每组取 4 个溶解氧瓶，包括黑瓶（DB 瓶）2 个，白瓶（LB 瓶）2 个。每组内各瓶应统一编号（组数、水深），并做特殊标记加以区分，以免混淆。

（3）采水。在某水深处用采水器采足够量的水，装满各试剂瓶甚至溢出一部分，以保证各瓶中溶解氧与采水瓶中溶解氧一致。

（4）挂瓶。做好上述处理后，将各组瓶挂在水域中 24h。

3. **溶解氧的固定与测定**

（1）溶解氧的固定。曝光结束，立即取出黑瓶和白瓶带回实验室，加入 1mL 硫酸锰溶液和 1mL 碱性碘化钾溶液，充分摇匀，静置 3min（产生棕色沉淀），之后加入 1mL 浓硫酸、盖紧瓶盖，颠倒混合，静置 5min，直至沉淀物完全溶解为止。

所涉及的化学反应：

①固定过程：在水中加入硫酸锰及碱性碘化钾溶液，生成氢氧化锰沉淀（极不稳定），迅速与水中溶解氧化合生成锰酸锰。

$$2MnSO_4 + 4NaOH = 2Mn(OH)_2 \downarrow + 2Na_2SO_4$$
$$2Mn(OH)_2 + O_2 = 2H_2MnO_3$$
$$H_2MnO_3 + Mn(OH)_2 = MnMnO_3 \downarrow （棕色沉淀） + 2H_2O$$

②酸化过程：加入浓硫酸，与棕色沉淀及加入的碘化钾发生反应而析出碘，溶解氧越多，析出的碘越多，溶液的颜色也就越深（盖紧瓶盖，颠倒混合，静置 5min，直至沉淀物完全溶解为止）。

$$2KI + H_2SO_4 = 2HI + K_2SO_4$$
$$MnMnO_3 + 2H_2SO_4 + 2HI = 2MnSO_4 + I_2 + 3H_2O$$

（2）溶解氧的测定。取上述样品 50mL 置于锥形瓶内，用 0.01mol/L 硫代硫酸钠溶液滴定，至变成淡黄色时，加入数滴淀粉溶液，继续滴定至蓝色刚褪去为止，记录硫代硫酸钠的用量（V）。

根据上述化学反应式推导可知，

$$O_2 \longrightarrow 2Mn(OH)_2 \longrightarrow 2MnMnO_3 \longrightarrow 2I_2 \longrightarrow 4Na_2S_2O_3$$

即 1mol O_2 对应 4mol $Na_2S_2O_3$。

$$溶解氧含量（mg/L）= \frac{C_{Na_2S_2O_3} \times V_{Na_2S_2O_3} \times 32 \times 1\,000}{4 \times V_水}$$

式中　$C_{Na_2S_2O_3}$——$Na_2S_2O_3$ 的物质的量浓度（0.01mol/L）；

$V_{Na_2S_2O_3}$——$Na_2S_2O_3$ 的体积（mL）；

$V_水$——水样的体积（50mL）。

据此，各瓶中溶解氧含量（mg/L）$=1.6V_{Na_2S_2O_3}$

然后，换算成有机物的量。按上述方法平行测定两次。

4. 初级生产量的计算和结果分析

每一层次水体的总初级生产量＝白瓶中有机物的量－黑瓶中有机物的量

五、 实验结果

（1）样地基本状况调查。水深____ m（米），透明度____ m（米）。

（2）不同水层总初级生产力计算（表62-1）。

表62-1　溶解氧滴定和初级生产力计算

深度	重复数	滴定体积（mL）		溶解氧（mg/L）		总生产量 [mg/(L·d)]	总生产量平均值
		白瓶	黑瓶	白瓶	黑瓶		
0.5m	1						
	2						
1.5m	1						
	2						

六、 注意事项

（1）测定工作最好在晴天进行。有条件的可逐月或逐季进行，如全年只测一两次，应在7～8月中旬进行。

（2）此方法常因忽略细菌对氧的消耗而低估了植物的初级生产量。

（3）如光合作用很强时，形成的过饱和氧很多，在瓶中产生大的氧气泡不能溶于水，因此，在固定溶解氧时，应将瓶略微倾斜，小心打开瓶塞，加入固定液，再盖上瓶盖充分摇动，使氧气充分固定下来。

（4）每个样瓶至少滴定2次，滴定用量误差不超过 0.05mL（0.01mol/L $Na_2S_2O_3$）。

七、 思考题

1. 如何根据黑白瓶测氧法测定池塘群落各深度日代谢的平均氧浓度的变化来确定生态系统平衡状态的好坏?

2. 根据黑白瓶测氧法测定的某水深处的生物初级生产力,如何判断该水层是否有自养生物存在? 其产氧量是否能维持本层水体生物呼吸耗氧所需?

参考文献

李铭红,吕耀平,颉志刚,等,2010. 生态学实验 [M]. 杭州:浙江大学出版社.

田卫生,孙淑伟,2007. 关于黑白瓶法的探究性试题分析 [J]. 生物学通报,42 (7):42-43.

(彭国全 杨冬梅)

实验六十三

校园栽培植物的传粉学观察

一、实验目的

1. 了解不同物种间如何建立种间有益关系。
2. 学习传粉生态学的研究方法，培养室外定位观察的能力和协作精神。

二、实验原理

经过自然界漫长的进化过程，许多开花植物与媒介生物之间形成了互利的协作关系（通常是原始协作关系）。媒介生物在采食开花植物的花粉、花蜜或得到其他好处时，客观上也为植物起了传粉受精的作用。通常把这类将花粉从一朵花移到另一朵花（图 63 - 1），从而使植物能够产生种子和繁殖的动物称为传粉者。

图 63 - 1　昆虫传粉示意

传粉者以多种形式（包括鸟类、蝙蝠和蜥蜴）出现在世界各地，但大部分是昆虫，包括蜜蜂、蝴蝶、苍蝇和甲虫等。在英国大约 80% 的植物都是依靠昆虫传粉。这个过程形成了各种各样的植物，为野生动物提供饲料，并为人类提供大部分的食物。

开花植物与媒介生物长期形成的互利关系，一方面，使得植物在形态结构上适应媒介生物的身体特征和行为方式；另一方面，媒介生物觅食方式也与植物的开花周期和花部特征相适应，它们之间形成了特殊的协同进化关系。

三、材料和仪器

1. **材料**　可对学校校园内栽培的常见的以动物为媒介的开花植物进行观察，如玉兰（*Yulania denudata*）、樱桃李（*Prunus cerasifera*）、木芙蓉（*Hibiscus mutabilis*）、杜鹃（*Rhododendron simsii*）、虞美人（*Papaver rhoeas*）、矮牵牛（*Petunia×atkinsiana*）、一串红（*Salvia splendens*）等。

2. **仪器和用具**　相机、放大镜、记录本等。

四、实验方法与步骤

1. **调查校园内开花植物的基本情况**　应先了解植物在不同季节的开花状况，以便选择适宜的植物种类进行观察。如果本实验安排在早中春季（3～4月）进行，可选择玉兰、樱桃李、紫玉兰（*Yulania liliiflora*）、杜鹃、郁金香（*Tulipa×gesneriana*）、山樱花（*Prunus serrulata*）、白兰（*Michelia×alba*）、迎春花（*Jasminum nudiflorum*）、海棠花（*Malus spectabilis*）、棣棠（*Kerria japonica*）等植物；如果安排在秋季，可选择桂花（*Osmanthus fragrans*）、木芙蓉、虞美人、矮牵牛、凌霄（*Campsis grandiflora*）、一串红、海桐（*Pittosporum tobira*）等植物；如果安排在冬季，可选择蜡梅（*Chimonanthus praecox*）等植物。

2. **观察、记录植物的开花动态**　一旦选定了所要观察的植物，就要对该植物的开花动态进行观察，主要观察内容有：①花序状态（单生花还是花序？若是花序，则是什么花序?）、花的着生状况（顶生或腋生）、花的形状等；②花的形态和结构特征，如花冠直径、花瓣长度、花丝长度、花丝着生方式、柱头形态、花药与柱头是否同时成熟等。

3. **观察开花植物与媒介生物之间的传粉协同关系**　观察花的内部形态和结构与媒介生物的身体特征是如何相匹配的，如花的大小与媒介生物身体大小的匹配状况，花丝的长短、着生位置、给出花药的方式与媒介生物的活动方式、进出花途径的匹配状况，花吸引媒介生物的手段（花色、香气、花粉、花蜜、油脂，或其他），柱头展开的面积及黏着度等。

4. **观察、记录媒介生物的访花高峰期**　对新开的花进行跟踪观察（同一实验小组的同学可轮流进行），记录开花当天访花者（媒介生物）光顾的次数、密集光顾的时段；开花次日或以后几日访花者光顾的次数等。

5. **观察媒介生物的种类及携粉部位**　同一朵花可能会有不同的访花者光顾，应仔细观察记录访花者的种类和次数，常见的有膜翅目、鳞翅目、双翅目的昆虫及鸟类（在世界其他地区还有兽类、爬行类），如蜜蜂、黄蜂、胡蜂、姬蜂、马蜂、木蜂、菜粉蝶、眼蝶、蝇类、蛾类等。还应观察这些媒介生物携带花粉的部位及携带的花粉量。媒介生物携带花粉部位不同，其携带的花粉量差异较大，直接影响到传粉的成效。

6. **记录上述观察结果并分析得出结论**　综合观察记录上述传粉学特征，可以对植物通过媒介生物进行花粉传播的过程有比较清楚的认识，从中了解植物是如何适应媒介生物的形态特征和活动规律并依靠它进行传粉的，媒介生物又是如何适应花的形态、结构特征进行生活的，它们之间形成了怎样的种间有益关系。

五、 实验结果

将观察到的访花昆虫的种类、访花时间、数量、滞留时间等记录在记录表中（可参考表 63-1）。

表 63-1　昆虫传粉观察记录

传粉昆虫	昆虫 1h 内出现次数	平均滞留时间	观察时间	开花时间（开花当天/次日/后几天）
蜂类	4	≤1min	9:00~10:00	开花当天
蝇类	2	>1min		
蜂类	5	≤1min	10:00~11:00	开花当天
蝇类	3	>1min		
……	……	……	……	……

据此，判断媒介生物的种类及访花高峰期（表 63-2）。

表 63-2　昆虫传粉观察结果统计

传粉昆虫	昆虫 1h 内出现次数	平均滞留时间	访花高峰期	开花时间（开花当天/次日/后几天）
蜂类	21	≤1min	12:00 左右	开花当天
蝇类	8	>1min	10:00 左右	

六、 注意事项

（1）在选择所观察的植物时，应重点选择花色艳丽、具有芬芳香气、花粉量较大、花期较长的单花或一个花序中的小花依次开放的植物，不应选择风媒花。

（2）为了便于观察，所选植物以灌木、草本或小乔木为主。

七、 思考题

1. 访花昆虫的个体大小与在一朵花上停留时间的长短及访花数量之间的关系是什么？其主要原因是什么？

2. 人类活动对传粉者造成什么影响？进而造成哪些灾难性的后果？

参考文献

李铭红，吕耀平，颉志刚，等，2010. 生态学实验［M］. 杭州：浙江大学出版社.

（彭国全　杨冬梅）

实验六十四

种群密度的调查与估算
——标记重捕法

一、 实验目的

1. 了解标记重捕法的基本原理，初步掌握这项技术，估算种群数量。

2. 学会在野外自然环境中进行实验及通过实地测量收集所需要的数据，培养解决实际问题的能力。

二、 实验原理

种群密度是指单位空间内某种群的个体数量，是生物种群最基本的数量特征。在多数情况下，对种群内个体逐一进行计数是不可能或没有必要的，常常只对种群中的一小部分进行计数，用来估算整个种群的密度。常用的种群调查方法可分为 3 种：样方法、标记重捕法和去除取样法。标记重捕法是估算动物种群密度的常用方法，在野生动物保护，农林业害虫、害兽的监控与防治，渔业资源的评估、利用与保护上有重要应用。

标记重捕法是指在一个比较明确的区域内，捕捉一定量的生物个体进行标记，然后放回原地，经过一个适当时期（标记个体与未标记个体重新充分混合均匀后），再进行捕捉，根据重捕样本中标记者的比例，估计该区域内的某种群的总数。其原理是标记动物在第二次抽样样品中所占的比例与所有标记动物在整个种群中所占的比例相同，即：

$$\frac{N}{M} = \frac{n}{m}$$

式中　N——样地上总个体数；

　　　M——标记个体数；

　　　n——重捕个体数；

　　　m——重捕样中标记个体数。

种群总数的 95% 置信区间为 $N \pm 2SE$，SE 为标准误差，计算公式为：

$$SE = N\sqrt{\frac{(N-M)(N-n)}{Mn(N-1)}}$$

根据种群数量的计算公式可以看出，标记重捕法成功的关键是保证总数中标记个体的比例与重捕取样中标记个体的比例相同，任何影响该比例的因素都会影响到实验的结果。因此，应用该方法时应做如下假设：

①种群是封闭的，在整个实验过程中，即从捕获—标记—再捕获这个过程中，种群的数量 N 是不能变化的（不发生出生、死亡、迁入和迁出）。

②标记的个体可以随机在种群内扩散，取样时所有动物以相同的概率被捕获。

③所做的标记对动物被捕食者捕获的概率没有影响。

④两次取样期间，所做的标记不会消失或脱落。

三、材料、试剂和仪器

1. **材料**　一般以昆虫为研究对象，常见的如蝗虫、蚱蜢、螳螂、菜粉蝶等。本实验以蝗虫为例。

2. **试剂**　指甲油或其他用丙酮或乙醇溶解的易干有色漆。

3. **仪器和用具**　捕虫网、绳子、铁钉、卷尺、笔、记录本等。

四、实验方法与步骤

1. **选择样地及调查样地概况**　一般选取地势开阔、平坦，蝗虫活跃的废弃农田、杂草丛作为调查地点。应记录样地面积、类型、周边环境状况是否存在干扰因素等。

2. **划定调查地段，确定样方**　根据调查对象划定调查地段的大小。调查地段应大小适中，面积过大费时费力，面积过小则失去调查意义。确定样方的一般原则：随机取样；样本数量足够大；取样过程没有主观偏见等。

3. **分工合作，进行调查**　调查时应 2~4 人为 1 组，其中 1 人专门负责记录，其他人负责取样和标记，这样的合作使调查速率较快。

4. **标记重捕**　一周后进行重捕，记录重捕中标记个体数与未标记个体数。用 Lincoln 指数法估算该样地蝗虫种群数量的大小。

5. **讨论**　讨论该方法估算蝗虫种群密度的优缺点，以及实验中可能对结果产生影响的因素。

五、实验结果

（1）用标记重捕法估算种群数量的大小。

（2）讨论标记重捕法估算动物种群数量的优缺点，以及实验中可能对结果产生影响的因素。

六、注意事项

（1）选择的区域必须随机，不能有太多的主观选择，但要注意避免选择有陡坡、深水塘、毒虫等安全隐患的地点作为样地。

（2）蝗虫的标记不能影响它的正常生活，且不能影响其第二次捕捉，如太鲜艳的标记使其更容易被捕食者发现，这样的标记是不行的。

（3）选择所调查对象比较活跃的季节开展本实验。

（4）标记个体与自然个体混合所需时间需要正确估计。

（5）重捕的空间与方法必须同上次一样。

七、思考题

动物种群密度调查时，什么时候使用标记重捕法，什么时候使用样方法？

参考文献

李铭红，吕耀平，颉志刚，等，2010. 生态学实验［M］. 杭州：浙江大学出版社.

许海云，单信洪，2009. 种群密度调查——标志重捕法的模拟实验［J］. 生物学通报，44（6）：54.

（彭国全　杨冬梅）

实验六十五

校园内植物群落物种多样性的调查

一、实验目的

1. 掌握植物群落的调查方法和不同植物种的数量特征的测定方法，加深对植物群落基本特征的理解。

2. 掌握植物群落的物种多样性指数的计算方法及其生态学意义。

二、实验原理

生物多样性是指生物的多样化、遗传变异以及物种生境的生态复杂性。生物多样性可以分为遗传多样性、物种多样性和生态系统多样性3个层次。其中，物种多样性可以反映出植物群落的复杂程度。物种组成是决定群落性质最重要的因素，也是鉴别不同群落类型的最基本特征。物种多样性包含两层含义：一是指一个群落（或生境）中物种数量的多寡，即丰富度；二是指一个群落（或生境）中全部物种个体数目的分配状况，即均匀度。在讨论物种多样性时必须同时考虑丰富度和均匀度，因为丰富度相同的群落由于其均匀度不同可以导致该群落物种多样性指数的差异。

群落的物种组成（生物物种名录）调查可在一定面积的样方中进行，因此，样地的设置要有代表性，面积要合理。一般来说，构成群落的物种具有一定的数量特征，如密度、频度、盖度、高度、胸径、优势度、重要值等。

三、仪器和用具

手持式 GPS 接收机、便携式温湿度计、光量子计、标准样绳或皮尺（50m）、卷尺（2m）、枝剪、记录本、样品袋等。

四、实验方法与步骤

1. **样地的选择** 本实验在校园内进行。在踏查的基础上，根据校园的实际情况，选择不同类型的植物群落，如人工树林或半自然人工树林、灌丛、杂草群落等。其中，校园内人工树林或半自然人工树林易于选取，群落结构相对简单，不进行分层调查。本实验以校园内人工或半自然人工树林为研究对象。选取几个典型的人工林群落，按样方法设置 4 个 10m× 10m 的样方。

2. 环境数据的获取 记录、测定每个样方中的生态因子数据，包括地理数据的采集、生境描述和一般生态因子的测定。

（1）生境描述。用手持式 GPS 接收机测定每个样方的经纬度和海拔高度，同时判断土壤类型及枯枝落叶层、群落内人为干扰等情况，填入表 65 - 1 中。

表 65 - 1　植物群落样地基本情况调查

调查者：		样方号：		日期：
植物群落类型：		样地面积：		
地理位置：	经度	纬度	海拔	
土壤情况：				
人为活动情况：				

（2）主要生态因子的测定。在群落内随机选取 3 个点，测定每点距地面 1.5m 高处的大气温度、大气湿度、光照度，记录每次测定的数值，求出平均值，填入表 65 - 2 中。

表 65 - 2　主要环境数据

样方号	重复数	大气温度（℃）	大气湿度（%）	光照度 $[\mu mol/(m^2 \cdot s)]$
1	1			
	2			
	3			
	平均值			
2	……	……		
……	……	……		

（3）群落植物种类组成及特征的调查。调查样方内的植物种类组成。将样方内所有乔木和灌木进行科、属、种分类，编制一份群落的生物种类名单，统计样方内各物种的个体数（即密度）、胸径、盖度（即冠幅）、高度等。将上述数据记录在表 65 - 3 中。

表 65 - 3　群落种类组成及数量特征

样方号	种名	个体数（个）	高度（m）	胸径（乔木离地 1.3m 高、灌木离地 5cm）(cm)	盖度（m）
1	1	1			
		2			
		……			
	2	……			
	……	……			
2	……	……		……	
……	……	……		……	

将密度（即单位面积上某一物种的个体数）、盖度（即某一物种地上部分投影面积的总和）和频度（即某一物种在全部样方中出现的样方数）转换成相对密度、相对盖度和相对频度。计算公式如下：

$$相对密度=\frac{样方内某一物种个体数}{样方内全部物种个体数之和}\times100\%$$

$$相对盖度=\frac{样方内某一物种的盖度}{样方内全部物种的盖度之和}\times100\%$$

$$相对频度=\frac{样方内某一物种的频度}{样方内全部物种的频度之和}\times100\%$$

计算出相对密度、相对盖度、相对频度等指标后，记录于表 65-4 中，并计算各物种的重要值。重要值可以描述各个物种在群落中的地位和作用。本实验由下式计算各物种的重要值：

$$重要值=\frac{相对密度+相对盖度+相对频度}{3}$$

表 65-4　群落种类组成及数量特征

种名	相对密度（%）	相对盖度（%）	相对频度（%）	重要值（%）
1				
2				
……				

（4）多样性指数计算。α 多样性指数的计算公式很多（马克平，1994），本实验采用以下几种公式计算。

①辛普森多样性指数。其计算公式为：

$$D=1-\sum_{i=1}^{S}P_i^2=1-\sum_{i=1}^{S}(N_i/N)^2$$

式中　N_i——物种 i 的个体数；

　　　N——群落中全部物种的个体数；

　　　S——物种数。

②香农-威纳指数。

$$H=-\sum_{i=1}^{S}P_i\log_2 P_i$$

式中　P_i——某一个体属于第 i 类物种的概率；

　　　S——物种数。

③Pielou 均匀度指数。其计算公式为：

$$E=H'/\log_x S$$

式中　H'——理论最大多样性指数；

　　　S——物种数；

　　　x——根据具体需要可取 10、e 等。

分别计算上述 3 种多样性指数，填入表 65-5。

表 65-5　样方中物种均匀度和多样性指数

样方号	辛普森多样性指数	香农-威纳指数	Pielou 均匀度指数
1			
2			
3			
……			

五、实验结果

要求选择一块典型样地，并鉴定其上植物的种类组成，测定优势种的多度、密度、盖度和频度，计算不同物种的重要值以及群落内的 α 多样性指数，撰写实验报告。

六、注意事项

（1）使用 GPS 接收机时，应避开建筑、密林、人群等障碍物，以免影响卫星信号的接收。

（2）用样绳（或皮尺、卷尺）确定样方时，需将样方边框拉直，边框与边框相互垂直，呈现为完整的正方形。

（3）幼苗要计入个体数，不用测量基径或胸径。

（4）灌木选中间的基盖度（距离地面 5cm）作为目标。

七、思考题

如何理解群落物种多样性与群落稳定性的关系？

参考文献

李铭红，吕耀平，颉志刚，等，2010. 生态学实验 [M]. 杭州：浙江大学出版社 .

（彭国全　杨冬梅）

土壤温度的测定及土栖
生物多样性的调查

一、 实验目的

1. 掌握土壤温度的测定方法和土壤动物标本的采集技术。
2. 掌握土壤动物物种多样性的测定方法及其生态学意义。

二、 实验原理

  土壤动物是指生活史全过程或某一发育阶段在土壤中度过，生活上依赖土壤环境，对土壤的形成、发育、肥力等有一定影响的动物。按在土壤中栖息层次的不同，土壤动物一般分为 3 种类型：真土层动物（生活于较深层的矿质土壤中的动物，常具有挖掘、钻孔的功能）、半土层动物（栖息于土壤上层、枯枝落叶层和腐叶层，典型的如螨类和跳虫等）和地表土层动物（生活在地表或枯枝落叶层的类群，如葬甲和徘徊蜘蛛等）。

  土壤动物涉及的门类非常广泛，常可包括七八个动物门、数十个纲，由于各类土壤动物体型大小悬殊，微生境和活动方式也各有差异，因而采集调查方法也有所不同。土壤动物的主要采集方法：在一定面积的样方或样圆中，定量采集一定深度的土壤样品，然后根据不同土壤动物的特征采用不同的方法分离。

  土壤动物属于变温动物，因而对环境的依赖性较大，对土壤温度的改变只能被动地适应。与大气温度相比，土壤温度的变化比较缓慢。在一定的温度范围内，土壤动物的数量与土壤温度呈负相关，且抗高温的能力要远低于耐低温的能力。

  大多数土壤动物具有表聚性。一般来说，土壤动物垂直分布的规律是随着土壤深度的增加土壤动物的类群和数量逐渐减少，但不同季节、不同生境有很大变化。因此，土壤动物主要在地表（0～5cm）和地浅中层（5～20cm）进行采集，特殊情况下可在较深层（40～320cm）采集。

  物种多样性是群落生物组成结构的重要指标，既可以反映群落组织化水平，又可以通过结构与功能的关系间接反映群落功能的特征。迄今为止，物种多样性指数大致可以分为三类：α 多样性指数、β 多样性指数、γ 多样性指数。本实验将采用被广泛接受的 α 多样性指数来指导土壤动物多样性的测定和分析土壤动物多样性。

三、材料、试剂和仪器

1. **材料**　草地、林下、农田等生境中的土壤。
2. **试剂**　75％乙醇溶液。
3. **仪器和用具**　铁锹、塑料袋、白瓷盘、尺子、直角温度计、解剖针、吸虫管、大小镊子、解剖镜、干（湿）漏斗、笔、记录本、标签纸等。

四、实验方法与步骤

1. **样地选择**　在校园内（或野外）的草地、林下、农田等生境中，选择坡度不大、石块较少、土层较厚、疏松的地点作为实验样地。在样地内随机确定 50cm×50cm 的取样点 3 个。详细记录每个样地的地理位置、植被和环境特征、土壤类型等。
2. **土壤剖面的挖掘**　用铁锹将土壤挖出一个剖面，如图 66-1。
3. **土壤温度的测定**　土壤剖面按每隔 5cm 用直角温度计（图 66-2）测量一个温度，共测 8 个点。

图 66-1　土壤剖面示意

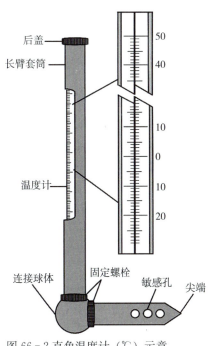

图 66-2 直角温度计（℃）示意

4. **取样层次**　按 0～5cm、5～10cm 及 10～15cm 这 3 个土壤剖面层次取土壤样品（也可根据具体情况只采集表层 0～5cm 中的土壤）。
5. **土壤动物的采集**　大型土壤动物可直接用手捡法采集。用小铲子将样方内的枯枝落叶和表层 0～5cm 土壤挖出，放置于塑料布上，分批量放置在白瓷盘中，将肉眼可见的动物用镊子或吸虫管拣出，装入玻璃瓶中，贴上标签，用 75％乙醇溶液保存（蚯蚓等洗净后放

225

入）。中小型土壤动物的采集和鉴别，应将土壤样品带回实验室进行。广玉兰根部的部分土壤动物见图 66 - 3。

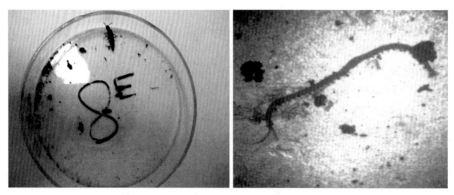

图 66 - 3　广玉兰根部的部分土壤动物

　　6. 土壤动物的实验室分离、鉴别　一般的中小型土壤动物（如螨类、跳虫、小型蜘蛛等）常采用 Tullgren 干漏斗法分离。小型湿生土壤动物（如线虫、线蚓、蛭类和桡足类等）常用 Baermann 湿漏斗法分离。土壤动物数量巨大，种类众多，根据动物体的形态特征分类到纲、目、科及属，就可以满足土壤动物生态学分析的需要，大致的分类可参考图 66 - 4。

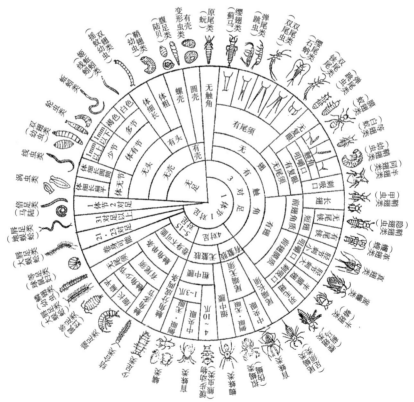

图 66 - 4　土壤动物常见种类检索

（引自尹文英，1992）

7. **实验记录**　详细记录每一样地、样方的土壤温度随土层深度的变化；记录样方中土壤动物的种类和数量（表66-1）。

表66-1　土壤动物调查记录

样方编号：　　　　　　植被和环境特征：　　　　　　土壤类型：
采集时间：　　　　　　采集天气：　　　　　　实验小组及采集人员：

数量/目　＼　土层深度	0~5cm	5~10cm	10~15cm

五、实验结果

实验结果计算：将实验数据代入实验六十五中的3种多样性指数计算公式中求值（表66-2）。

表66-2　土壤动物物种多样性指数

动物类群	土层深度	香农-威纳指数（H）	辛普森多样性指数（D）	Pielou均匀度指数（E）
	0~5cm			
	5~10cm			
	10~15cm			
	0~5cm			
	5~10cm			
	10~15cm			
……	……			

实验结果分析：
①分析土壤温度随着土层深度变化的规律。
②比较不同生境间、不同土壤剖面层中土壤动物物种多样性的差异，分析其原因。
③根据实际采集到的标本，参考相关书籍，做土壤动物的检索表。

六、注意事项

（1）做土壤剖面及用手捡取动物时，注意人身安全。
（2）样地通常具备如下条件：坡度不大，石头较少，人类活动干扰少，不在生境边缘，避开坑洼、蚁巢、树根及倒木等（如果是专题研究或微生境间的比较研究则另当别论）。不要在预备设置样方内走动或踩踏。

（3）采集的土样不宜久放，应尽快处理。

（4）分类检索土壤动物标本时，必须始终保持标本处于乙醇中，并注意小心操作，否则易毁坏标本。

（5）温度计插入土壤的深度只需淹没温度敏感孔即可。直角温度计由于刚插入土壤时，温度计金属尖端表面与土壤发生摩擦而导致温度升高，所以插入土壤后应稍等 $1\sim2min$ 再读数。

七、 思考题

土壤动物在自然界物质循环和土壤形成中的作用是什么？

参考文献

李铭红，吕耀平，颉志刚，等，2010. 生态学实验 [M]. 杭州：浙江大学出版社.

尹文英，1992. 中国亚热带土壤动物 [M]. 北京：科学出版社.

（彭国全　杨冬梅）

生态瓶的制作与观察

一、 实验目的

1. 掌握由水、陆两个子系统构成的微型生态瓶的制作原理和方法。
2. 学会生态瓶内各种生物关系的选择和构建的技术。
3. 了解影响生态系统稳定性的各种生态因子的作用。

二、 实验原理

生态系统是在一定的空间和时间范围内，在各种生物之间以及生物群落与其无机环境之间，通过能量流动和物质循环而相互作用的一个统一整体。经过长期的自然演化，每个区域的生物和环境之间、生物与生物之间，都形成了一种相对稳定的结构，具有一定的自动调节能力。

从营养结构上讲，生态系统由四大部分组成：①非生物环境，包括参加物质循环的无机元素和化合物，联结生物和非生物成分的有机物，以及气候或其他物理条件；②生产者，能利用简单的无机物制造食物的自养型生物；③消费者，不能利用无机物制造有机物，而是直接或间接依赖生产者所制造的有机物，属于异养型生物；④分解者，也属于异养型生物，其作用是将生物体中的复杂有机物分解为生产者能重新利用的简单化合物，并释放出能量。

自然生态系统几乎都属于开放式生态系统，只有人工建立的完全封闭的生态系统才属于封闭式系统，不与外界进行物质的交换，但允许阳光的透入和热能的散失。本实验所建立的微型生态系统——生态瓶，即属于封闭系统。一个生态系统能否在一定的时间内保持自身结构功能的相对稳定，是衡量这个生态系统稳定性的一个重要方面。生态系统的稳定性与它的物种组成、营养结构和非生物因素等都有着密切的关系。如果将少量的植物、以这些植物为食物的动物、适量的以腐烂有机质为食物的生物（微小动物和微生物）以及其他非生物物质一起放入一个广口瓶中，密封后便形成一个人工模拟的微型生态系统。通过设计并制作生态瓶，观察其中动植物的生存状况和存活时间，初步学会观察生态系统的稳定性，并且进一步理解影响生态系统稳定性的各种因子之间的关系。

三、 材料、试剂和仪器

1. 材料

①基质材料：陆生和水生土壤（或沙基）、无污染的自然水（河水、井水、晾晒后的自来水）。

②生物物种：水生植物（如金鱼藻、眼子菜、满江红、浮萍等）、小型水生动物（如蝌蚪、小鱼、水蚯蚓、水蚤、螺蛳等）、植物幼苗。

2. 试剂　醋酸、凡士林。

3. 仪器和用具　塑料水瓶（可乐瓶、矿泉水瓶等）若干、棉线、剪刀、标签纸等。

四、 实验方法与步骤

1. 实验材料的准备　金鱼藻、蝌蚪、小鱼、水蚤等要鲜活，生命力强；淤泥要无污染，不能用一般的土来代替；河水清洁，无污染；自来水需要提前3d晾晒；水生植物要生长旺盛。

2. 水、陆两个子系统耦联而成的生态瓶的制作　生态瓶的制作流程如图67-1所示。

（1）准备两只无色透明的塑料瓶（注意要先把瓶子清洗一下），用剪刀在瓶子2/3处剪成上、下两部分；瓶盖钻孔，穿棉线，并与上半部分瓶口拧紧。

（2）在下半部分开口瓶中放入少量淤泥，平铺在瓶底，厚度1~2cm。

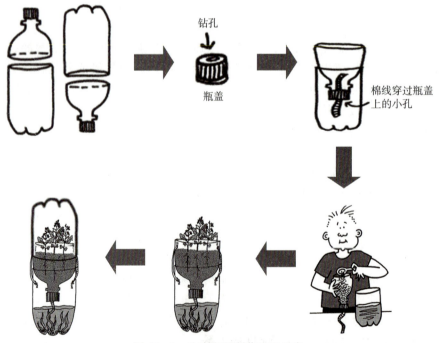

图 67-1　生态瓶的制作流程示意

（3）在水生植物材料取样地取一定量水，加入开口瓶中，液面高度视上半部分瓶体插入开口瓶中时的瓶盖位置而定（瓶盖与液面间隙1~2cm）。

（4）在开口瓶中加入已准备好的水生植物（可用长镊子将植物的茎或根插入淤泥中）和水生动物。

（5）将漏斗状的上半部分瓶子倒立，加入适量的林下腐殖土，注意将露出的棉线呈螺旋状铺在土中。

（6）取1~2株木本植物幼苗栽植在瓶中，将上半部分瓶体倒插入下半部分开口瓶中，注意瓶盖下部的棉线要伸入水中，瓶盖不与下部液面接触。

（7）将另一个瓶子的下半部分倒扣在漏斗状瓶体的上部，在瓶体连接处用凡士林密封，形成两个密闭的水、陆子系统，上下两个水、陆子系统之间由棉线连接，生态瓶制作完成。

（8）将制成的生态瓶放在太阳光下。注意光线不能太强，以免瓶内温度太高，影响生物的存活。

3. 生态系统稳定性的观察　设计一份观察记录表，每天定时观察瓶内情况，认真记录每一变化，内容包括植物、动物的生活情况，水质变化（由颜色变化进行判别），基质变化。如果发现生态瓶中的生物已经全部死亡，说明此时该生态系统的稳定性已被破坏。这时应该将从开始观察到停止观察所经历的天数记录下来。

4. 模拟酸雨对生态系统的影响　两组生态瓶，一组为对照组，一组为模拟酸雨组。模拟酸雨组每间隔2d喷洒酸性水体（稀释的醋酸或加番茄汁、糖），观察并记录系统及其内部生物的变化。

五、 实验结果

实验结束后，统计所制作的生态瓶中生态系统的稳定时间；对比模拟酸雨组与对照组内生物的变化及系统稳定性的差异，并分析出现差异的原因。

六、 注意事项

（1）生态系统各部分间的比例要合适，生产者和消费者均不宜太多，以免破坏食物链。

（2）水生子系统瓶内的水量不能太少，要有足够的氧气缓冲库。

（3）生态瓶中的各种生物之间以及生物与无机环境之间，必须能够进行物质循环和能量流动。

（4）生态瓶必须是透明的，既让里面的植物见光，又便于进行观察。

（5）生态瓶制作完毕后，应该贴上标签，写上制作者的姓名与日期，然后将生态瓶放在有较强散射光的地方。要注意不能将生态瓶放在阳光能够直接照射到的地方，否则会导致水温过高而使生物死亡。另外，在整个实验过程中，不要随意移动生态瓶的位置。

（6）设计实验对照组。在一个班内，教师可以有意安排设计多种对照实验，由不同的学生来完成。如水质、植物数量、动物数量、基质内容、见光与否等项目，或者通过往陆生子系统中喷洒醋酸的方式模拟酸雨对生态系统的影响。在分析结果时，让学生通过分析比较找出较好的设计方案。

七、思考题

1. 运用生态学原理，分析生态瓶内变化的原因，指出哪些指标可以用来衡量生态系统的稳定性。

2. 通过观察分析可知生态系统的主要功能是什么？

3. 温度、光照、水分等生态因子对生态瓶的稳定性可能会产生什么影响？

参考文献

付荣恕，刘林德，2004. 生态学实验教程［M］. 北京：科学出版社 .

（彭国全　杨冬梅）

实验六十八

植物叶绿体色素的提取、分离、理化性质鉴定及含量测定

一、实验目的

1. 熟练掌握分光光度计的使用方法。
2. 掌握植物叶片叶绿体色素的提取、分离与含量的测定方法。

二、实验原理

1. **提取** 高等植物的叶绿体色素包括叶绿素（chlorophyll）和类胡萝卜素（carotenoid）。叶绿素包括叶绿素 a、叶绿素 b；类胡萝卜素包括胡萝卜素、叶黄素。这两类色素均不溶于水，而溶于有机溶剂，可用丙酮或乙醇等有机溶剂提取。

2. **分离** 采用萃取和皂化反应分离法。叶绿素是一种双羧酸酯，可与碱发生皂化反应，产生的叶绿酸盐和叶绿醇能溶于水，利用此方法可将叶绿素和类胡萝卜素分开。

3. **理化性质观察** 在弱酸作用下，叶绿素中镁离子可被氢离子取代而形成褐色的去镁叶绿素，后者遇铜加热后变成绿色的铜代叶绿素；叶绿素具有荧光，从与入射光垂直的方向观察叶绿素溶液呈血红色；叶绿素的化学性质不稳定，易受强光氧化，特别是当叶绿素与蛋白质分离后，破坏更快。

4. **叶绿素含量测定** 根据朗伯-比尔定律，最大吸收峰不同的两个组分的混合液，它们的浓度（C）与吸光度（OD）之间有如下关系：

$$OD_1 = C_a \cdot k_{a1} + C_b \cdot k_{b1}$$
$$OD_2 = C_a \cdot k_{a2} + C_b \cdot k_{b2}$$

式中　C_a——组分 a 的浓度（g/L）；

　　　C_b——组分 b 的浓度（g/L）；

　　　k——比吸收系数。

叶绿素提取液对可见光谱的吸收，可利用分光光度计在某一特定波长（663nm、645nm）下测定的吸光度表示，最后用公式计算出各色素的含量。

$$C_a = 12.72 OD_{663} - 2.69 OD_{645}$$
$$C_b = 22.88 OD_{645} - 4.68 OD_{663}$$
$$C_T = C_a + C_b = 20.19 OD_{645} + 8.04 OD_{663}$$

三、 材料、试剂和仪器

1. **材料**　新鲜的植物叶片。
2. **试剂**　丙酮、乙醚、30％氢氧化钾-甲醇溶液、醋酸铜、碳酸钙、石英砂、盐酸等。
3. **仪器和用具**　分光光度计、分析天平、研钵、大试管、漏斗、分液漏斗、毛细管、玻璃棒、移液管等。

四、 实验方法与步骤

1. 叶绿体色素的提取与分离

（1）提取。称取新鲜叶片1g，剪碎放入研钵中，加少量石英砂和碳酸钙粉，加3～5mL丙酮，研磨成浆，再加20mL丙酮，用漏斗过滤到试管或小烧杯中。滤液为色素提取液，放于暗处备用。

（2）叶绿素的荧光现象。分别观察上述试管在反射光和透射光一侧提取液的颜色，描述叶绿素产生的荧光颜色。

（3）光对叶绿素的破坏。取上述色素提取液各2mL分装于两支试管中，一支试管放在黑暗的烘箱中，另一支试管放在强光下，经2～3h后，观察两支试管中溶液的颜色。

（4）酸对叶绿素的破坏及铜代反应。取上述色素提取液2mL于试管中，加1滴浓盐酸，溶液出现黄褐色，此时叶绿素分子已被破坏，形成去镁叶绿素；然后加醋酸铜晶体少许，慢慢加热，则又产生鲜亮的绿色。说明颜色变化的原因。

（5）叶绿素与类胡萝卜素的分离。取上述色素提取液约10mL，加到盛有20mL乙醚的分液漏斗中，摇动并沿分液漏斗边缘加入30mL蒸馏水，轻轻摇动分液漏斗，静置片刻，溶液即分为两层。色素全部转入上层乙醚中，弃去下层丙酮和水，再用蒸馏水冲洗乙醚溶液1～2次。然后于色素乙醚溶液中加入5mL 30％氢氧化钾-甲醇溶液，用力摇动分液漏斗，静置约10min，再加蒸馏水约10mL，摇动后静置，则得到黄色素层和绿色素层。

2. 叶绿素含量的测定

（1）提取。称取新鲜叶片0.2g，剪碎，放入研钵中，加少量石英砂和碳酸钙粉，加3～5mL 80％丙酮，研磨成浆，再加10mL 80％丙酮继续研磨至组织变白。

（2）定容。将上述提取液过滤到25mL容量瓶中，反复用少量丙酮冲洗研钵、玻璃棒、残渣，过滤于容量瓶中，最后定容至25mL。

（3）测定。分别在663nm、645nm处测定吸光度OD。

（4）计算。代入公式计算叶绿素含量。

$$叶绿素含量（mg/g）＝\frac{叶绿素浓度×提取液体积×稀释倍数}{样品鲜重}$$

五、 注意事项

（1）提取到的叶绿体色素提取液先观察是否有血红色的荧光，如果无荧光或荧光很弱，则表明提取不够完全，残渣可以再加少许丙酮再研磨提取。

（2）由于植物叶片中含有水分，故先用纯丙酮进行提取，以使色素提取液中丙酮的最终浓度接近 80%。

（3）由于叶绿素 a 和叶绿素 b 的吸收峰很陡，仪器波长稍有偏差，就会使结果产生很大误差，因此最好使用波长比较准确的高级型分光光度计。

六、 思考题

1. 提取叶绿素时为什么要加少量碳酸钙粉，加多了会怎么样？

2. 铜代叶绿素有何实用意义？

3. 叶绿素 a 和叶绿素 b 在红光区和蓝光区都有最大吸收峰，能否用蓝光区的最大吸收峰进行叶绿素 a 和叶绿素 b 的定量测定？

（胡海涛）

植物源总花青苷含量的测定

一、实验目的

1. 了解植物花青苷的基本结构、理化性质、组成与生物学功能。
2. 掌握植物源花青苷的提取与含量测定方法。

二、实验原理

花青素（anthocyanidin）是一类具有黄酮类 $C_6H_3C_6$ 碳骨架的水溶性色素，现已发现约 27 个科 73 个属的植物中含有花青素，分布于根、茎、叶、花瓣、果皮、果汁、种皮等部位的液泡中。花青素具有较强的抗氧化能力，除在植物中具有防止光氧化和阻止光抑制、吸引授粉等作用外，还能清除人体内自由基、抗衰老、保护视力、降血脂、抗突变和防癌等。

自然界中花青素极不稳定，常与糖类（saccharide）通过形成糖苷键而以花青苷（anthocyanin）的形式稳定存在（图 69-1）。根据与花青素成苷的糖的种类、位置、数量，自然界中的花青苷有 550 多种，植物中常见的有天竺葵色素（pelargonidin）、矢车菊色素（cyanidin）、飞燕草色素（delphinidin）、芍药色素（peonidin）、牵牛花色素（petunidin）和锦葵色素（malvidin）等。

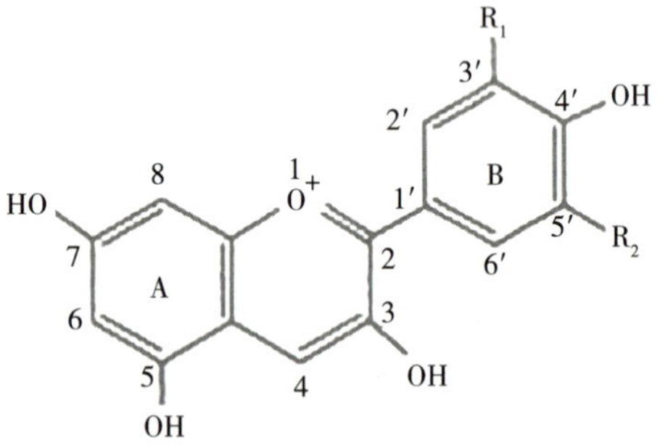

图 69-1 花青苷的基本结构

花青苷因种类不同，在不同溶液中的溶解度也有所差异，一般可溶于水、甲醇、乙醇溶液及其混合液，提取液呈现的颜色也随着羟基、甲氧基、糖结合的位置及数目的不同而变化（图 69-2）。当提取液的 pH 从酸性至碱性递增时，花青苷的颜色呈现红色、紫色至蓝色的变化。在低 pH 时，溶液呈现最强的红色；随着 pH 的增大，溶液逐渐褪至无色，最后在高 pH 时变为紫色或蓝色（图 69-3）。因此，可采用 pH 示差法对植物中的花青苷进行定量分析。

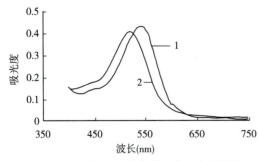

图 69-2　不同提取液的花青苷吸收光谱图
1. 60%乙醇　2. 柠檬酸-柠檬酸钠缓冲液（pH 3.0）
（引自宋德群等，2013）

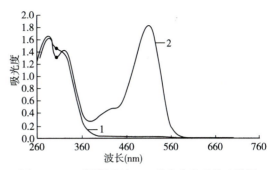

图 69-3　不同提取液 pH 的花青苷吸收光谱图
1. pH 4.5　2. pH 1.0
（引自 Giusti et al.，2001）

三、材料、试剂和仪器

1. **材料**　成熟蓝莓果实或葡萄果实、蔬菜、花等。
2. **试剂**　KCl、HCl、醋酸钠、无水乙醇。
3. **仪器和用具**　容量瓶、研钵、天平、试管、pH 计、水浴锅、量筒、烧杯、离心机、紫外可见分光光度计等。

四、实验方法与步骤

1. **缓冲液的配制**
（1）pH 1.0 缓冲液。将 0.2mol/L KCl 溶液、0.2mol/L HCl 溶液按体积比 25∶67 均匀混合，pH 计校正。
（2）pH 4.5 缓冲液。将 1.0mol/L 醋酸钠、1.0mol/L HCl 与 H_2O 按体积比 100∶60∶90 均匀混合，pH 计校正。
（3）60%乙醇溶液（pH 3.0）。60%乙醇溶液经 1.0mol/L HCl 调节至 pH 3.0。

2. **提取花青苷**
（1）取 1.0g 蓝莓果实或葡萄果实、蔬菜、花于研钵中，捣碎，转移至试管中。
（2）加入 6.8mL 60%乙醇溶液混合均匀。
（3）在 52.4℃的条件下避光浸提 150min。
（4）将提取液于 4 000r/min 离心 5min，取上清液备用。

3. **花青苷含量测定**
（1）取 1.0mL 样品提取液，分别用 pH 1.0 和 pH 4.5 的缓冲液稀释至 25mL。
（2）40℃下避光平衡 20min；达到平衡后，分别在 524nm 和 700nm 下测定其吸光度。

4. **样品中花青苷含量计算**　根据以下公式计算样品中花青苷含量（以矢车菊素葡萄糖苷为标准）。

$$C = \frac{OD \times M_w \times V \times n}{\varepsilon \times b \times V_0}$$

式中　C——样品花青苷含量（mg/g，以鲜重计）；

　　　OD——（OD_{524}－OD_{700}）（pH 1.0）－（OD_{524}－OD_{700}）（pH 4.5）；

　　　M_w——矢车菊素葡萄糖苷的摩尔质量（449.2g/mol）；

　　　V——提取液的总体积；

　　　n——样品总的稀释倍数；

　　　ε——矢车菊素葡萄糖苷的摩尔消光系数 [26 900L/(mol·cm)]；

　　　b——光程（1cm）；

　　　V_0——样品体积。

五、 注意事项

（1）在水浴锅中加热浸提时，不要将橡胶塞塞得过紧，以防液体喷出。

（2）样品提取及平衡时需避光。

六、 思考题

除 pH 示差法外，还可以采用哪些方法提取与准确定量样品中花青苷的含量？

参考文献

宋德群，孟宪军，王晨阳，等，2013. 蓝莓花色苷的 pH 示差法测定 [J]. 沈阳农业大学学报，44（2）：231-233.

Giusti M M, Wrolstad R E, 2001. Characterization and measurement of anthocyandins by UV-visible spectroscopy [J]. Current Protocols in Food Analytical Chemistry，00：F1.2.1-F1.2.13.

（杨　莉）

实验七十

植物组织可溶性糖含量的测定

一、实验目的

1. 了解植物组织可溶性糖的提取方法。
2. 掌握用蒽酮比色法测定糖含量。

二、实验原理

植物组织中的可溶性糖指能溶于水的单糖和寡聚糖，如葡萄糖、果糖、蔗糖等，是水果等的重要指标。糖在浓硫酸作用下，经脱水反应生成糖醛，蒽酮与生成的糖醛反应生成在620nm处有最大吸收的蓝绿色糖醛络合物，在一定范围内，络合物颜色的深浅与糖的含量呈正相关。

三、材料、试剂和仪器

1. **材料** 植物叶片、果实等，如苹果。
2. **试剂** 浓硫酸、分析纯蔗糖、分析纯蒽酮、蒸馏水。
蒽酮试剂：称取蒽酮0.1g，加100mL硫酸溶解，储于棕色瓶中。
3. **仪器和用具** 分光光度计、水浴锅、天平、移液管、容量瓶、离心机、烘箱、冰浴装置、研钵、试管等。

四、实验方法与步骤

1. 标准曲线的制作
（1）葡萄糖标准液配制。将分析纯蔗糖在80℃下（2h）烘至恒重，精确称取1.000g，加少量水溶解，转入100mL容量瓶中，用蒸馏水定容至刻度，得到10mg/mL蔗糖溶液，稀释100倍即0.1mg/mL蔗糖标准液。
（2）标准曲线的制作。取干试管7支，按表70-1编号并分别加入试剂。
每管加入葡萄糖标准液和水后立即混匀，在冰浴中加入蒽酮试剂，同时在沸水浴中加热

7min，取出迅速冷却至室温。以第一管为参比，迅速测其余各管在 620nm 处的吸光度。以含糖量为横坐标，吸光度为纵坐标绘制标准曲线。

表 70-1　葡萄糖标准曲线制作

管号	1	2	3	4	5	6	7
葡萄糖标准液（mL）	0	0.1	0.2	0.4	0.6	0.8	1.0
蒸馏水（mL）	1.0	0.9	0.8	0.6	0.4	0.2	0
蒽酮试剂（mL）	3.0	3.0	3.0	3.0	3.0	3.0	3.0

2. 样品可溶性糖含量测定

（1）样品溶液制备。精密称取苹果肉约 0.2g，加蒸馏水研磨，倒入试管中，80℃水浴提取 30min，转移至 100mL 容量瓶中，用水定容，离心（4 000r/min，10min），上清液即为样品溶液。

（2）样品可溶性糖含量测定。吸取 0.1mL 样品溶液于试管中，加 0.9mL 水，浸于冰浴中加入 3mL 蒽酮试剂，再放入沸水浴中煮沸 7min，取出后用水冷却后比色，条件与标准曲线相同，测量样品在 620nm 的吸光度。

3. 计算

根据样品在 620nm 的吸光度，由标准曲线查算出样品溶液的糖含量，计算样品的可溶性糖含量。

$$w = \frac{CV}{m} \times 100\%$$

式中　w——糖的质量分数（%）；

　　　C——标准曲线查出的糖含量（mg/mL）；

　　　V——样品稀释后的体积（1 000mL）；

　　　m——样品的质量（mg）。

五、注意事项

（1）样品中蛋白质含量要低，否则该法误差较大。

（2）样品称量及量取要精确，特别是样品的称量、样品溶液的定容、葡萄糖标准液及样品溶液的量取。

（3）标准曲线管及样品管同时放入沸水浴，同时从沸水浴中拿出。

（4）样品要有重复。

六、作业与思考题

1. 为什么标准曲线管及样品管要在冰浴中加入蒽酮试剂？

2. 比较不同水果或同一水果不同成熟度的可溶性糖含量。

（徐丽珊）

实验七十一

脂肪含量的测定

一、实验目的

1. 理解索氏抽提法提取脂肪的原理。
2. 学习索氏抽提法提取脂肪的操作技术。

二、实验原理

脂肪主要是甘油和脂肪酸组成的甘油三酯。甘油分子比较简单。脂肪酸分为饱和脂肪酸和不饱和脂肪酸。脂肪易溶于有机溶剂，广泛存在于植物的种子和果实中。脂肪的含量可以作为产油作物品质优劣的一个指标。

脂肪含量的测定方法主要有索氏抽提法、酸水解法、核磁共振法等。索氏抽提法是应用较为普遍的方法。

索氏抽提法分为油重法和残余法，本实验采用残余法。利用低沸点有机溶剂乙醚回流抽提前后样品质量差计算粗脂肪的含量。索氏抽提器（图 71-1）是一种回流装置，由提取瓶、浸提管和冷凝管等连接而成，浸提管两侧分别有虹吸管和连接管，各部分连接处要严密，保证不能漏气。样品滤纸筒称重后放置在浸提管中，抽提剂乙醚加入提取瓶中，水浴加热后，乙醚蒸汽经过通气管至冷凝管中，冷凝水可以将乙醚冷却至液体滴入浸提管，抽提样品中的脂肪。随着浸提管中的乙醚增加，液面达到一定高度时，溶剂会经虹吸管流入提取瓶，如此反复抽提，最后取出滤纸筒烘干，测定质量，与抽提前的质量相比计算出粗脂肪含量。

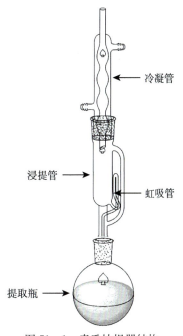

图 71-1　索氏抽提器结构

三、 材料、试剂和仪器

1. **材料**　大豆粉。
2. **试剂**　乙醚。
3. **仪器和用具**　索氏抽提器、干燥箱、天平、水浴锅、称量纸、滤纸筒等。

四、 实验方法与步骤

（1）称取 1.0g（记录时精确到 0.001g）大豆粉，装入滤纸筒中。

（2）将索氏抽提器各部分充分清洗干净，最后用蒸馏水清洗一遍后烘干。

（3）将装有大豆粉的滤纸筒放入索氏抽提器内，连接提取瓶，由冷凝管上端加入无水乙醚至提取瓶的 2/3 体积，通入冷凝水，将烧瓶水浴（70℃左右）加热使乙醚不断回流提取，提取 3~5h 至抽提完全为止。

（4）取下提取瓶，回收乙醚并取出滤纸筒，于 100~105℃ 干燥 0.5h，取出冷却后称重（记录时精确到 0.001g），并重复操作至恒重。

五、 实验结果

$$样品粗脂肪含量 = \frac{m_1 - m_2}{m} \times 100\%$$

式中　m_1——滤纸筒和样品总质量。

　　　m_2——抽提结束后烘干的滤纸筒和样品总质量。

　　　m——样品质量。

六、 注意事项

（1）乙醚是易燃易爆试剂，使用时一定要小心。

（2）样品抽提结束后一定要完全烘干，重复称重至恒重，保证结果的准确性。

七、 思考题

潮湿的样品是否可以用乙醚抽提？

（赵江哲　张可伟）

实验七十二

植物组织过氧化物酶活性的测定

一、 实验目的

1. 掌握植物组织过氧化物酶活性的测定方法。
2. 掌握用动态法测定酶活性。

二、 实验原理

过氧化物酶广泛分布于生物体的各个组织器官中。在过氧化氢存在下，过氧化物酶能使愈创木酚氧化，生成茶褐色物质，可用分光光度计测量生成物的含量，用以表示过氧化物酶活性。

三、 材料、试剂和仪器

1. **材料** 植物叶片。
2. **试剂** 20mmol/L KH_2PO_4 溶液、愈创木酚、30% H_2O_2、0.1mol/L 磷酸盐缓冲液（pH 6.0）。

反应混合液：56μL 愈创木酚＋38μL 30% H_2O_2 溶于 200mL 0.1mol/L 磷酸盐缓冲液中。

3. **仪器和用具** 分光光度计、天平、移液管、容量瓶、离心机、研钵、冰浴装置、试管等。

四、 实验方法与步骤

1. **酶液的制备** 精确称取植物叶片约 0.30g，剪碎，放入研钵中，加 3mL 20mmol/L KH_2PO_4 溶液，研磨成浆（用冰浴），上清液倒入 25mL 容量瓶中，残渣再用少量 20mmol/L KH_2PO_4 溶液提取 1 次，全部倒入上述容量瓶中，定容到 25mL，离心（5 000r/min）10min，上清液为过氧化物酶液。储藏于冷处备用。

2. **酶活性的测定** 取光径 1cm 比色杯 2 只，1 只加入反应混合液 3mL，20mmol/L

KH_2PO_4 0.25mL，作为校零对照；另一只中加入反应混合液 3mL，过氧化物酶液 0.25mL（如酶活性过高，可以稀释），立即开启秒表记录时间，在分光光度计上测量 470nm 处的吸光度，每隔 1min 读数一次。

3. **计算**　以每毫克蛋白质或每克新鲜植物每分钟吸光度的变化值（ΔOD_{470}）表示酶活性大小。也可以用每分钟内 OD_{470} 变化 0.01 为 1 个过氧化物酶活性单位（U）表示。

$$过氧化物酶活性 \left[U/(g \cdot min) \right] = \frac{\Delta OD_{470} \times V_T}{W \times V_S \times 0.01 \times t}$$

式中　ΔOD_{470}——反应时间内吸光度的变化值；

　　　W——植物鲜重（g）；

　　　V_T——提取酶液总体积（mL）；

　　　V_S——测定时取用酶液体积（mL）；

　　　t——反应时间（min）。

五、 注意事项

（1）样品称量要精确。

（2）尽可能在低温下操作，防止酶活性改变。

（3）在测定中，加酶液时一定要及时混匀。

（4）加酶液后要尽快开启秒表记录时间并读出吸光度。

（5）样品要有重复。

六、 作业题

了解过氧化物酶在植物中的主要作用。

（徐丽珊）

实验七十三

植物细胞过氧化氢测定
（DAB 染色法）

一、实验目的

1. 理解 DAB 染色法测定植物细胞过氧化氢（H_2O_2）的基本原理。
2. 掌握 DAB 染色法的基本操作。

二、实验原理

　　过氧化氢是植物体内重要的活性氧物质之一，植物激素等发育信号和逆境胁迫刺激均可诱导植物细胞内 H_2O_2 的产生和积累。H_2O_2 化学性质稳定，具有较高的跨膜通透性，能够在植物细胞间迅速扩散，能够作为细胞间信号分子调控植物的气孔运动、生长发育、衰老和逆境应答等生理过程。植物生理代谢过程中都可能会产生活性氧，如光合作用、光呼吸、脂肪酸氧化、衰老等。在干旱、高温、低温、机械损伤、强光照、气体污染、真菌污染等外界环境胁迫下，植物能够产生大量的活性氧。因此，准确测定植物细胞内 H_2O_2 对系统研究 H_2O_2 信号转导及其生物学功能等具有重要意义。

　　DAB 染色法又称二氨基联苯胺染色法。DAB 的化学本质为 3,3-二氨基联苯胺，是过氧化物酶常用的一种电子供体，能够在过氧化物酶催化 H_2O_2 分解生成水并释放 O_2 的过程中被氧化，从而迅速形成红褐色聚合物沉淀。因此，DAB 染色通常用于过氧化物酶法（如酶标法、PAP 法），其产物最终能够直接在光镜下观察。

　　DAB 显色原理：

$$H_2O_2 \xrightarrow{\text{过氧化物酶}} H_2O + \text{电子供体（即 DAB 氧化型）}$$

三、材料、试剂和仪器

1. **材料**　大豆、大豆斑疹病菌。
2. **试剂**　DAB 粉末、吐温 20、$Na_2HPO_4 \cdot 12H_2O$、无水乙醇、冰醋酸、丙三醇。
3. **仪器和用具**　水平摇床、水浴锅、镊子、量筒、烧杯等。

四、 实验方法与步骤

1. 配制 DAB 溶液（1mg/mL） 称取 50mg DAB 粉末溶解于 50mL 无菌水中，向溶液中加入 $2.5\mu L$ 吐温 20 和 3mL $Na_2HPO_4 \cdot 12H_2O$，调节 pH 3.0。

注意：DAB 是致癌物质，并且见光易分解，配制时需注意防护与避光。

2. DAB 染色 从叶柄处摘取经斑疹病菌处理的大豆叶片，充分浸润于 1mg/mL DAB 溶液中，然后置于水平摇床上 90～100r/min 振荡 4～5h。

3. 配制漂白液 分别量取 300mL 无水乙醇、100mL 醋酸和 100mL 甘油，并将三者充分混合。

4. 脱色静置 倒去 DAB 染色液，向烧杯中加入适量漂白液，置于沸水浴中放置 30min（叶绿素脱色漂白）。然后倒去漂白液，加入无水乙醇，于 4℃静置 30min。

5. 记录实验结果 小心取出叶片，拍照记录结果。

五、 实验结果

拍照记录结果参见图 73-1。

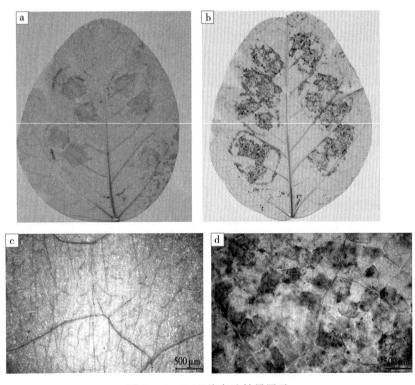

图 73-1 DAB 染色法结果展示
a. 相机拍照（对照，无 H_2O_2） b. 相机拍照（有 H_2O_2）
c. 显微镜观察拍照（对照，无 H_2O_2） d. 显微镜观察拍照（有 H_2O_2）

六、注意事项

（1）DAB要完全溶解，以免未溶解颗粒沉积于叶片表面影响实验结果。

（2）DAB溶液浓度不易过高，否则显色液呈棕色，增加背景染色。

（3）叶绿素脱色要彻底，以免影响实验结果。

七、思考题

1. DAB染色法检测植物细胞H_2O_2有哪些优点与缺点？

2. 植物叶片接菌方式的不同对采用DAB染色法检测细胞H_2O_2有何影响？

（郭　威）

实验七十四

2,6-二氯酚靛酚滴定法测定水果维生素 C 含量

一、实验目的

1. 掌握 2,6-二氯酚靛酚测定维生素 C 含量的原理和操作方法。
2. 熟悉微量滴定法的操作方法。

二、实验原理

维生素 C 又称抗坏血酸，在水果、蔬菜中广泛存在，是一类己糖醛基酸，溶于水，在水中呈弱酸性，具有强还原性，易被氧化为脱氢维生素 C。还原型维生素 C 和氧化型脱氢维生素 C 在人体内形成一对氧化还原系统，清除体内活性氧，使细胞免受氧化胁迫，具有重要的生理功能。

测定维生素 C 含量的方法有很多种，比如光谱法，利用维生素 C 的强还原性，特定物质被其还原后的产物在一定的波长有吸收峰，通过分光光度计测定吸光度进而求出维生素 C 含量；滴定法包括酸碱滴定法、2,6-二氯酚靛酚滴定法等；色谱法包括高效液相色谱法、离子交换色谱法等；以及电化学法。

2,6-二氯酚靛酚是一种染料，可以被维生素 C 还原。该染料在酸性条件下呈红色，被还原后红色消失。还原型维生素 C 还原 2,6-二氯酚靛酚后，本身被氧化成脱氢维生素 C（图 74-1）。2,6-二氯酚靛酚的滴定消耗量与样品中所含维生素 C 的量成正比。

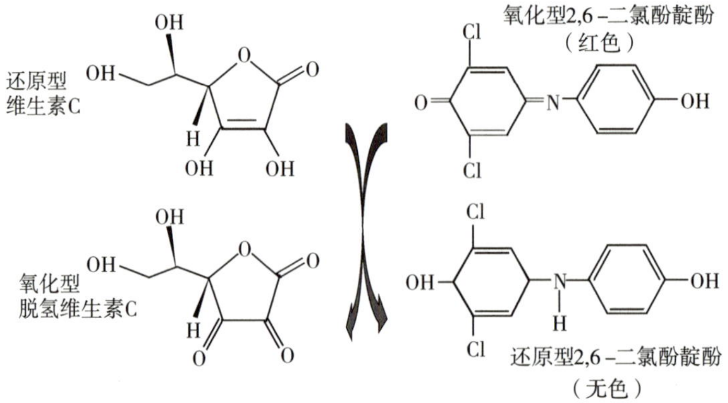

图 74-1　维生素 C 还原反应

三、 材料、试剂和仪器

1. **材料**　新鲜水果（橘子）。

2. **试剂**

①1% (m/V) 草酸溶液：1g 草酸溶于 100mL 蒸馏水中。

②2% (m/V) 草酸溶液：2g 草酸溶于 100mL 蒸馏水中。

③维生素 C 标准溶液（0.1mg/mL）：0.01g 维生素 C 溶于 100mL 1% 草酸溶液中。

④0.02% (m/V) 2,6-二氯酚靛酚溶液：称取 104mg $NaHCO_3$ 溶于 300mL 热水中，再称取 100mg 2,6-二氯酚靛酚溶于 $NaHCO_3$ 溶液中，完全溶解后冷却至室温，加水定容至 500mL，过滤后储存于棕色瓶内（4℃可保存 1 周）。

3. **仪器和用具**　天平、研钵、容量瓶、微量滴定管、刻度吸管、锥形瓶等。

四、 实验方法与步骤

（1）准确量取 4mL 维生素 C 标准溶液，加入 6mL 1% 草酸溶液，用 2,6-二氯酚靛酚溶液滴定至溶液呈微红色 15s 不褪色，记录所用 2,6-二氯酚靛酚溶液的体积，计算 1mL 2,6-二氯酚靛酚溶液所氧化的维生素 C 的量。

（2）称量 1.0g 橘子果肉放入研钵中，加入 10mL 2% 草酸研磨，将研磨的样品转移到 50mL 容量瓶中，研钵中再加入 10mL 2% 草酸清洗内壁，清洗液再次转移到 50mL 容量瓶中，用 2% 草酸定容。

（3）将定容的样品溶液用滤纸过滤，取 10mL 过滤液用于滴定。用 2,6-二氯酚靛酚溶液分别滴定 10mL 过滤液和 10mL 2% 草酸溶液；滴定至溶液呈微红色 15s 不褪色（滴定时间<2min），记录消耗 2,6-二氯酚靛酚溶液的体积。

五、 结果分析

$$维生素 C 含量（mg/g）= \frac{(V_1 - V_2) \times M \times V}{V_3 \times W}$$

式中　V_1——滴定 10mL 橘子过滤提取液所用 2,6-二氯酚靛酚溶液的体积（mL）；

　　　V_2——滴定 10mL 2% 草酸所用 2,6-二氯酚靛酚溶液的体积（mL）；

　　　V——橘子提取液总体积（50mL）；

　　　M——1mL 2,6-二氯酚靛酚溶液所氧化的维生素 C 的量（mg）；

　　　V_3——滴定时样品提取液的体积（10mL）；

　　　W——样品质量（g）。

六、 注意事项

（1）2% 草酸用于提取维生素 C 可防止其氧化，1% 草酸不能用于提取维生素 C，因其不具有防止氧化的功能。

（2）滴定过程要迅速，尽量在 2min 之内完成。

七、思考题

1. 维生素 C 的主要生理功能有哪些？

2. 样品滴定时为什么分别滴定 10mL 过滤液和 10mL 2% 草酸溶液？

（赵江哲　张可伟）

——实验七十五

植物体内游离脯氨酸含量的测定

一、 实验目的

1. 了解植物体内水分亏缺与脯氨酸积累的关系。
2. 掌握测定脯氨酸含量的基本方法。

二、 实验原理

当植物遭受渗透胁迫，造成生理性缺水时，植物体内脯氨酸大量积累，因此植物体内脯氨酸含量在一定程度上反映了植物体内的水分状况，可作为植株缺水的参考指标；当用磺基水杨酸提取植物样品时，脯氨酸便游离于磺基水杨酸的溶液中，其在酸性条件下能与茚三酮发生反应生成红色化合物，可用分光光度计测定。

三、 材料、试剂和仪器

1. **材料**　正常的小麦或水稻苗和经过渗透胁迫处理的小麦或水稻苗。
2. **试剂**　冰醋酸、甲苯、3%磺基水杨酸、0.3mmol/L 甘露醇、100μg/mL 标准脯氨酸溶液、2.5%（m/V）酸性茚三酮（2.5g 茚三酮溶于 60mL 冰醋酸和 40mL 6mol/L 磷酸中，70℃水浴溶解，试剂 24h 内稳定。）
3. **仪器和用具**　分光光度计、旋涡混合仪、水浴锅、研钵、烧杯、移液管、容量瓶、具塞试管、漏斗、滤纸等。

四、 实验方法与步骤

1. **脯氨酸提取液制备**　分别称取经胁迫处理和未经处理的小麦地上部分（芽鞘和叶片）0.5g，并用 3%磺基水杨酸 5mL 研磨提取，匀浆移至具塞试管中，在沸水浴中提取 10min（提取过程中要经常摇动），冷却后过滤于干净的试管中，滤液即为脯氨酸提取液。
2. **制作标准曲线**　用 100μg/mL 脯氨酸标准液配制成 0μg/mL、1μg/mL、2μg/mL、3μg/mL、4μg/mL、5μg/mL、6μg/mL、7μg/mL、8μg/mL、9μg/mL、10μg/mL 的标准溶

液。取标准液各 2mL，加 2mL 3‰磺基水杨酸、2mL 冰醋酸和 4mL 2.5‰茚三酮试剂于具塞试管中，置沸水浴中显色 40min，冷却后加入 4mL 甲苯，盖好盖后于旋涡混合仪上振荡 0.5min 或用力摇荡 0.5min，静置分层，吸取红色甲苯相于波长 520nm 处测定 OD 值，以 OD 值为纵坐标，脯氨酸浓度（μg/mL）为横坐标绘制曲线，并求得回归方程。

3. 提取液 OD 值测定 取待测液各 2mL，加 2mL 水、2mL 冰醋酸和 4mL 2.5‰茚三酮试剂于具塞试管中，置沸水浴中显色 40min，冷却后加入 4mL 甲苯，盖好盖后于旋涡混合仪上振荡 0.5min 或用力摇荡 0.5min，静置分层，吸取红色甲苯相于波长 520nm 处测定 OD 值。

五、注意事项

（1）实验中在对小麦幼苗进行渗透胁迫时，处理时间越长，实验效果越显著。

（2）甲苯为致癌物质，要小心使用，避免过度吸入。

（3）严格控制反应在酸性条件下进行，试剂添加次序不能出错。

（4）茚三酮与氨基酸反应所生成的 Ruhemans 紫在 1h 内保持稳定，故稀释后尽快比色。

（5）反应温度影响显色稳定性，超过 80℃，溶液易褪色；可在 80℃ 水浴中加热，并适当延长反应时间，效果良好。

六、思考题

1. 测定脯氨酸含量有何意义？
2. 当改变萃取剂时，比色应做哪些改变？

参考文献

侯福林，2004. 植物生理学实验教程［M］. 北京：科学出版社.

蒋德安，朱诚，1999. 植物生理学实验指导［M］. 成都：成都科技大学出版社.

张志良，1998. 植物生理学实验指导［M］. 3 版. 北京：高等教育出版社.

（王长春）

实验七十六

植物组织可溶性蛋白质含量的测定

一、 实验目的

1. 掌握植物组织可溶性蛋白质的提取方法。
2. 掌握用考马斯亮蓝法测定植物蛋白质含量。

二、 实验原理

植物组织中的可溶性蛋白质指能溶于水或缓冲液的蛋白质。考马斯亮蓝测定蛋白质含量属于染料结合法的一种。考马斯亮蓝 G - 250 在游离状态下呈红色，在微酸性条件下与蛋白质结合形成蛋白质-色素结合物，为青色，在 595nm 波长下有最大光吸收。在一定范围内，该结合物的吸光度与蛋白质含量成正比。

三、 材料、试剂和仪器

1. **材料** 植物材料。
2. **试剂** 牛血清蛋白、考马斯亮蓝 G - 250、乙醇、磷酸、蒸馏水。

0.05mg/mL 标准蛋白溶液：精密称取牛血清蛋白 5mg，加水溶解并定容至 100mL。

考马斯亮蓝 G - 250 溶液：称取 100mg 考马斯亮蓝 G - 250，溶于 50mL 90％乙醇中，加入 85％磷酸（体积分数）100mL，最后用蒸馏水定容至 1 000mL。

3. **仪器和用具** 分光光度计、天平、移液管、容量瓶、离心机、研钵、试管等。

四、 实验方法与步骤

1. **标准曲线的制作** 取干试管 6 支，按表 76 - 1 编号并分别加入试剂。

每管加入蛋白质标准液和水后混匀，加入考马斯亮蓝 G - 250 溶液，摇匀，静置 10min，以第一管为参比，测其余各管在 595nm 处的吸光度。以蛋白质含量为横坐标，吸光度为纵坐标绘制标准曲线。

表 76 - 1　蛋白质标准曲线制作

管号	1	2	3	4	5	6
蛋白质标准液（mL）	0	0.4	0.8	1.2	1.6	2.0
蒸馏水（mL）	2.0	1.6	1.2	0.8	0.4	0
考马斯亮蓝 G - 250（mL）	5.0	5.0	5.0	5.0	5.0	5.0

2. 样品可溶性蛋白质含量测定

（1）样品溶液制备。精密称取植物材料约 5g，剪碎，加蒸馏水研磨，转移到 25mL 容量瓶中，并加水定容，放置 30min 以充分提取，倒入离心管中，离心（4 000r/min，10min），上清液即为样品溶液。

（2）样品可溶性蛋白质含量测定。吸取 2mL 样品溶液于试管中，加 5mL 考马斯亮蓝 G - 250 溶液，摇匀，静置 10min，以第一管为参比，测样品在 595nm 处的吸光度。条件与标准曲线相同。

3. 计算

根据样品在 595nm 处的吸光度，由标准曲线查算出样品溶液的蛋白质含量，计算样品的可溶性蛋白质含量。

$$w = \frac{CV}{m} \times 100\%$$

式中　w——蛋白质的质量分数（%）；

　　　C——标准曲线查出的蛋白质含量（mg/mL）；

　　　V——样品稀释后的体积（mL）；

　　　m——样品的质量（mg）。

五、注意事项

（1）样品称量及量取要精确，特别是样品的称量、样品溶液的定容、蛋白质标准液及样品液的量取。

（2）分光光度计的操作要规范。

（3）样品要有重复。

六、作业题

比较不同植物材料的可溶性蛋白质含量。

（徐丽珊）

实验七十七

凯氏定氮法测定蛋白质含量

一、实验目的

1. 掌握凯氏定氮法测定蛋白质含量的原理和计算方法。
2. 了解凯氏定氮仪的结构和使用方法。

二、实验原理

蛋白质是生物体必需的生物大分子，联合国粮农组织表示成人每天需摄取蛋白质 75g 以上，摄取蛋白质来源主要是动物性蛋白质和植物性蛋白质，而且蛋白质对食品风味、加工会产生重大影响，因此测定动植物组织的蛋白质含量具有较强的实际意义。测定蛋白质含量的方法主要有双缩脲法、紫外吸收法、考马斯亮蓝法、福林酚试剂法、凯氏定氮法等。

凯氏定氮法是通过测定蛋白质中的氮含量计算蛋白质含量的方法。整个过程分为以下三个步骤：

1. 消化　蛋白质的有机氮在高温条件、催化剂 $CuSO_4/K_2SO_4$、浓 H_2SO_4 作用下，消化生成 $(NH_4)_2SO_4$。反应式：
$$2NH_3 + H_2SO_4 + 2H^+ \longrightarrow (NH_4)_2SO_4$$

2. 蒸馏　消化生成的铵盐在凯氏定氮仪反应室中与碱发生反应，生成 NH_3，通过蒸馏释放，收集于加入指示剂的 H_3BO_3 溶液中。反应式如下：
$$(NH_4)_2SO_4 + 2NaOH \longrightarrow 2NH_3 + 2H_2O + Na_2SO_4$$
$$2NH_3 + 4H_3BO_3 \longrightarrow (NH_4)_2B_4O_7 + 5H_2O$$

3. 滴定　用已知浓度的 HCl 标准溶液滴定蒸馏液，反应式如下：
$$(NH_4)_2B_4O_7 + 2HCl + 5H_2O \longrightarrow 2NH_4Cl + 4H_3BO_3$$

根据指示剂的颜色决定滴定终点，利用 HCl 的消耗量计算总氮含量，乘以氮与蛋白质的换算系数，计算出蛋白质的含量。

三、材料、试剂和仪器

1. 材料　大豆粉。

2. 试剂

①浓硫酸。

②混合催化剂：$CuSO_4/K_2SO_4=0.4/6$。

③混合指示剂：0.1%（m/V）甲基红乙醇溶液（0.1g 甲基红溶于 100mL 乙醇）、0.1%美蓝（m/V）（0.1g 美蓝溶于 100mL 乙醇），将两者混合获得混合指示剂。

④40%（m/V）NaOH：80g NaOH 溶于 200mL 蒸馏水中。

⑤2%（m/V）硼酸溶液：10g 硼酸溶于 500mL 蒸馏水中。

⑥0.05mol/L HCl 标准溶液：2.08mL 浓盐酸溶于 500mL 蒸馏水中。

3. 仪器和用具

凯氏定氮仪、滴定管、锥形瓶、量筒、消化炉、消化管、容量瓶、玻璃棒、天平、称量纸、洗耳球等。

四、实验方法与步骤

1. 消化

（1）称取大豆粉约 0.5g（记录时精确到 0.001g），移入干燥消化管底部，勿让样品沾到消化管壁，加入混合催化剂（$CuSO_4$ 0.1g、K_2SO_4 1.5g），沿管壁再加入 10mL 浓硫酸，放入消化炉中消化。至液体呈蓝绿色澄清透明后，再继续加热 0.5h，消化结束。

（2）取出消化管冷却至室温，将消化液转移到 25mL 容量瓶中，小心加蒸馏水定容，混匀后备用，取与处理样品相同质量的混合催化剂按同一方法做空白试验。

2. 蒸馏

（1）安装蒸馏装置（图 77-1）。

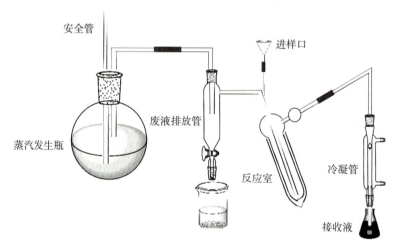

图 77-1　凯氏定氮仪蒸馏装置

（2）洗涤蒸馏装置。

①蒸汽发生器中装入 2/3 体积的蒸馏水。

②沿小漏斗加入蒸馏水约 20mL 到反应室，保证漏斗有水，用于水封，防止漏气。

③打开废液排放管开关，用洗耳球吹冷凝管底端，反应室液体会从废液排放管流出，直至反应室无液体，重复洗 2 次。

（3）蒸馏样品。

①向接收瓶内加入 20mL 2％硼酸溶液及混合指示剂 2 滴，并使冷凝管的下端插入液面下。

②吸取 5.0mL 样品消化稀释液由小漏斗流入反应室，并以 5mL 水洗涤小烧杯使流入反应室内。

③将 10mL 40％ NaOH 溶液经小漏斗缓缓流入反应室，立即在漏斗中加水水封以防漏气，开始蒸馏。

④蒸气进入反应室使氨流过冷凝管与接收瓶的硼酸溶液反应，指示剂颜色会发生变化，指示剂开始变色时计时，蒸馏 5min。

⑤移动接收瓶，使冷凝管下端离开液面，再蒸馏 1min，并用蒸馏水冲洗冷凝管底端。

3. 滴定　取下接收瓶，以 0.05mol/L HCl 标准溶液滴定至淡紫红色为滴定终点。

4. 洗涤　洗涤凯氏定氮仪〔按照第 2（2）步的方法〕。

五、 实验结果

$$样品蛋白质含量 = \frac{(V_1 - V_2) \times C \times 14 \times V_3}{V_4 \times W} \times 100\%$$

式中　V_1——滴定大豆样品用去的盐酸体积（L）；

V_2——滴定空白样品用去的盐酸体积（L）；

C——盐酸标准溶液的浓度（mol/L）；

14——氮相对原子质量；

V_3——消化后样品定容体积（25mL）；

V_4——蒸馏时所用样品体积（5mL）；

W——样品质量（g）。

六、 注意事项

（1）保证消化管干燥，防止加入浓硫酸后发生危险。

（2）样品要全部送入消化管底部，勿要沾到消化管壁，防止样品未完全消化。

（3）蒸馏样品之前一定要清洗反应室，防止被上一个样品污染。

七、 思考题

1. $CuSO_4$ 和 K_2SO_4 的作用是什么？

2. 为什么要做空白试验？

（赵江哲　张可伟）

蔗糖酶 K_m 值的测定

一、实验目的

1. 掌握分光光度计的使用方法。
2. 了解底物浓度与反应速率之间的关系。
3. 学习蔗糖酶米氏常数的计算方法。

二、实验原理

米氏方程（Michaelis-Menten equation）$v = V_{max} \times [S]/(K_m + [S])$ 是在假定存在一个稳态反应条件下推导出来的，表示一个酶促反应起始速度与底物浓度的关系，当底物浓度无限增大时，反应速度不再增加，酶被底物饱和。式中，v 表示反应速度；V_{max} 表示反应最大速度；$[S]$ 表示底物浓度；K_m 表示米氏常数，是酶促反应达到最大速度 V_{max} 一半时的底物浓度，是酶的特征常数。将方程以 $1/v$ 和 $1/[S]$ 为参数时表示为：

$$\frac{1}{v} = \frac{K_m}{V_{max}} \cdot \frac{1}{[S]} + \frac{1}{V_{max}}$$

称为米氏方程的双倒数式。以 $1/v$ 和 $1/[S]$ 作图可以得到一条直线，斜率为 K_m/V_{max}，截距是 $1/V_{max}$，与 X 轴交点的数值为 $-1/K_m$（图 78-1），为求得 K_m 值提供了理论依据。

蔗糖酶（invertase）EC 编号为 EC.3.2.1.26，可以催化蔗糖水解生成葡萄糖和果糖（图 78-2），广泛存在于动植物和微生物中。

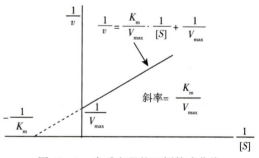

图 78-1　米氏方程的双倒数式曲线

3,5-二硝基水杨酸(3,5-dinitrosalicylic acid,DNS)能够被还原糖还原生成棕红色的化合物（图 78-3），还原糖的含量与生成的棕红色产物成比例关系，棕红色物质在 540nm 有吸收峰，利用分光光度计可以测出棕红色物质含量，从而计算出还原糖的含量。

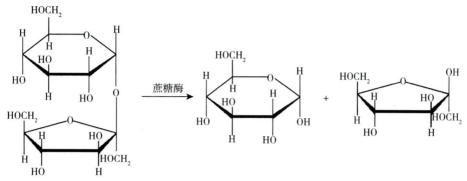

图 78-2 蔗糖酶反应

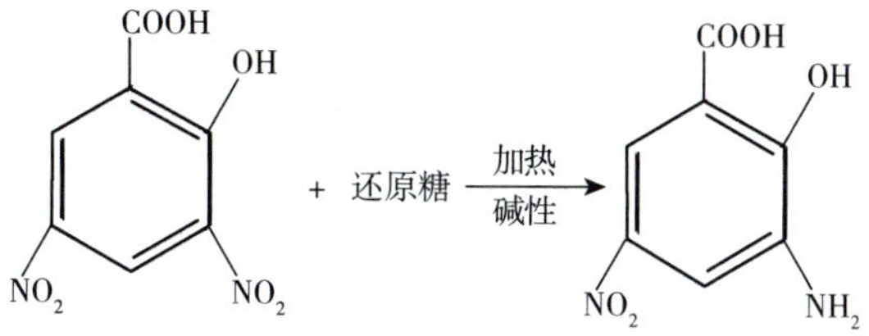

图 78-3 DNS 还原反应

三、试剂和仪器

1. 试剂

①标准葡萄糖溶液（1mg/mL）：0.5g 葡萄糖溶于 400mL 蒸馏水中，用蒸馏水定容至 500mL。

②0.01mol/L 蔗糖溶液：3.423g 蔗糖溶于 900mL 蒸馏水中，用蒸馏水定容至 1L。

③0.2mol/L 醋酸钠缓冲液（pH 4.6）：27.2g 三水醋酸钠溶于 900mL 蒸馏水中，用冰醋酸调至 pH 4.6，用蒸馏水定容至 1L。

④1mol/L NaOH 溶液：40g NaOH 溶于 900mL 蒸馏水中，用蒸馏水定容至 1L。

⑤3,5-二硝基水杨酸试剂：称取 3,5-二硝基水杨酸 6.3g、NaOH 21g，溶于 500mL 热水中，充分溶解后冷却至室温，加入酒石酸钾钠 185g，苯酚和亚硫酸钠各 5g，充分溶解后定容至 1 000mL，装于棕色瓶中备用。

2. 仪器和用具　分光光度计、恒温水浴锅、试管、吸管、秒表、坐标纸等。

四、实验方法与步骤

1. 绘制葡萄糖标准曲线　取 6 支试管按表 78-1 编号并分别加入试剂。

各管混匀后沸水浴 5min，取出后立即用自来水冷却至室温，用蒸馏水定容至 25mL，摇匀，测定 540nm 处的吸光度。以葡萄糖含量（mg）为横坐标，吸光度为纵坐标绘制标准曲线。

表 78 - 1　葡萄糖标准曲线所用试剂

管号	0	1	2	3	4	5
葡萄糖标准液（mL）	0	0.2	0.4	0.6	0.8	1.0
蒸馏水（mL）	2.0	1.8	1.6	1.4	1.2	1.0
3,5-二硝基水杨酸（mL）	3.0	3.0	3.0	3.0	3.0	3.0

2. 在不同蔗糖浓度下蔗糖酶反应速度 v 的测定

（1）取 8 支试管，编号 1～8，按照表 78 - 2 将蔗糖溶液、醋酸缓冲液分别加入 8 支试管中，37℃水浴 10min；取 15mL 酶液，37℃水浴 10min。

表 78 - 2　蔗糖酶反应体系

反应体系			终止反应	酶反应速率测定			数据处理			
管号	蔗糖（mL）	醋酸缓冲液（mL）	酶液（mL）	NaOH（mL）	反应液（mL）	3,5-二硝基水杨酸试剂（mL）	ddH$_2$O（mL）	OD_{450}	$1/[S]$	v	$1/v$
1	0.0	5.0	1.0	5.0	1.0	3.0	1.0				
2	0.5	4.5	1.0	5.0	1.0	3.0	1.0				
3	1.0	4.0	1.0	5.0	1.0	3.0	1.0				
4	1.5	3.5	1.0	5.0	1.0	3.0	1.0				
5	2.0	3.0	1.0	5.0	1.0	3.0	1.0				
6	2.5	2.5	1.0	5.0	1.0	3.0	1.0				
7	3.75	1.25	1.0	5.0	1.0	3.0	1.0				
8	5.0	0.0	1.0	5.0	1.0	3.0	1.0				

（2）于各管中依次按同样时间间隔（1min）加入预热的酶液 1.0mL，计时，立即摇匀，在 37℃水浴中反应 5min。按同样顺序和时间间隔，加入 5mL 1mol/L NaOH，摇匀，终止反应，保证每一个试管的反应时间为 5min。

（3）每支试管吸取反应物 1.0mL 至新的试管中，加入 3.0mL 3,5-二硝基水杨酸试剂和 1.0mL 双蒸水，摇匀后放入沸水浴中加热 5min，冷却后稀释至 25mL，摇匀，在 540nm 处测定吸光度。

（4）以吸光度对应的葡萄糖量为相对反应速度（v），以 $1/[S]$ 为横坐标，$1/v$ 为纵坐标作图，由图求出 K_m 值。

五、 注意事项

（1）蔗糖酶反应时间要严格控制。

（2）沸水浴过程中小心烫伤。

六、思考题

1. K_m 值理论意义是什么?
2. 反应缓冲液和酶液为什么要预热?

(赵江哲　张可伟)

实验七十九

纸层析法分离鉴定氨基酸

一、实验目的

1. 了解并掌握氨基酸纸层析法的基本原理。
2. 学习氨基酸纸层析的操作技术。

二、实验原理

纸层析法是一种以滤纸为惰性支持物的层析法，是利用混合物不同组分在固定相和流动相中分配、吸附以及亲和作用的差异，而使各组分达到分离的方法。滤纸富含羟基基团，对水的亲和力比对有机溶剂大，因此一般将水作为固定相，有机溶剂作为流动相。由于不同氨基酸的极性和分子质量不同，因此其分配系数（K）、移动速率（Rf）各异，展层时各氨基酸随展层剂在两相溶液中不断分配，以不同的移动速率在滤纸上形成距原点不等的层析点，从而得到分离。展层过的滤纸，喷洒茚三酮溶液，可使各氨基酸层析斑点显示出来。

分配系数（K）计算公式：

$$K = \frac{\text{固定相中溶质的浓度}}{\text{流动相中溶质的浓度}}$$

或

$$K = \frac{\text{水相中溶质的量}}{\text{有机相中溶质的量}}$$

溶质移动速率（Rf）计算公式：

$$Rf = \frac{\text{原点到溶质层析点的距离}}{\text{原点到溶剂前沿点的距离}}$$

当压力、温度、溶剂、溶质等条件一定时，K 为常数。若 $K > 1$，则固定相中溶质的量大于流动相中溶质的量。反之，$K < 1$。分离物的 K 值越大，则其 Rf 值就越小。在相同条件下层析时，物质相同的 Rf 值应相同，物质不同的 Rf 值也不同。

三、材料、试剂和仪器

1. 试剂

①展层剂：80mL 正丁醇和 20mL 醋酸，混匀使用。

②氨基酸溶液：0.5%的赖氨酸（Lys）、脯氨酸（Pro）、亮氨酸（Leu）溶液及混合氨基酸液。

③显色剂：0.1%水合茚三酮溶液。

2. **仪器和用具**　移液器、电吹风机、层析缸、喷雾器、铅笔、直尺、订书机、培养皿、滤纸等。

四、 实验方法与步骤

1. **画线**　每组取滤纸（15cm×15cm）一张，用铅笔和直尺画出基线，并在点样原点标注样品名称，所画基线应与滤纸纹路垂直，第一个点和最后一个点距滤纸边至少2.5cm，各样点间距至少2cm。

2. **点样**　用移液器吸取10μL待测氨基酸溶液，点于原点，可以分多次点完，样品点的直径不能超过0.5cm，边点样边用电吹风机吹干。

3. **展层**　在圆形层析缸内放入培养皿，培养皿要保持水平，将展层剂混匀注入培养皿中，盖上缸盖。将滤纸向内卷成圆桶状，使各样点均在滤纸桶的内侧和下端，用订书机固定。将滤纸桶轻轻垂直放入层析缸内的培养皿中央，盖上缸盖，待展层剂前沿移至滤纸上沿1～2cm处时，停止展层，取出滤纸。

4. **显色**　用电吹风机将滤纸吹干，拆去订书钉，展平滤纸，在整个滤纸上均匀喷洒茚三酮溶液，再用电吹风机吹干滤纸或置于85℃烘箱内烘干10min显色，显色后的斑点用铅笔圈出。

5. **量和计算**　分别测量氨基酸样品点到原点和溶剂前沿的距离，计算各氨基酸的 Rf 值，鉴定混合氨基酸中的氨基酸种类。

五、 注意事项

（1）点样和显色时应戴手套，防止样品和滤纸受到污染。

（2）电吹风机温度不可过高，防止破坏样点。

（3）严格控制点样的位置及样品点的直径，防止层析后氨基酸斑点过度扩散和重叠。

六、 思考题

1. 氨基酸纸层析实验中固定相和流动相分别是什么？

2. 影响纸层析移动速率（Rf）的因素有哪些？

（袁　熹　孙梅好）

—— 实验八十

醋酸纤维素薄膜电泳分离血清蛋白

一、 实验目的

1. 了解并掌握醋酸纤维素薄膜电泳的原理。
2. 掌握醋酸纤维素薄膜电泳的操作方法。

二、 实验原理

　　蛋白质是两性电解质，在 pH 小于其等电点（pI）的溶液中，蛋白质带正电荷，在电场中向阴极移动；在 pH 大于 pI 的溶液中，蛋白质带负电荷，在电场中向阳极移动。血清中含有多种不同的蛋白质，具有不同的氨基酸组分、立体构象、相对分子质量以及 pI，在同一 pH 溶液中，不同蛋白质所带净电荷数不同，在电场中迁移速度也不同，故可利用电泳法将它们分离。本实验以醋酸纤维素薄膜作为电泳的支持介质，在 pH 8.6 的缓冲体系中，分离血清蛋白质。表 80-1 显示，人血清中 5 种蛋白质的 pI 都低于 pH 8.6，所以在 pH 8.6 的缓冲液中，都带负电荷，在电场中向阳极移动，电泳 40min 后，可以通过染色将 5 条区带分离。

表 80-1　人血清中各种蛋白质的 pI 及相对分子质量

蛋白质名称	等电点（pI）	相对分子质量
白蛋白（清蛋白）	4.88	69 000
α_1 球蛋白	5.06	200 000
α_2 球蛋白	5.06	300 000
β 球蛋白	5.12	90 000～150 000
γ 蛋白	6.85～7.50	156 000～300 000

三、 材料、试剂和仪器

1. **材料**　健康人血清（新鲜，无溶血现象）。

2. 试剂

①巴比妥-巴比妥钠缓冲液（pH 8.6）：取两个大烧杯，分别称取 12.76g 巴比妥钠和 1.66g 巴比妥溶解于 1 000mL 蒸馏水中，用 pH 计校正后使用。

②染色液（使用后回收，可重复使用）。

③漂洗液：95％乙醇 45mL，冰醋酸 5mL，水 50mL，混匀后使用。

④透明液：无水乙醇 70mL，冰醋酸 30mL，混匀后使用。

3. 仪器和用具　醋酸纤维素薄膜（2cm×8cm，厚度 120μm）、烧杯、培养皿、点样器、镊子、玻璃棒、电吹风机、试管、剪刀、恒温水浴锅、电泳槽、直流稳压电泳仪等。

四、 实验方法与步骤

1. 薄膜浸泡　提前将醋酸纤维素薄膜浸泡 30min 以上。

2. 点样　取新鲜血清滴于载玻片上，将盖玻片掰成适宜大小，使一边小于薄膜宽度。把浸泡好的醋酸纤维素薄膜取出，用滤纸吸去表面多余的液体，平铺在另一张干净平整的滤纸上，将盖玻片在血清中轻轻划一下，在膜条一端 1.5～2cm 处轻轻地水平落下并迅速提起，便在膜条上点上了细条状的血清样品。

3. 电泳槽的准备　在两个电极槽中各倒入等体积的电极缓冲液。用滤纸折叠成滤纸桥，两端分别浸没到两个电极槽中，注意不要产生气泡。用镊子将薄膜平贴在已浸透缓冲液的滤纸桥上（点样面朝下），点样端为阴极，另一端为阳极。要求薄膜紧贴滤纸桥并绷直，中间不能下垂。

4. 电泳　盖上电泳槽盖。接好电路，调节电压到 90V，预电泳 10min，再将电压调至 110V，电泳 50min 至 1h。

5. 染色　电泳结束后，立即用镊子取出薄膜，浸入染色液中，染色 5～10min，取出。

6. 漂洗　将染色完毕的薄膜从染色液中取出，放入漂洗液中，连续更换几次漂洗液，直到薄膜背景几乎无色为止。

7. 透明　用镊子将漂洗好的薄膜取出，贴在容器壁上（烧杯壁或培养皿上等），注意不要产生气泡，用电吹风机将薄膜稍吹干，用胶头滴管和透明液淋洗薄膜，每组 20mL 透明液淋洗完即可，再用电吹风机将薄膜彻底吹干，此时薄膜透明，将薄膜自容器壁上小心取下。

五、 实验结果

染色后的薄膜上可显现清楚的 5 条区带。从阳极端起，依次为白蛋白、α_1 球蛋白、α_2 球蛋白、β 球蛋白和 γ 球蛋白。下面是通过本实验获得的一条电泳带（图 80-1）：

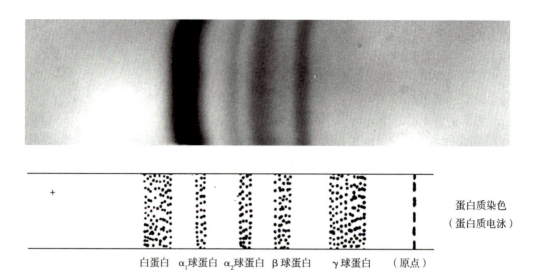

蛋白质染色
（蛋白质电泳）

白蛋白　α₁球蛋白　α₂球蛋白　β球蛋白　　γ球蛋白　　（原点）

图 80 - 1　电泳带

六、 注意事项

（1）薄膜要充分浸润，点样前应将薄膜表面多余的缓冲液用滤纸吸去，吸水量以不干不湿为宜。

（2）点样时，动作要轻，不能用力太大，以免损坏膜片或印出凹陷影响电泳区带分离效果。

（3）点样应点在薄膜的毛面上，点样量要适量。

（4）电泳时应将薄膜的点样端置于电泳槽的阴极端，且点样面向下。

（5）应控制染色时间。时间太长，薄膜底色不易脱去；时间太短，着色不易区分。

七、 思考题

1. 点样前为何要将醋酸纤维素薄膜充分浸泡，之后又将膜上多余的缓冲液吸掉？
2. 若要测定血清中的蛋白质总量，可以用什么方法？
3. 血清中的各蛋白质含量有何临床意义？

（袁　熹　孙梅好）

实验八十一

聚丙烯酰胺凝胶电泳分离血清蛋白

一、实验目的

1. 掌握聚丙烯酰胺凝胶电泳的原理。
2. 了解圆盘电泳槽和电泳仪的结构和功能。
3. 学习聚丙烯酰胺凝胶圆盘电泳的操作技术。

二、实验原理

蛋白质是生物体内一类复杂的大分子物质，是生命活动的基础，由氨基酸组成。蛋白质具有两性解离、在 280nm 有吸收峰、胶体性质等理化性质。根据蛋白质的理化性质可以分离纯化不同的蛋白质。目前用于分离蛋白质的方法主要有透析、盐析、超速离心、离子交换层析、凝胶层析、亲和层析、电泳等。

蛋白质根据氨基和羧基数量的不同，都有不同的特定等电点，因此在特定的 pH 缓冲液中会带有不同数量的电荷。电泳技术的原理是蛋白质在特定的 pH 缓冲液中带有电荷，电场中会向相反的电极方向移动，由于所带电荷不同，造成迁移率的差异，从而将蛋白质分离。根据固体支撑物种类的不同，电泳可分为纸电泳、醋酸纤维素薄膜电泳、琼脂糖电泳、聚丙烯酰胺凝胶电泳等。

聚丙烯酰胺是由单体丙烯酰胺（Acr）和交联剂甲叉双丙烯酰胺（Bis）在加速剂四甲基乙二胺（TEMED）和催化剂过硫酸铵（AP）的作用下，聚合交联而成的凝胶。聚丙烯酰胺凝胶分为连续胶和不连续胶。连续胶是采用浓度一致的凝胶和相同的缓冲液，在 pH 恒定、离子强度相同的条件下分离样品，操作简单但是分辨率不高；不连续胶是采用不同浓度的凝胶和不同缓冲液，在分离过程中，由于浓缩胶孔径比分离胶孔径大，样品移动到两者界面时泳动速度显著下降，可使样品浓缩为一条窄带，然后在特定浓度或浓度梯度的凝胶上再进行分离，分辨率高，可以用于分离复杂样品。聚丙烯酰胺凝胶电泳分离蛋白质主要利用以下 3 个特性：①分子筛效应，分子质量或三维结构不同的蛋白质通过特定孔径的分离胶时，受阻滞的程度不同而表现出不同的迁移率；②电荷效应，在特定缓冲液中蛋白质所带电荷量不同，迁移率不同；③浓缩效应，不连续胶具有样品浓缩效应。

血清是血浆除去纤维蛋白分离出的淡黄色透明液体，成分非常复杂，包括脂肪、碳水化合物、多肽、激素、无机物、蛋白质等。血清蛋白主要含有白蛋白、α_1 球蛋白、α_2 球蛋白、

β球蛋白和γ球蛋白。

三、材料、试剂和仪器

1. 材料　血清。

2. 试剂

①Ⅰ号溶液：pH 8.9，3mol/L Tris-HCl 缓冲液（浓盐酸 4mL，Tris 36.3g，TEMED 0.46mL，加入 20mL 蒸馏水，充分溶解后定容至 100mL）。

②Ⅱ号溶液：30%（Acr+Bis）。

③Ⅲ号溶液：10%（m/V）AP（5g 过硫酸铵溶于 45mL 蒸馏水中，定容至 50mL）。

④电泳缓冲液：pH8.3 的 Tris-Gly 缓冲液（称取 6g Tris，28.8g Gly 溶于 900mL 蒸馏水中，定容至 1 000mL，使用时稀释 10 倍）。

⑤0.5%（m/V）氨基黑溶液：0.5g 氨基黑溶于甲醇 50mL、冰醋酸 10mL 及水 40mL 的混合溶液中。

⑥7%醋酸脱色液：70mL 冰醋酸溶于 900mL 蒸馏水中，定容至 1 000mL。

3. 仪器和用具　电泳仪、圆盘电泳槽、电泳玻璃管、青霉素小瓶、微量注射器、长针头注射器、烧杯、移液管、ParaFilm 膜等。

四、实验方法与步骤

1. 凝胶的制备

（1）准备工作。用橡胶垫密封电泳玻璃管细橡皮塞的一端，放置到试管架上。

（2）配制聚丙烯酰胺凝胶。浓度为 7.5%，按表 81-1 配制后完全混匀。

表 81-1　配制聚丙烯酰胺凝胶

试剂	体积（mL）
ddH$_2$O	1
Ⅰ号液	1
Ⅱ号液	2
Ⅲ号液	4

2. 灌胶、装胶

（1）用滴管吸取凝胶溶液沿管壁加入电泳玻璃管中，确保管内无气泡，凝胶加至 4/5 体积后沿管壁缓缓注入几滴蒸馏水，聚合约 20min。

（2）待凝胶完全聚合后轻轻取下电泳玻璃管底部的橡皮塞，用滤纸吸取凝胶上方蒸馏水，将电泳玻璃管垂直插入圆盘电泳槽圆孔中并尽量使各管高度一致，其余孔用橡胶塞堵住，在电泳槽内加入电泳缓冲液至完全浸没所有电泳玻璃管。

3. 加样　用微量注射器吸取 20μL 样品（含溴酚蓝），沿电泳玻璃管内壁缓慢加入。

4. 电泳　阴极在上，阳极在下，电流调节到 2mA/管，开通电源 2min 后，电流调节到 5mA/管，电泳约 1h，溴酚蓝移动至凝胶底部，停止电泳。

5. **剥胶**　取出电泳玻璃管，将注射器长针头插入电泳玻璃管壁与凝胶柱之间，注入蒸馏水以使凝胶脱出。

6. **固定与染色**　将取下的电泳胶条放入氨基黑染色液中，在室温下染色 10min。

7. **脱色**　将染色完毕的胶条用自来水冲洗后浸泡在脱色液中；6h 后换一次染色液再次脱色 10h 至凝胶脱色完成后拍照。

五、实验结果

利用聚丙烯酰胺凝胶圆盘电泳分离血清后的结果可参见图 81-1。

电泳原点 ——→

图 81-1　血清蛋白分离结果
（浙江师范大学 2018 级环境科学专业学生提供）

电泳结果主要有 5 个条带，由上至下分别为 γ 球蛋白、β 球蛋白、$α_2$ 球蛋白、$α_1$ 球蛋白和白蛋白。

六、注意事项

（1）灌胶时保证电泳玻璃管内无气泡。
（2）电泳槽内先加注电泳液，后加样品，防止样品溢出串样。
（3）电泳约 1h，溴酚蓝移动至凝胶底部 2cm 处停止电泳，防止样品跑出凝胶。

七、思考题

1. 为什么 γ 球蛋白距离电泳原点最近，而白蛋白距离最远？
2. 为什么跑电泳时阴极在上靠近样品位置，而阳极在下远离样品位置？

（赵江哲　张可伟）

实验八十二

聚丙烯酰胺凝胶电泳分离 DNA

一、实验目的

1. 了解聚丙烯酰胺凝胶电泳原理。
2. 掌握用聚丙烯酰胺凝胶电泳技术分离不同大小的 DNA 片段。
3. 掌握聚丙烯酰胺凝胶电泳的显色技术。

二、实验原理

聚丙烯酰胺凝胶电泳（PAGE），是以聚丙烯酰胺凝胶作为支持介质的一种常用电泳技术。聚丙烯酰胺凝胶是由丙烯酰胺单体和甲叉双丙烯酰胺交联剂在加速剂 N，N，N'，N'-四甲基乙二胺（TEMED）和催化剂过硫酸铵（AP）的作用下，通过自由基聚合而成的一种多孔三维网状结构，具有分子筛效应，可根据大小和电荷分离 DNA 分子。

PAGE 采用银染法进行显色。首先通过银离子（通常为 $AgNO_3$）和 DNA 进行结合，然后利用还原剂甲醛将银离子还原为银颗粒，最终 DNA 呈黑褐色。

三、材料、试剂和仪器

1. 材料　DNA（含 PCR 产物）。
2. 试剂　0.5mol/L EDTA（称取 46.53g EDTA·$2H_2O$ 溶于 200mL 双蒸水中，加入约 5g NaOH 调节 pH 至 8.0，定容至 250mL）、40%丙烯酰胺（38g 丙烯酰胺、2g 甲叉双丙烯酰胺，加双蒸水定容至 100mL）、5×TBE [54g Tris、27.5g 硼酸、20mL 0.5mol/L EDTA（pH8.0）]、10% 过硫酸铵（4g 过硫酸铵溶于蒸馏水中，定容至 40mL）、TEMED、0.1%硝酸银染液（1g 硝酸银溶于蒸馏水中，定容至 1L）、固定液（15g NaOH、0.2g 硼砂和 4mL 甲醛，加蒸馏水定容至 1L）。
3. 仪器　垂直板电泳槽、稳压稳流电泳仪、脱色摇床和微量移液器等。

四、实验方法与步骤

1. 安装电泳仪　用去污剂、水洗净玻璃板，晾干，然后按照要求装好。洗涤及装配玻璃板时必须戴手套。以北京六一 DYCZ-30C 型双板夹芯式垂直电泳仪（图 82-1）为例，每个硅胶框与合在一起的平凹两块玻璃板组合好后放入电泳槽中，锁定电泳槽，玻璃板低的一面朝内，把配好的 1% 琼脂糖倒入琼脂密封槽中。待琼脂糖溶液聚合后，即可灌胶。

图 82-1　准备安装电泳槽

2. **制胶**　确知玻璃板的大小和间隔片的厚度，可以得知所需丙烯酰胺溶液的体积。取小烧杯，根据实验需求的浓度和体积按照表 82-1 依次定量加入溶液，加入 TEMED 之后，迅速搅拌均匀，将分离胶加入玻璃板的缝隙之间，使液体达到顶端。

表 82-1　聚丙烯酰胺凝胶工作液配方

成分	50mL					100mL				
	5%	8%	12%	15%	20%	5%	8%	12%	15%	20%
蒸馏水（mL）	34	30	25	21	15	68	60	50	43	30
5×TBE（mL）	10	10	10	10	10	20	20	20	20	20
40% 丙烯酰胺（mL）	6.3	10	15	19	25	13	20	30	38	50
TEMED（μL）	50	50	50	50	50	100	100	100	100	100
10% AP（μL）	400	400	400	400	400	800	800	800	800	800

3. **聚合**　将梳子从顶端插入玻璃板之间的缝隙，室温下静置 30min。

4. **上样**　在电泳槽内加入电泳缓冲液，超过凹面玻璃板。小心拔出梳子，确保在加样孔中不产生气泡。用缓冲液冲洗电泳孔，然后使用微量移液器上样（图 82-2、图 82-3）。

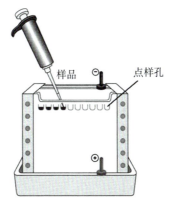

图 82-2　微量移液器　　　　图 82-3　上样

5. **电泳**　调节电泳电压为 8 V/cm，开始电泳，染料泳动至胶底约 1cm 时，停止电泳。

6. **染色与显色**　先配制染色液进行银染。将取出的凝胶浸泡在染色液中，在摇床上振荡 12min，然后用纯水漂洗 1～2 次，再加入固定液放置于脱色摇床上进行显色，看到模糊的条带后立即用大量双蒸水冲洗，中止显影，放置在观片灯上拍照。

五、　实验结果

实验的电泳结果参见图 82-4。

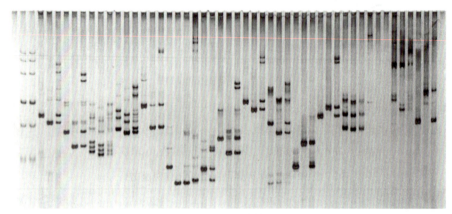

图 82-4　电泳结果

六、　注意事项

（1）丙烯酰胺和 TEMED 均为有毒试剂，对皮肤有刺激作用，操作时应戴手套和口罩。

（2）灌胶前保证各凝胶成分充分混匀，避免出现局部浓度不一致的情况。

（3）出现淡淡条带后立即中止银染。千万不要等到看到清晰的目标条带时再中止显影，那时已经显影过度，拍片时背景色极深。

七、　思考题

1. 聚丙烯酰胺凝胶电泳的优点和缺点有哪些？
2. 聚丙烯酰胺凝胶电泳与琼脂糖凝胶电泳有什么区别，如何选择？

（周志伟　徐　杰　李　璇）

实验八十三

TRIzol 法提取植物总 RNA

一、实验目的

1. 了解真核生物基因组 RNA 提取的一般原理。
2. 掌握 TRIzol 提取 RNA 的方法和步骤。
3. 掌握检测总 RNA 完整性的方法。

二、实验原理

（1）TRIzol 的主要成分是酚，主要作用是裂解细胞，使细胞中的蛋白质、核酸物质解聚并得到释放。酚虽可有效地变性蛋白质，但是它不能完全抑制 RNase 活性，因此 TRIzol 中还加入了 8-羟基喹啉、异硫氰酸胍、β-巯基乙醇等来抑制内源和外源 RNase。0.1% 8-羟基喹啉与氯仿联合使用可增强对 RNase 的抑制。异硫氰酸胍属于解偶剂，是一类强力的蛋白质变性剂，可溶解蛋白质，并使蛋白质二级结构消失，细胞结构降解，核蛋白迅速与核酸分离。β-巯基乙醇主要破坏 RNase 中的二硫键。

（2）氯仿可以使蛋白质变性，降低蛋白质的溶解度。加入氯仿，虽然有变性蛋白质的作用，但是其主要用来分相，实际上是加速有机相和水相的分层。上层水相，pH 5.1 左右，当溶液呈酸性时，DNA 分子就会沉淀在酚与溶液的界面，只有 RNA 分子留在水相。而当溶液接近中性时，DNA 就会溶解在水相（导致溶液中性的大概原因是 TRIzol 与样品比例不对，应该尽量保证提取量的前提下使 TRIzol 过量）。氯仿还可以去除植物色素和蔗糖，以及核酸溶液中痕量的酚。

（3）异丙醇可以沉淀 RNA，降低 RNA 在氯仿中的溶解度。异丙醇沉淀的优点是容积小且速度快，主要沉淀 DNA 和大分子 rRNA 和 mRNA，对 5S RNA、tRNA 及多糖不产生沉淀。所以 RNA 电泳的标志性三条带中 5S RNA 带很不清楚，但这未必是 RNA 降解了。缺点是异丙醇难以挥发出去。

（4）以上试剂都会影响后续实验，所以用乙醇洗 1～2 遍。一是乙醇可以溶解一些沉淀中可能的有机物杂质，二是洗掉异丙醇、氯仿，乙醇的易挥发性在这里得到运用，痕量的乙醇很容易挥发掉。

TRIzol 法提取的总 RNA 完整性好，无蛋白质和 DNA 污染，可用于各种分子生物学常规实验，如 RT-PCR、Real-time RT-PCR、Northern 杂交、体外翻译等。

三、 材料、试剂和仪器

1. **材料** 植物组织。

2. **试剂** 液氮、TRIzol 试剂、无水乙醇、三氯甲烷（氯仿）、异丙醇、75％乙醇、Buffer、1.2％普通琼脂糖凝胶、无 RNase 的水。

3. **仪器和用具** 低温高速冷冻离心机、研钵（无菌）、匀浆器、旋涡振荡器、移液器、超净工作台、无 RNase 离心管、无 RNase 的枪头、一次性手套、口罩、NanoDrop 超微量分光光度计等。

四、 实验方法与步骤

（1）准备工作。玻璃匀浆器、75％乙醇预冷，离心机预冷至 4℃，打开超净工作台紫外灯 15min 以上，用乙醇擦拭台面，离心管标记。

（2）取新鲜植物组织在液氮中充分迅速研磨至粉末状，每 30～50mg 组织装入在液氮中预冷的离心管中，加入 1mL TRIzol 试剂，振荡混匀。

（3）将匀浆样品反复吹打几次，在室温条件下静置 5min，使核酸蛋白复合物完全分离。

（4）可选步骤：4℃，12 000r/min，离心 10min，取上清液。

如果样品中含有较多蛋白质、脂肪、多糖等，可离心去除。离心得到的沉淀中包括细胞外膜、多糖、大分子 DNA，上清液中含有 RNA。处理脂肪组织样品时，上层是大量油脂，应除去。取澄清的匀浆溶液进行下一步操作。

（5）向上述溶液中加入氯仿，每使用 1mL TRIzol 试剂加 0.2mL 氯仿，盖好管盖，在旋涡振荡器上振荡 15s，室温放置 3min。

（6）4℃，12 000r/min，离心 10～15min，样品会分成三层：下层红色的有机相、中间层和上层无色的水相，RNA 主要在水相中，把水相（约 600μL，约为所用 TRIzol 试剂的 60％）转移到新的离心管中。

（7）在得到的水相溶液中加入等体积的异丙醇，上下颠倒混匀，室温放置 10min。

（8）4℃，12 000r/min，离心 10min，弃去上清液（离心前 RNA 沉淀经常是看不见的，离心后在管侧和管底形成胶状沉淀）。

（9）加入 1mL 75％乙醇（用无 RNase 的水配制）洗涤沉淀。加入后敲一敲管子，尽量使 RNA 沉淀飘起来，每使用 1mL TRIzol 试剂至少加 1mL 乙醇。

（10）4℃，12 000r/min，离心 5min，用移液器小心吸弃上清液，注意不要吸弃沉淀。

（11）室温放置 3～5min，晾干。

（12）加入 30～100mL 无 RNase 的水，充分溶解 RNA。得到的 RNA 保存在 −70℃，防止降解。

（13）以无 RNase 水作为空白对照，用 NanoDrop 超微量分光光度计测量 RNA 浓度。一般在 1 000ng/mL 左右较好。浓度太高要稀释以后再测定。

（14）取 1μL RNA 样品＋1μL Buffer 电泳检测 RNA 完整性，在 1.2％普通琼脂糖凝胶上分离总 RNA，若有三条（代表 rRNAs）清晰、无拖尾的条带，则说明总 RNA 完整，可用于后续实验。

五、 实验结果

电泳条带参见图 83 - 1。

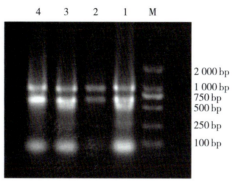

图 83 - 1　植物总 RNA 电泳示意

六、 注意事项

（1）样品量和 TRIzol 试剂的加入量一定要按照实验方法与步骤中第 2 步的比例，不能随意增加样品或减少 TRIzol 量，否则会使内源性 RNase 的抑制不完全，导致 RNA 降解。

（2）实验过程必须严格防止 RNase 的污染。预防 RNase 污染，应注意以下几个方面：①经常更换新手套。②使用无 RNase 的塑料制品和枪头，避免交叉污染。③配制溶液应使用无 RNase 的水［将水加入干净的玻璃瓶中，加入 DEPC（焦碳酸二乙酯）至终浓度为 0.1%（体积分数），放置过夜，高压灭菌］。注意：DEPC 有致癌之嫌，需小心操作。

（3）在使用 TRIzol 试剂的时候要戴手套和口罩，避免接触到皮肤和衣服，使用化学通风橱，防止蒸汽吸入。

七、 作业与思考题

1. TRIzol 试剂的主要成分和作用是什么？
2. 详细列出实验中关系到 RNA 产量的而需要注意的事项。

（方　媛）

实验八十四

细胞内 DNA 福尔根染色

一、实验目的

1. 掌握 DNA 的福尔根染色方法。
2. 了解小鼠精子细胞中 DNA 的分布特点。

二、实验原理

1924 年，R. Feulgen 等首次建立了特异性检测细胞内脱氧核糖核酸（DNA）的方法，即福尔根反应（Feulgen reaction）。福尔根反应是显示细胞内 DNA 的经典方法，它的原理是 DNA 在弱酸条件下会发生水解，嘌呤与脱氧核糖之间的糖苷键打开，脱氧核糖的 C 端释放出游离的醛基。醛基可与希夫试剂（Schiff）中的无色品红发生反应，生成含有发色团醌基的紫红色化合物，从而使细胞内含有 DNA 的部位呈现紫红色的阳性反应，显示出细胞内 DNA 的分布情况。

固绿属于酸性染料，可将细胞质与含有纤维素的细胞壁染成绿色，与呈现紫红色的 DNA 形成鲜明对比，用于衬托细胞内 DNA 的分布（图 84-1）。

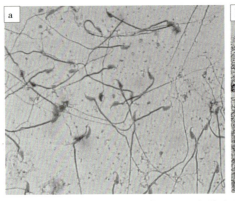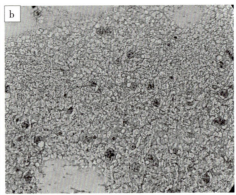

图 84-1　细胞内 DNA 福尔根染色

a. 小鼠精子细胞　b. 小鼠肝脏细胞

（浙江师范大学 2017 级初阳学院生科专业学生提供）

三、 材料、试剂和仪器

1. **材料**　雄性成年小鼠。

2. **试剂**

①95％乙醇。

②0.85％（*m/V*）生理盐水：0.85g NaCl 溶于 100mL 蒸馏水中。

③1mol/L HCl 溶液：82.7mL 浓盐酸（相对密度 1.19）加蒸馏水至 1 000mL。

④固绿染色液：0.5g 固绿溶于 100mL 95％乙醇溶液中。

⑤希夫（Schiff）试剂。

3. **光学仪器和用具**　光学显微镜、载玻片、盖玻片、恒温水浴锅、电吹风机、染色缸、小烧杯、漏斗、解剖盘、镊子、外科剪、滴管、一次性水杯等。

四、 实验方法与步骤

（1）小鼠附睾的获取。采用颈部脱臼方法处死雄性成年小鼠，将小鼠仰卧，剪开腹部处皮肤层，将腹部最下端的脂肪层拨开，露出睾丸部分，在睾丸下方与其相连的位置可见白色的附睾。将脂肪分离去除，取附睾部分，置于 5mL 小烧杯中，加 1～2 滴生理盐水，剪碎后再加 0.5mL 0.85％生理盐水，制成悬浊液。

（2）用滤布将滤液过滤于另一小烧杯中。

（3）取一小滴滤液置于载玻片上，在光学显微镜下观察小鼠精子的形态（图 84-2）。

（4）取 1 滴精子滤液滴于载玻片上，轻轻涂开，用电吹风机吹干。

（5）取小鼠肝脏一小片，用双面刀片切开，露出新鲜切面，在载玻片上轻轻印一下。

（6）将载玻片置于盛有 95％乙醇的染色缸中，固定 10min 后转移至蒸馏水中漂洗一下。

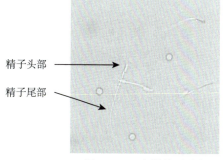

精子头部

精子尾部

图 84-2　小鼠精子形态

（7）将载玻片置于盛有 1mol/L HCl 溶液的染色缸中，在 60℃恒温水浴锅中水解 15min。

（8）将载玻片转移至希夫试剂中浸染 4～8h。

（9）用蒸馏水漂洗载玻片后，加 1 滴固绿快染 2s。

（10）用蒸馏水漂洗载玻片后用电吹风机吹干。

（11）使用光学显微镜进行观察，在低倍镜下选择肝脏涂片较薄的部位，找到精子分布较多的视野，转换至高倍镜下进行观察。

五、 注意事项

（1）HCl 水解的时间与温度应准确，水解时间勿过长。

（2）制作肝脏印片时轻轻印一下即可，勿用力按压，以免造成细胞变形与堆叠。

（3）将载玻片放入盛有蒸馏水的烧杯中漂洗一下即可，勿用蒸馏水冲洗。

（4）固绿染色时间勿过长，以免造成装片均被染成绿色而覆盖了DNA的紫红色。

六、作业与思考题

1. 简述福尔根染色原理。
2. 绘制小鼠精子与肝脏细胞DNA分布图。
3. 为何部分精子细胞未被染色？

参考文献

王金发，何炎明，刘兵，2011. 细胞生物学实验教程［M］. 北京：科学出版社.

（周　丹）

实验八十五

质粒 DNA 的提取及酶切鉴定

一、实验目的

1. 初步掌握质粒 DNA 提取和酶切鉴定的原理。
2. 掌握质粒 DNA 提取和酶切鉴定的方法。

二、实验原理

质粒是染色体外的遗传物质，多存在于原核生物和单细胞真核生物当中，大小 1～200kb。来自原核生物的质粒大多数呈双链共价闭合环状，以超螺旋形式存在，常含有一些编码对细菌宿主有利的酶的基因。这些基因很多具有重要的医学和商业价值，如产生抗生素、限制酶与修饰酶，以及降解复杂的有机化合物等。

在分子生物学发展过程中，质粒作为外源基因、基因组件或者基因组片段载体，被开发成重要的分子生物学研究工具，比如细菌人工染色体（BAC）和酵母人工染色体（YAC），进行转基因和转染等。

现在常用的提取质粒的方法是 SDS 碱裂解法。用高 pH 强阴离子洗涤剂破坏细菌的细胞壁和细胞膜，释放出细胞内容物，另外，裂解用的碱溶液同时会导致细胞内蛋白质和基因组 DNA 及质粒变性。蛋白质、破裂的细胞壁和变性的染色体 DNA 会相互缠绕成大型复合物。加入酸溶液中和使 pH 恢复到中性，会使 DNA 复性，因为基因组 DNA 较长，在复性的过程中通常会与同源区域发生错配或者不同的分子之间局部形成双链结构，最终形成网状结构，可以通过高速离心与变性蛋白和细胞壁等一起沉淀下来。而质粒较短，会很快发生复性，并且形成错配的可能性很低，可以从离心后的上清液中回收质粒 DNA。

核酸内切酶是重要的分子生物学研究工具。核酸内切酶可以分为三类，第一类和第三类都同时具有修饰和切割功能，可以识别 DNA 上的识别位点，切割位点距离识别位点 20 多个碱基到数千个碱基不等；而第二类限制内切酶可以识别特征性序列，并在特定位点将双链 DNA 切开形成缺口，因此也是最具有应用价值的限制性内切酶。其识别序列大多是回文序列，切割位点在识别序列内，酶切之后形成特定的黏性末端或者平末端，可用于后续外源 DNA 片段的连接，也可以用来进行酶切鉴定。核酸内切酶可以在特定的缓冲液和温度条件下进行酶切反应。

三、 材料、试剂和仪器

1. **材料** 含有 PCR8 质粒的大肠杆菌。
2. **试剂** 质粒小抽试剂盒、H Buffer（Takara）、*EcoR* I（Takara）。
3. **仪器和用具** 分光光度计、振荡培养箱、试管、1.5mL 或 2mL 离心管、200μL 离心管、离心机、水浴锅等。

四、 实验方法与步骤

（1）在实验的前一晚，挑取含有 PCR8 的大肠杆菌的单克隆接种到约 5mL 含有对应抗生素的液体培养基中，37℃下 200～220r/min，培养过夜（12～16h）。

（2）在 1.5mL 或 2mL 离心管中加入适量菌液，8 000g 离心 2min 富集菌体，弃去上清液，重复收集菌液 1.5～5mL；用移液器吸干培养基。

（3）在收集的菌体中加入 250μL Buffer P1，用移液器吸打或振荡，彻底重悬菌体。

（4）加入 250μL Buffer P2（本质为 SDS 碱裂解液），立即温和颠倒离心管 5～10 次混匀，室温静置 2～4min。

（5）加入 350μL Buffer P3（本质为中和碱裂解液的酸），立即温和颠倒离心管 5～10 次充分混匀。

（6）13 000g 离心 5～10min，将上清液全部小心移入吸附柱（切勿将沉淀转入柱子），9 000g 离心 30s。弃去收集管中的液体，将吸附柱重新放回收集管。

（7）向吸附柱中加入 500μL Wash Solution，9 000g 离心 30s。弃去收集管中的液体，将吸附柱放回收集管，重复一次。

（8）将吸附柱放入收集管，9 000g 离心 1min，除尽吸附柱中残余的乙醇。

（9）在吸附膜中央加入 50～100μL ddH$_2$O 或 10mmol/L Elution Buffer，室温静置 2min，9 000g 离心 1min。取适量质粒用分光光度计测量质粒 DNA 的吸光度，以判定质粒 DNA 的浓度和质量，同时取适量质粒进行电泳检测。

（10）取 1μg PCR8 质粒用 *EcoR* I 进行酶切，酶切体系参考表 85-1。反应体系置于 37℃下，酶切 1～3h。

表 85-1 酶切反应体系

反应体系	体积（μL）
10×Buffer	2
PCR8（1μg）	—
EcoR I	1
加 dd H$_2$O 至	20

五、实验结果

经过 $EcoR$Ⅰ酶切，PCR8 的插入片段被切下来。上面为载体的条带，下面为插入片段的条带（图 85 - 1）。

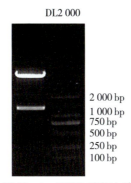

图 85 - 1　PCR8 酶切电泳

六、注意事项

（1）在加入 Buffer P1 重悬菌体时，一定要通过吸打或振荡彻底重悬菌体。

（2）加入 Buffer P2 和 Buffer P3 之后混匀要温柔，否则可能会使超螺旋结构破坏，出现超螺旋、开环和线性 3 种形态。

（3）加入 Buffer P2 一定要充分裂解至溶液透明，否则会影响产率。裂解时间不宜超过 4min，否则会影响质粒 DNA 的完整性。

（4）Buffer P1 和 Wash Solution 使用前请检验是否加入 RNase 或乙醇。

（5）酶切加样需在冰上进行。

（6）取酶时枪头尖插入酶液即可，由于酶液含有甘油溶液，比较黏稠，需要轻轻吸出，轻轻吸打溶液几次，加酶后要立即将 $EcoR$Ⅰ内切酶放回−20℃冰箱。

七、思考题

如果进行单酶切，质粒 DNA 线性化后，酶切产物在电泳时的迁移率与起始质粒相比哪个更靠前？

参考文献

萨姆布鲁克，拉塞尔，2002. 分子克隆实验指南［M］. 3 版. 黄培堂，等，译. 北京：科学出版社.

（王　芳）

水稻原生质体分离

 实验目的

1. 了解原生质体在植物体细胞遗传学上的意义。
2. 了解植物原生质体分离的基本原理。
3. 掌握植物原生质体分离的操作方法。

二、 实验原理

　　植物原生质体是除去细胞壁后原生质所包围的"裸露细胞"，其是开展基础研究的理想材料。酶解法是常用的分离原生质体的方法。采用酶解法分离原生质体，其原理是利用由纤维素酶和离析酶配制而成的溶液对细胞壁成分进行降解，释放出原生质体。原生质体的得率和活力与材料的来源、生理状态、酶液组成以及原生质体收集方法有关。酶液通常需要保持较高的渗透压，以使原生质体在分离前细胞处于质壁分离状态，分离后不致膨胀破裂。可以使用甘露醇作为渗透剂。酶解液中还应含有一定量的钙离子，以稳定原生质体膜。游离出来的原生质体用过筛法收集。分离得到的原生质体可用于亚细胞定位、基因瞬时表达分析、启动子活性分析、离子吸收实验以及蛋白质相互作用验证（如 BiFC 和蛋白质免疫共沉淀）等。

　　从理论上讲，植物体的任何组织都可以通过酶解作用去除细胞壁而得到原生质体，但在实际操作中，只有幼嫩的组织才能完成去壁的过程。所以，为了制备良好的原生质体，一般选用根尖、茎尖、嫩叶及对数生长期的愈伤组织为材料。

三、 材料、试剂和仪器

　　1. 材料　　水稻幼苗。将露白的水稻种子整齐地播种在营养土（最好混有蛭石，营养土与蛭石的比例为 1∶1）中，放在温室中生长 14~21d。

　　2. 试剂

　　（1）0.6mol/L 甘露醇溶液。将 10.92g 甘露醇加入 80mL 双蒸水中，完全溶解后定容至 100mL。

　　（2）25mL 酶解液。依次将 2.74g 甘露醇、0.048 6g 2-（N-吗啉）乙磺酸（MES）、

0.375g 纤维素酶 R-10 和 0.187 5g 离析酶溶解于 20mL 双蒸水中，用 1mol/L 氢氧化钾（KOH）调节 pH 至 5.7，定容至 25mL；65℃ 水浴 10min，待酶液冷却至室温后，加入 0.025g BSA、0.009 5g 氯化钙、8.75μL β-巯基乙醇和 1.25mg 羧苄西林，完全溶解后过 0.22μm 滤膜除菌至无菌三角瓶中。

（3）200mL W5 溶液。依次将 1.8g 氯化钠、2.78g 氯化钙、0.074g 氯化钾和 0.078g MES 先后加入 180mL 双蒸水中（完全溶解后再加入下一个试剂），用 1mol/L KOH 调节 pH 至 5.7，定容至 200mL，121℃ 灭菌 20min。

（4）100mL MMG 溶液。将 10.93g 甘露醇、0.143g 氯化镁和 0.078g MES 先后加入 80mL 双蒸水中（完全溶解后再加入下一个试剂），用 1mol/L KOH 调节 pH 至 5.7，定容至 100mL，121℃ 灭菌 20min。

3. **仪器和用具**　切片刀、镊子、橡皮筋、锡箔纸、滤纸、三角瓶（100mL）、玻璃棒、低速摇床、400 目尼龙网、细胞培养板、50mL 离心管、离心机、悬浮振荡器、共聚焦荧光显微镜、pH 计、小烧杯、1mL 和 200μL 灭菌的剪口枪头、载玻片等。

四、实验方法与步骤

1. **外植体取样**　取幼苗 50 株左右，切去根，将切口浸入 0.6mol/L 甘露醇中，用刀片将茎和叶鞘切成 0.5mm 小段，浸入 0.6mol/L 甘露醇中平衡 10min。

2. **酶解**　将切好的组织置于预先配好的 10mL 酶液中，借助镊子使材料完全浸入酶解液中。用锡箔纸包裹遮光，在摇床上 28℃、80r/min，酶解处理 3.5h，摇后液体混浊。

3. **过滤收集**　用 W5 溶液润湿 400 目尼龙网，将酶解产物过滤至 50mL 圆底离心管中。用 W5 溶液清洗残渣，可获得更多的原生质体，稀释原生质体，取少量滤液用作镜检，40× 或 20× 每个视野可观察到 20～40 个即可。

4. **清洗、富集**　转速 150g，离心 5min 沉淀原生质体；离心后可在管底见到明显的混浊沉淀，用剪口枪头尽量去除上清液，然后沿管壁缓慢加入 10mL W5 溶液，轻柔重悬原生质体。在冰上静置 30min。转速 150g，离心 5min，用剪口枪头尽量吸除 W5 溶液，加入 1mL MMG 溶液重悬原生质体，使之最终浓度为 10^6～10^7 个/mL，即血球计数板大中格视野中有 20～40 个原生质体。

五、实验结果

实验过程及结果参见图 86-1 至图 86-4。

图 86-1　水稻幼苗　　图 86-2　外植体收集　　图 86-3　酶解　　图 86-4　原生质体

六、注意事项

（1）原生质体内部与外界环境之间仅隔一层薄薄的细胞膜，必须保持在渗透压平衡的溶液中才能保持其完整性；配制各反应溶液时 pH 一定要准确，否则将极大地影响原生质体的制备效率。

（2）应当考虑取材、酶的种类和纯度、酶液的渗透压、酶解时间及温度等因素对分离原生质体的影响，以免细胞在离心过程中破碎。将离心机的升降速度调为1。

（3）茎和叶鞘切得尽量细，刀片钝了应换新的；黄化苗须在黑暗中操作。

七、思考题

1. 选择合适的材料是实验成功的首要因素，请问该实验选材时应注意什么问题？
2. 分离原生质体的意义是什么？

（宁花英　欧阳林娟　李锦粤）

实验八十七

感受态细胞的制备

一、实验目的

1. 了解感受态细胞的生理特性及制备条件。
2. 掌握大肠杆菌感受态细胞制备的原理和方法。

二、实验原理

常态细胞不能摄入外源 DNA 分子，须经过一些特殊方法（如 $CaCl_2$ 等化学试剂）处理，使处于特殊生长期细胞的细胞膜正电荷和通透性增加，形成能接受外来的 DNA 分子的受体位点，转变为感受态细胞，从而能允许外源 DNA 分子进入。

三、材料、试剂和仪器

1. **材料**　大肠杆菌（*Escherichia coli*）DH5α 菌种。
2. **试剂**
①无菌水（灭菌后 4℃ 保存）、甘油、液氮、二甲基亚砜（DMSO）等。
②感受态制备所用的 Inoue 溶液配方（表 87-1）。

表 87-1　Inoue 溶液配方

成分	物质的量浓度（mmol/L）
$MnCl_2 \cdot 4H_2O$	55
$CaCl_2 \cdot 2H_2O$	15
KCl	250
PIPES（1,4-哌嗪二乙磺酸）	10

用 1mol/L KOH 调 pH 6.7，过滤灭菌，使用之前冷却到 0℃。
③LB 液体培养基、LB 固体培养基（表 87-2）。

表 87 - 2　LB 培养基配方

成分	100mL 所需的质量（g）
胰蛋白胨	1
NaCl	1
酵母提取物	0.5
琼脂粉（固体培养基所需）	1.5

3. 仪器和用具　摇床、无菌超净工作台、分光光度计、高速冷冻离心机、移液器、1.5mL 离心管（灭菌制备感受态前一天置于−20℃冰箱预冷）、恒温培养箱等。

四、 实验方法与步骤

（1）取出−80℃储存的 DH5α 菌种，在无抗生素的 LB 固体培养基上划线，37℃培养 12～16h。

（2）从培养箱取出培养基，用灭菌枪头挑取单克隆菌落并接种于 25mL LB 液体培养基中，在摇床上 37℃、200r/min 培养 6～7h。

（3）取 10mL 活化的菌液接入 250mL LB 液体培养基中，在摇床上 37℃、200r/min 过夜培养至 $OD_{600}=0.55$ 时，停止培养，开始制作感受态。

（4）将菌液于冰上放置 10min 后，4℃，2 500g，离心 10min。

（5）弃去上清液，倒置在超净工作台的灭菌纸上 2min，尽可能去除液体培养基。

（6）加入 30mL 预冷无菌水（4℃保存），轻轻悬浮混匀沉淀菌体，4℃，5 000r/min，离心 8min，弃去上清液，重复一次步骤（6）。

（7）加入 20mL 预冷的 Inoue 溶液，悬浮沉淀菌体后，加入 1.5mL DMSO，轻轻混匀后于冰上放置 10min。

（8）按每管 100μL 分装到预冷的 1.5mL 离心管中，迅速放入液氮，冷冻后转入感受态保存盒，储存在−80℃冰箱。

五、 注意事项

（1）所有收集、悬浮、分装大肠杆菌细胞的操作需要在超净工作台上完成，切勿造成其他杂菌污染。

（2）用于制作感受态的细胞需处于对数生长期，不要选用过于老化的细胞。

参 考 文 献

Inoue H，Nojima H，Okayama H，et al.，1990. High efficiency transformation of *Escherichia coli* with plasmids [J]. Gene, 96（1）：23 - 28.

（黄　鹏）

酵母感受态细胞的制备（化学法）

一、实验目的

1. 了解感受态细胞的生理特性。
2. 掌握酵母感受态细胞的制备原理和方法。

二、实验原理

感受态是指细胞最容易接受外源 DNA 片段并实现转化的一种生理状态。用对应化学物质处理细胞后，细胞膜的通透性发生改变，逐渐形成感受态细胞。化学法制备感受态细胞简单、快速、稳定、重复性好，广泛用于外源基因的转化。

三、材料、试剂和仪器

1. 材料　Y2H 酵母菌。

2. 试剂　YPDA 平板培养基、$10\times$ TE 缓冲液（12.11g/L Tris - HCl，3.7g/L 乙二胺四乙酸，pH7.5）、$10\times$ 醋酸锂（102.02g/L LiAc，pH7.5）、50％ PEG3350（m/V，pH7.5）、琼脂粉、$1.1\times$ TE/LiAc 溶液（现用现配）（表 88 - 1）。

表 88 - 1　$1.1\times$ TE/LiAc 溶液配方

试剂	用量（mL）
$10\times$ TE 缓冲液（pH 7.4）	11
$10\times$ 醋酸锂	11
ddH$_2$O	定容至 100

3. 仪器和用具　恒温摇床、锥形瓶、灭菌牙签、培养皿、移液枪等。

四、实验方法与步骤

1. 菌株活化　取出冻存的 Y2H 酵母菌，在超净工作台上用无菌牙签在 YPDA 平板培养基上划线，30℃培养 2～3d，挑选单克隆在新的 YPDA 平板培养基上划线。

2. **摇菌**　用灭菌牙签挑取酵母菌株在 2mL YPDA 平板培养基中打散，然后接入盛有 10mL YPDA 培养基的锥形瓶中，30℃下 200r/min 过夜培养。翌日，在超净工作台内用移液枪转接适量过夜培养的酵母菌液到盛有约 100mL 新的 YPDA 培养基的锥形瓶中，调整接种后的菌液浓度使 $OD_{600}=0.15～0.3$；继续培养约 3h 至酵母菌液浓度达到 $OD_{600}=0.6～0.8$。

3. **收集菌体**　将 40mL 上一步培养的酵母菌液倒入无菌离心管，然后室温 1 500g 离心 5min。倒掉上清液，用无菌水清洗酵母细胞，然后室温 1 500g 离心 5min。

4. **感受态细胞制备**　用配制好的 $1.1×TE/LiAc$ 溶液清洗菌体，室温高速离心 25～30s。倒掉上清液，用 $1.1×TE/LiAc$ 溶液 0.6mL 重新悬浮菌体，感受态细胞即制作完成。

五、 注意事项

（1）操作时注意保持无菌环境。
（2）摇菌时应严格控制菌液浓度，以提高感受态细胞的转化效率。

六、 思考题

酵母感受态细胞的制备原理是什么？

（薛大伟　田全祥　李　璇）

实验八十九

质粒 DNA 转化

一、 实验目的

1. 了解细胞转化和转化子的概念。
2. 掌握外源质粒 DNA 转化大肠杆菌感受态细胞并筛选出转化子的方法。

二、 实验原理

转化（transformation）是指一种细胞或生物接受另一种细胞或生物的遗传物质而表现出后者的性状或遗传性状发生改变的现象。将经过转化的细胞在筛选培养基上培养，即可筛选出转化子（transformant）（带有外源 DNA 分子或质粒的细胞）。

三、 材料、试剂和仪器

1. 材料　大肠杆菌 DH5α 感受态细胞、质粒 DNA（pMalc2X）。
2. 试剂　LB 液体培养基、含有 $50\mu g/mL$ 氨苄青霉素的 LB 固体培养基。
3. 仪器和用具　摇床、水浴锅、无菌超净工作台、分光光度计、高速冷冻离心机、移液器、恒温培养箱、三角涂布棒等。

四、 实验方法与步骤

（1）将储存在 $-80℃$ 冰箱的 DH5α 感受态细胞取出，并迅速置于冰上，待其融解（约 10min）。

（2）吸取 $5\mu L$ 连接产物或少量质粒（50ng 样品 pMalc2X 质粒）加入融解的感受态细胞中，轻轻吸打混匀，并置于冰上 30min。

（3）42℃水浴热激 90s，置于冰上冷却 3min。

（4）加入 1mL LB 液体培养基（不含抗生素），置于摇床中 37℃、200r/min 摇菌 1h，摇菌期间用酒精灯高温灭菌玻璃三角涂布棒（图 89-1）。

（5）8 000r/min，离心 1min，弃去大部分上清液（剩余约 $100\mu L$），用剩余培养基悬浮菌体，取一半用高温灭菌的玻璃三角涂布棒均匀涂布在含有相应载体抗性（氨苄青霉素）的LB固体培养基上（图89-2）。

将已涂好并晾干的平板放在37℃培养箱中，倒置培养过夜。

图89-1 酒精灯高温灭菌玻璃三角涂布棒

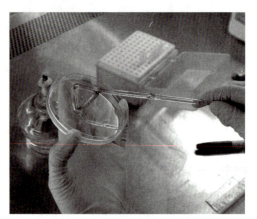

图89-2 涂 板

五、注意事项

（1）转化质粒，可以在实验方法与步骤（4）直接取 $50\mu L$ 涂板。

（2）根据所转化的重组质粒 DNA 的特性，挑选对应抗性培养基筛选转化子。

（3）涂板时需涂抹均匀，如果平板表面残存少量液体，需在超净工作台上吹干后倒置培养。

六、思考题

1. 哪些因子会影响感受态细胞的转化效率？
2. 如何提高感受态细胞的转化效率？

（黄　鹏）

实验九十

RT-PCR 技术

一、实验目的

掌握 cDNA 的合成及聚合酶链式反应的方法。

二、实验原理

RT－PCR 是将 RNA 的反转录（reverse transcription，RT）和 cDNA 的聚合酶链式反应（polymerase chain reaction，PCR）相结合的技术。反转录，又称逆转录，是利用反转录酶（reverse transcriptase），以信使 RNA（message RNA，mRNA）为模板，采用 Oligo（dT）或随机引物人工合成 cDNA 的过程。经反转录合成 cDNA 后，再以 cDNA 为模板进行聚合酶链式反应扩增目的基因，从而获得目的基因或检测基因表达情况。RT-PCR 技术可以用于检测分析极为微量的 RNA，使表达分析灵敏性提高了几个数量级。

三、材料、试剂和仪器

1. 材料　植物总 RNA。

2. 试剂

①经 DEPC（焦碳酸二乙酯）处理并高压灭菌过的双蒸水。

②逆转录试剂盒（南京诺唯赞）。

③引物（表 90 - 1）。

表 90 - 1　引物

引物名称	引物序列
Atactin-F	GGTAACATTGTGCTCAGTGGTGG
Atactin-R	CTCGGCCTTGGAGATCCACATC

④dNTPmix、*Taq* DNA 聚合酶。

⑤琼脂糖、电泳缓冲液。

3. **仪器** PCR 仪、电泳仪、DNA 图谱观测仪等。

四、实验方法与步骤

（1）植物总 RNA 基因组 DNA 的去除（南京诺唯赞）。

（2）基因组 DNA 的去除体系（表 90-2）。

表 90-2 基因组 DNA 的去除体系

反应体系	用量
4×gDNA wiper Mix	2μL
RNA	0.5pg 至 1μg
无核酸酶的水	定量至 8μL

（3）将混合物用移液枪吸打混匀（42℃，2min）。

（4）将反应体系进行反转录反应。反转录反应体系见表 90-3。

表 90-3 反转录反应体系

反应体系	体积（μL）
5×qRT super Mix II	2
基因组 DNA 的去除体系	8

（5）将反转录反应体系用移液枪吸打混匀，按照表 90-4 PCR 反应程序执行反转录。

①反转录反应程序（表 90-4）。

表 90-4 反转录反应程序

反应温度（℃）	反应时间（min）
25	10
42	30
85	5

②PCR 反应结束后，将 cDNA 存于 -20℃ 条件下备用。

（6）PCR（聚合酶链式反应）扩增。主要分为三步，高温变性、低温退火和中温延伸。

片段的大小决定延伸的时间，退火温度可根据 Primer 5 分析或从合成的引物单上查询（仅计算配对序列的引物序列）。此外需要高保真酶扩增基因，以防止扩增时发生突变。

PCR 的反应体系举例如表 90-5 所示（根据具体使用 *Taq* DNA 酶的种类，需要变换反应条件）。

表 90 - 5　PCR 反应体系举例

反应体系	体积（μL）
10×KOD-Plus-Neo Buffer	5
2mmol/L dNTPs	5
2.5mmol/L MgSO₄	3
Primer F	1
Primer R	1
KOD-Plus-Neo	1
ddH₂O	定容至 50

PCR 的反应程序如下：

预变性　　94℃　　　2min
变性　　　98℃　　　10s
退火　　　引物 T_m　　30s　}30～35 个循环
延伸　　　68℃　　　30s/kb

反应产物在 16℃下保存。

（7）1%琼脂糖凝胶制备及电泳。

①称取适量的琼脂糖粉末，放入锥形瓶中，按照 1%的比例加入适量的电泳缓冲液。

②将琼脂糖粉末充分摇起，置于微波炉中加热，直至完全溶化，溶液透明。

③冷却至 60℃左右（不烫手即可），在胶液内加入适量的稀释过的核酸染料，轻轻摇晃至染料均匀。

④取制胶板槽，水平放置，在槽内缓慢加入已冷却至 60℃左右（不烫手）的胶液，插好梳子，若有气泡注意排除气泡，待胶凝固后小心拔起梳子，制得 1%琼脂糖凝胶。

（8）将 PCR 结束后的反应液加入适量的上样缓冲液，用移液枪吸打混匀后点样至胶孔中。

（9）将加好样品的琼脂糖凝胶放入电泳槽，在 100V 电压下电泳 20min。

（10）将电泳结束后的琼脂糖凝胶用 DNA 图谱观测仪观察 PCR 结果并拍照。

五、注意事项

（1）在实验过程中要防止 RNA 的降解，采用经 DEPC 处理并高压灭菌过的 ddH₂O 和各类移液枪枪头。

（2）为了防止 PCR 反应的非特异性扩增，必须设立阴性对照。

（黄　鹏）

实验九十一

Overlap PCR

一、实验目的

1. 学习 Overlap PCR 实验的设计方法。
2. 掌握 Overlap PCR 实验的操作流程。

二、实验原理

重叠 PCR（Overlap PCR）采用具有互补末端的引物，使 PCR 产物形成重叠链，从而在随后的扩增反应中通过重叠链的延伸，将不同来源的扩增片段重叠拼接起来（图 91 - 1）。

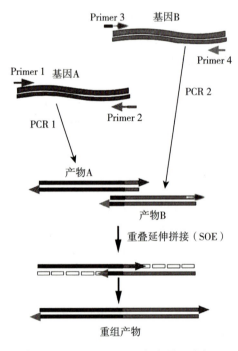

图 91 - 1 Overlap PCR 实验原理示意

三、材料、试剂和仪器

1. **材料** gDNA、Primer。
2. **试剂** PCR Buffer、$MgCl_2$、dNTP、Ex-*Taq* 聚合酶。
3. **仪器** PCR 仪、凝胶电泳仪、凝胶成像仪等。

四、实验方法与步骤

1. 基因 A、B 片段的 PCR 扩增

（1）PCR 扩增体系。

gDNA	1.0μL（约 2ng）
10×PCR Buffer（不含 Mg^{2+}）	2.5μL
$MgCl_2$（2.5mmol/L）	2.0μL
dNTP（1.25mmol/L）	2.0μL
上游 Primer（2.5pmol/L）	2.0μL
下游 Primer（2.5pmol/L）	2.0μL
Ex-*Taq* 聚合酶	0.2μL
H_2O	至 25μL

（2）PCR 扩增程序。

95℃　　2min
95℃　　20s
55℃　　30s ⎫ 35 个循环
72℃　　1min
72℃　　10min

反应产物于 4℃ 保存。

2. 制作模板

回收基因 A、B 片段并测量其浓度（图 91-2），然后稀释成约 10ng/μL 作为模板。

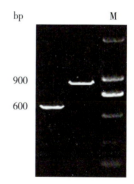

图 91-2　基因片段克隆展示

3. 基因 A、B 片段的连接体系

（1）PCR 反应体系。

A 片段	2.0μL
B 片段	2.0μL
10×PCR Buffer（不含 Mg^{2+}）	10.0μL
$MgCl_2$	8.0μL
dNTP（2.5mmol/L）	4.0μL
上游 Primer（2.5 pmol/L）	4.0μL
下游 Primer（2.5 pmol/L）	4.0μL
Ex-*Taq* 聚合酶	0.4μL
H_2O	至 100μL

（2）PCR 反应参数。

95℃　　2min ⎤
95℃　　20s　⎥
62℃　　2min ⎬ 5 个循环
72℃　　1min ⎦
95℃　　20s　⎤
52℃　　2min ⎬ 30 个循环
72℃　　1min ⎦
72℃　　10min

反应产物在 4℃下保存。

五、 实验结果

Overlap PCR 实验结果参见图 91-3。

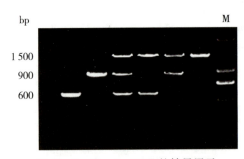

图 91-3　Overlap PCR 的结果展示

六、 注意事项

（1）注意接头引物（如 Primer 2、Primer 3）的设计，重叠部分需要完全互补配对，并且要长度适宜（15～20bp）。

（2）基因 A 片段与 B 片段连接时，加入的物质的量比要适宜（约为 1∶1）。

（3）若 Overlap PCR 实验结果不理想时，适度调整反应体系或反应参数。

七、 思考题

1. 为什么 PCR 扩增能将两个不同来源的基因片段整合成一个融合片段？
2. 如果 Overlap PCR 实验结果一直不理想，可采用何种替代方法？

（郭　威）

实验九十二

烟草系统瞬时表达、纯化外源蛋白

一、实验目的

1. 掌握使用烟草系统体外表达目的基因。
2. 掌握蛋白质亲和纯化技术。

二、实验原理

（1）外源基因表达载体通过农杆菌介导注射烟草之后，烟草叶片可以瞬时表达外源基因。

（2）农杆菌菌株 C58C1::pCH322 含有可以表达番茄丛矮病毒 p19 蛋白的载体，可以抑制烟草叶片对外源基因表达的 RNA 沉默效应，提高外源基因的转录效率。

（3）通过亲和纯化方法可以获得连有相应标签的目的蛋白质。

三、材料、试剂和仪器

1. 材料 经转化、含有表达载体（本实验以拟南芥 *PNK1* 基因、C 端连接 Strep II 标签的载体为例）的农杆菌 GV3101::pMP90RK（Koncz and Schell，1986）、农杆菌 C58C1::pCH322（Voinnet et al.，2003），烟草幼苗（2 周）。

2. 试剂

①YEB 平板培养基、YEB 液体培养基。

②注射缓冲液：10mmol/L $MgCl_2$，150μmol/L 乙酰丁香酮，10mmol/L 2-氨基乙磺酸（MES，pH 5.6）。

③提取缓冲液：100mmol/L 4-羟乙基哌嗪乙磺酸（HEPES，pH8），100mmol/L NaCl，5mmol/L 乙二胺四乙酸（EDTA），10mmol/L 二硫苏糖醇（DTT），0.005％曲拉通（Triton）X-100，100μg/mL 亲和素。

④洗涤液：100mmol/L HEPES（pH8），100mmol/L NaCl，0.5mmol/L EDTA，2mmol/L DTT，0.005％ Triton X-100。

⑤洗脱液：100mmol/L HEPES（pH8），100mmol/L NaCl，0.5mmol/L EDTA，2mmol/L DTT，0.005％ Triton X-100，10mmol/L 维生素 H。

3. **仪器**　无菌三角瓶、振荡培养箱、1.5mL 离心管、2mL 离心管、15mL 离心管、冷冻离心机等。

四、实验方法与步骤

1. 农杆菌的活化与培养

（1）从超低温冰箱取出农杆菌 GV3101∷pMP90RK 和 C58C1∷pCH322，分别置于含有相应抗生素的 YEB 平板培养基中，28℃黑暗倒置培养 48h。

（2）将二者分别转移至盛有 30mL YEB 液体培养基（包含相应抗生素）的三角瓶中，28℃、180r/min 黑暗培养 12h。

2. 农杆菌菌液注射烟草

（1）将农杆菌 GV3101∷pMP90RK 和 C58C1∷pCH322 的菌液在 15mL 离心管中 3 500g 常温离心 15min，弃去上清液，用 10mL 注射缓冲液重悬菌体并测量其 OD（600nm）值。

（2）在新的 15mL 离心管中配制 10mL 注射用混合菌液，其中 GV3101∷pMP90RK 的 OD 为 0.5，C58C1∷pCH322 的 OD 值为 0.1，室温静置 1h。

（3）用 10mL 注射器（不含针头）将混合菌液注射于 2 周大小的烟草幼苗的新生真叶背面（每株烟草注射 3 片）。

3. 融合蛋白的纯化

（1）取 0.75g 烟草叶片，加入 1.5mL 预冷的提取缓冲液，冰上充分研磨。

（2）将研磨后的粗提液转移至新的 2mL 离心管中，4℃、20 000g 离心 20min。

（3）将上清液转移至新的 2mL 离心管中，并加入 40μL Strep-Tactin® 纯化磁珠，4℃ 慢速旋转孵育 30min。

（4）4℃、800g 离心 1min，弃去上清液，加入 1mL 洗涤液，旋涡振荡 30s，然后 4℃、800g 离心 1min，重复洗涤 3~5 次。

（5）洗涤结束之后，弃去上清液，加入 75μL 洗脱液，旋涡振荡 3min，4℃ 800g 离心 1min，将上清液（纯化后的蛋白质样品）转移至新的 1.5mL 离心管中。

五、实验结果

部分操作过程见图 92-1。

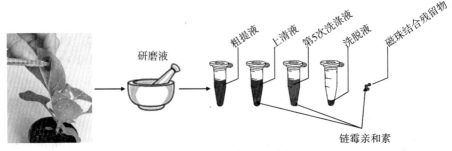

图 92-1　实验过程

六、实验难点及注意事项

1. 实验难点

（1）用注射器注射农杆菌菌液时，要缓慢注射，速度过快会导致菌液喷溅。

（2）冰上用研钵研磨烟草叶片时，应把研钵下面的冰压实，防止研磨时研钵滑落。

（3）纯化蛋白质时，应全程保持 4℃ 或在冰上操作，有些蛋白质对温度比较敏感，非低温条件可能导致蛋白质失活从而影响后续理化性质研究。

2. 注意事项

（1）注射缓冲液要现用现配。

（2）提取缓冲液、洗涤缓冲液、洗脱液中的 DTT 应单独保存，使用之前再加入缓冲液中。

（3）在培养农杆菌时，要根据其所含质粒类型在培养基中加入相应的抗生素。

七、思考题

1. 农杆菌活化时若发现平板上没有菌体生长，可能是什么原因？
2. 与原核表达系统相比，烟草系统表达外源目的基因有哪些优缺点？

参考文献

Koncz C，Schell J，1986. The promoter of TL‐DNA gene 5 controls the tissue‐specific expression of chimaeric genes carried by a novel type of *Agrobacterium* binary vector［J］. Molecular and General Genetics，204：383‐396.

Voinnet O，Rivas S，Mestre P，et al.，2003. Retracted：An enhanced transient expression system in plants based on suppression of gene silencing by the p19 protein of tomato bushy stunt virus［J］. The Plant Journal，33：949‐956.

Werner A K，Sparkes I A，Romeis T，et al.，2008. Identification，biochemical characterization，and subcellular localization of allantoate amidohydrolases from *Arabidopsis* and soybean［J］. Plant Physiology，146：418‐430.

（薛大伟　陈晓光　沈思怡）

蛋白免疫印迹（Western blot）技术

一、实验目的

1. 检测样品中的特定蛋白质。
2. 半定量分析不同样品中的特定蛋白质。

二、实验原理

（1）经过 SDS-PAGE 分离的蛋白质样品可以固定在硝酸纤维素膜上。

（2）第一抗体（一抗）可以结合目的蛋白质或目的蛋白质连接的标签，第二抗体（二抗）可以与一抗特异结合，同时二抗可以发生显色反应。

三、材料、试剂和仪器

1. **材料**　预染色的蛋白质 marker、蛋白质样品（此处以 C 端连有 HA-StrepⅡ标签的拟南芥 PNK1 蛋白为例）。

2. **试剂**

①5×SDS 上样缓冲液：10％十二烷基硫酸钠（SDS），500mmol/L 二硫苏糖醇（DTT），300mmol/L Tris-HCl（pH 6.8），50％甘油，0.2％溴酚蓝。

②电泳缓冲液：0.1％ SDS，25mmol/L Tris-HCl，192mmol/L 甘氨酸。

③转膜缓冲液：48mmol/L Tris-HCl（pH 9.2），0.5mmol/L SDS，20％甲醇，40mmol/L 甘氨酸。

④TBS-T 缓冲液：20mmol/L Tris-HCl（pH 7.6），150mmol/L NaCl，0.1％吐温 20。

⑤封闭缓冲液：TBS-T 缓冲液中加入 5％的奶粉。

⑥AP 缓冲液：100mmol/L Tris-HCl（pH 9.5），5mmol/L $MgCl_2$，100mmol/L NaCl。

⑦BCIP：50mg/mL，用 N,N-甲基甲酰胺（DMF）溶解。

⑧NBT：50mg/mL，用 70％ DMF 溶解。

⑨ddH₂O、丙烯酰胺、甲叉双丙烯酰胺。

3. **仪器**　蛋白胶制备装置、蛋白胶电泳槽、转膜仪、硝酸纤维素膜、滤纸、塑料盒、滚轮等。

四、实验方法与步骤

1. 蛋白胶的制备

① 按比例配制分离胶 [10％丙烯酰胺：甲叉双丙烯酰胺（37.5∶1），0.1％ SDS，375mmol/L Tris‐HCl（pH8.8），0.075％ 过硫酸铵（AP），0.05％ 四甲基乙二胺（TEMED）]，并将其缓慢加入玻璃板中，在顶层加入一层水封顶，室温静置 30min。

② 倒掉顶层的水并用滤纸完全吸干水分，加入积层胶 [4％丙烯酰胺：甲叉双丙烯酰胺（37.5∶1），0.1％ SDS，125mmol/L Tris‐HCl（pH 6.8），0.1％ AP，0.1％ TEMED]，插入梳子，室温静置 30min。

2. 蛋白质电泳

（1）将 5×SDS 上样缓冲液稀释 5 倍后与蛋白质样品混合，98℃处理 10min，然后立刻插入冰中。

（2）将蛋白胶置于电泳槽中，拔掉梳子，在电泳槽中加入适量的电泳缓冲液，并用电泳缓冲液填充蛋白胶的上样孔。

（3）在蛋白胶相邻的上样孔中分别加入 5μL 预染色的蛋白质 marker 和经过热变性处理的蛋白质样品，先 80V 电泳 25min，然后 120V 电泳 100min。

3. 转膜

（1）以 BioRad Trans‐Blot Turbo Blotting System 半干转膜系统为例，用转膜缓冲液润湿尺寸略大于蛋白胶的滤纸、硝酸纤维素膜和转膜室，然后在转膜室中由下而上放置滤纸、硝酸纤维素膜、蛋白胶、滤纸，然后用滚轮赶出气泡。

（2）倒去转膜室内多余的转膜缓冲液，盖上转膜室盖，25V 转膜 9min。

4. 抗体孵育、检测

（1）取出硝酸纤维素膜放入塑料盒内，加入 30mL 封闭缓冲液，室温振荡（5r/min）孵育 30min。

（2）倒掉封闭缓冲液，加入 30mL TBS‐T 缓冲液，室温振荡（5r/min）孵育 15min，并重复该步骤 3 次。

（3）在 TBS‐T 缓冲液中加入适量的一抗（此处以鼠源 Strep 抗体为例），室温振荡（5r/min）孵育 1h。

（4）倒掉含有一抗的缓冲液，加入 30mL TBS‐T 缓冲液，室温振荡（5r/min）孵育 15min，并重复该步骤 3 次。

（5）TBS‐T 缓冲液中加入适量的二抗（此处以共轭碱性磷酸酶的小鼠抗体为例），室温振荡（5r/min）孵育 1h。

（6）倒掉含有二抗的缓冲液，加入 30mL TBS‐T 缓冲液，室温振荡（5r/min）孵育 15min，并重复该步骤 3 次。

（7）倒掉 TBS‐T 缓冲液，加入 10mL AP 缓冲液（含有 66μL NBT 和 33μL BCIP），室温孵育 10min 直至可见清晰条带。

（8）倒掉 AP 缓冲液，用 ddH₂O 冲洗 3～5 次，拍照保存。

五、实验结果

实验结果可参见图 93－1。

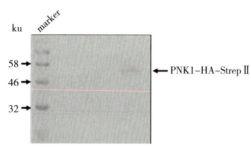

图 93－1　蛋白免疫印迹结果

六、实验难点及注意事项

1. 实验难点
（1）转膜时要仔细操作，否则会导致蛋白胶破碎，影响实验结果。
（2）转膜之前应小心地去除蛋白胶与硝酸纤维素膜间的气泡。
（3）要根据蛋白质样品的类型谨慎选择抗体，不同类型的二抗显色反应步骤不同。

2. 注意事项
（1）凝胶电泳快结束时，每 15min 观察蛋白胶的状态，防止蛋白样品跑过。
（2）不要用手接触硝酸纤维素膜。
（3）显色反应要严格控制反应时间，反应时间过长会导致大面积的背景色出现。

七、作业与思考题

（1）若经过 Western blot 看不到目的条带，请分析原因。
（2）除了 Western blot，还有什么实验方法可以对蛋白质进行研究分析？

参 考 文 献

Chen X，Kim S H，Rhee S，et al.，2023. A plastid nucleoside kinase is involved in inosine salvage and control of purine nucleotide biosynthesis［J］. Plant Cell，35：510－528.

Witte C P，Noël L D，Gielbert J，et al.，2004. Rapid one－step protein purification from plant material using the eight－amino acid StrepⅡ epitope［J］. Plant Molecular Biology，55：135－147.

（薛大伟　陈晓光　李　璇）

实验九十四

烟草系统中蛋白质的亚细胞定位分析

一、实验目的

利用目的蛋白与荧光蛋白融合的方法，快速检测目的蛋白在活细胞中的定位。

二、实验原理

荧光蛋白（YFP、GFP）在特定激发光下，能够产生荧光信号。利用激光共聚焦可以检测荧光信号，并可以实时成像。将目的基因与荧光蛋白基因融合在一个表达载体上，转入烟草细胞进行表达，检测到的荧光信号可以指示目的基因的表达部位及表达强度。

三、材料、试剂和仪器

1. **材料**　含有荧光蛋白的表达载体（质粒）、农杆菌（GV3101）、烟草。
2. **试剂**　YEP 培养基、乙酰丁香酮、利福平、烟草侵染液（10mmol/L $MgCl_2 \cdot 7H_2O$，10mmol/L MES，用 KOH 调节 pH 至 5.7）。
3. **仪器和用具**　恒温摇床、离心机、恒温培养箱、移液枪、电子天平、注射器、剪刀、载玻片、盖玻片、锥形瓶、电转仪、分光光度计、激光共聚焦显微镜等。

四、实验方法与步骤

1. **烟草培养**　将烟草种子播种到土里，待幼苗长出后移栽到花盆里。在人工气候室（25℃光照培养 16h，23℃暗培养 8h）中培养约 4 周。
2. **农杆菌转化**
（1）移液器吸取 2μL 质粒加入农杆菌感受态细胞（10～50μL）中，冰上孵育 30min。
（2）孵育结束后用移液枪吸取感受态细胞和质粒的混合液加到干净的电击杯中，在 1 500V 下电击 5ms。
（3）用移液器向电击杯中加入 1mL YEP 液体培养基并吸打混匀，然后加到新的

2mL EP 管中，用封口膜将离心管口封好后插在浮漂上，在 28℃下 200 r/min 培养 1～2h。

（4）培养结束后在超净工作台内将培养的菌液涂到含有利福平的 YEP 平板培养基上，用封口膜封好平板，28℃倒置培养。

3. 农杆菌侵染烟草叶片

（1）牙签挑取含目的基因的农杆菌接种至含 5mL YEP 培养基的锥形瓶中，28℃下振荡过夜培养。

（2）吸取适量过夜培养的菌液至新的 YEP 培养基中，用分光光度计测定菌液浓度 $OD_{600} = 0.2～0.3$ 时，然后继续培养至菌液浓度达 $OD_{600} = 0.8～1.0$。

（3）室温、低速离心后倒掉上清液。

（4）用烟草侵染液重悬农杆菌菌体，并用分光光度计调节菌液浓度 $OD_{600} = 1.0$，将共同侵染的菌液按一定比例混合，加入乙酰丁香酮（终浓度为 40mg/L），28℃培养箱避光放置 2～3h。

（5）选取生长状态好的烟草，用不含针头的注射器吸取混合好的菌液在烟草叶片背面进行注射。

（6）注射好的烟草做好标记，先黑暗培养 12h，然后正常光照培养约 3d，进行亚细胞定位观察。

五、实验结果

侵染后的烟草叶片在激光显微镜下可以观察到明显的绿色荧光（GFP 空载体，图 94-1）。

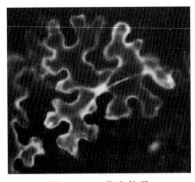

图 94-1 荧光信号

六、注意事项

（1）进行农杆菌转化时注意重组载体的抗性。

（2）侵染液中农杆菌的浓度不要过高，注射时需佩戴手套、口罩、眼罩，防止菌液沾到手上和溅到眼睛里。从烟草叶片下表皮进行注射，注射时速度要缓慢。

七、思考题

1. 农杆菌侵染烟草的原理是什么？
2. 烟草系统如何实现蛋白质亚细胞定位？

（薛大伟 田全祥 陈晓光）

昆虫 RNA 干扰实验

一、实验目的

1. 掌握 RNA 干扰的原理及常用方法。
2. 能够利用 RNA 干扰实验研究昆虫某一基因的功能。

二、实验原理

　　RNA 干扰是一种在生物体内高度保守的、由具有 20～30 个核苷酸的小分子非编码 RNA 引发的基因沉默现象。在昆虫等真核生物中，RNA 干扰是一种抵御外源核酸入侵或调节内源基因的自我保护机制。生物体内外源或内源的 dsRNA 主要来自 RNA 病毒侵染、转座子转录、基因组中反向重复序列转录等，其来源及产生 RNA 干扰的机制如图 95-1 所示 (Carthew and Sontheimer，2009)。dsRNA（double stranded RNA）通过体外导入或体内表达产生，随后会被一种叫作 Dicer-2 的核酸酶（RNase Ⅲ类）所识别，并被切割形成 21～25bp 的小片段 siRNA（small interference RNA），切割形成的 siRNA 在 RNA 解旋酶的作用下解链成两条单链，其中一条链（guide strand，引导链）与连接有特异性核酸酶的复合物 Argonaute 蛋白（Ago-2）结合形成 RNA 诱导的沉默复合物（RNA-induced silencing complex，RISC）。RISC 中由于引导链的 $3'$ 末端携带有两个未配对的碱基，可以引导其特异性切割靶标 mRNA，进而影响靶标基因的翻译。siRNA 解旋形成的另外一条链（passenger strand，过客链）逐渐降解。

　　基于快速高效等优势，RNA 干扰技术已经成为昆虫学研究中的重要工具。可以利用 RNA 干扰技术开展昆虫基因功能研究，筛选害虫防治的靶标基因，并开发 RNA 农药或新型转基因抗虫作物（汪芳等，2022）。目前昆虫 RNA 干扰的主要导入方法是注射法和饲喂法。注射法是昆虫 RNA 干扰中应用最多且效果较好的方法之一，通常使用显微注射器将体外合成的干扰 RNA 注射入昆虫体内。目前最为常用的昆虫 RNA 干扰显微注射器为 Nanoject（Drummond，USA），可通过气压或液压对注射量进行控制。注射外源干扰 RNA 的量因昆虫的类别和虫态而异，一般在进行某种 RNA 干扰实验之前，需要摸索出该种昆虫最适宜注射的虫态和最佳注射浓度。昆虫 RNA 干扰一般选择昆虫腹部或胸部作为注射部位，因为昆虫在背血管以外的血淋巴是从头部流向尾部，在注射时应该

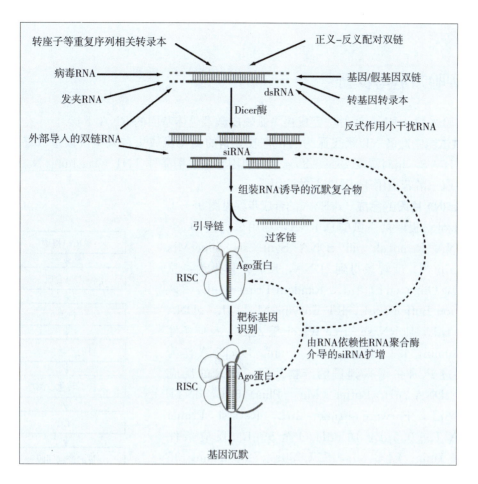

图 95-1　siRNA 的来源及作用机制
(Carthew and Sontheimer，2009)

从头部向尾部方向注射，可以最大程度地避免外源干扰 RNA 因昆虫体液流动而被排出体外。

相对于注射法，饲喂法操作简单快捷。将外源干扰 RNA 加入人工饲料中，昆虫通过取食摄取干扰 RNA，最终实现靶标基因沉默。饲喂法对于供试昆虫的人工饲料要求较高，人工饲料要求无 RNA 酶污染，以保证干扰 RNA 的稳定性。饲喂法的具体实验操作依据昆虫的取食方式及人工饲料的种类有所不同。取食固体饲料的昆虫，可将干扰 RNA 均匀涂抹在人工饲料的表面，也可以将干扰 RNA 喷洒在人工饲料上。对于取食液体饲料的刺吸式口器昆虫，常采用双层 Parafilm 膜法实现干扰 RNA 的饲喂。

三、 材料仪器

1. **材料**　根据教学实际安排，选择褐飞虱、黑尾叶蝉、黄粉虫、赤拟谷盗、家蚕等昆虫作为实验对象。

2. **仪器和用具**　可控温光照培养箱、培养皿、镊子、毛笔、放大镜、解剖镜、PCR 仪、离心机、低温冰箱、NanoDrop 2000 超微量分光光度计、全自动显微注射器、移液器、离心管、吸头等。

四、实验方法与步骤

本实验采用 dsRNA 注射法完成褐飞虱蜕皮激素受体基因的 RNA 干扰。

1. **供试昆虫准备**　以褐飞虱为例，将收集到的褐飞虱成虫在人工气候室（25℃±1℃，L∶D＝16∶8，相对湿度 75％～85％）内使用感虫水稻品种 TN1（Taichung Native 1）连续饲养，取三龄若虫用于 dsRNA 的注射。

2. **dsRNA 片段的合成**　dsRNA 的合成步骤见图 95-2。采用 TRIzol 法提取褐飞虱的总 RNA，利用试剂盒 One-Step gDNA Removal and cDNA Synthesis SuperMix（TransScript ®）反转录得到 cDNA，反转录体系为：总 RNA 1μg，Oligo（dT）1μL，Random Primer 1μL，2×ES Reaction Buffer 10μL，RT Enzyme Mix 1μL，gDNA Remover 1μL，加 RNase-free Water 至 20μL。反应条件为 25℃ 10min，42℃ 30min，85℃ 5min。以 cDNA 作为模板，通过 PCR 扩增得到目的产物片段。PCR 的反应体系为：cDNA 2μL，Buffer（Mg^{2+} Plus）5μL，dNTP Mixture 8μL，Forward Primer 2μL，Reverse Primer 2μL，LA *Taq* 0.5μL，加 ddH_2O 至 50μL。反应条件为：94℃ 1min；94℃ 30s，55℃ 30s，72℃ 1min，35 个循环；72℃ 10min。PCR 反应结束之后通过 1％琼脂糖凝胶电泳，确定目的条带。用 FastPure Gel DNA 试剂盒（Nanjing Vazyme Biotech Co.，Ltd）对目的条带进行回收纯化。回收后将产物连接在 pCE2-TA/Blunt-Zero 载体上（5minTM TA/Blunt-Zero Cloning Kit，

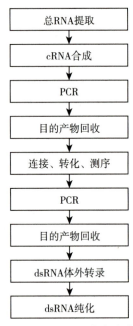

图 95-2　dsRNA 的合成步骤

Nanjing Vazyme Biotech Co.，Ltd）上，转入 DH5α 感受态细胞（Nanjing Vazyme Biotech Co.，Ltd）中，涂于具有氨苄西林（Amp）抗性的筛选培养基上，挑取阳性单菌落于具有 Amp 抗性的 LB 液体培养基中，送至公司进行测序（Zhejiang Sunya Biotech Co.，Ltd）。

将测序验证正确的质粒继续用 5′端带有 T7 启动子序列（TAATACGACT-CACTATAGGG）的 dsRNA 引物（F：T7-CTCGCTGAACGGGTACGGT。R：T7-CGCT-GAAGTCGCACATCCT）进行 PCR 扩增，扩增产物纯化后即为 dsRNA 体外转录的模板。dsRNA 体外转录使用 T7 High Yield RNA Transcription 试剂盒（Nanjing Vazyme Biotech Co.，Ltd），反应体系为：模板 500ng，ATP Solution 2μL，UTP Solution 2μL，GTP Solution 2μL，CTP Solution 2μL，10×Reaction Buffer 2μL，T7 RNA Polymerase Mix 2μL，加 RNase-free Water 至 20μL。在 PCR 仪中 37℃孵育 4h，加入 1μL DNase Ⅰ后继续 37℃孵育 15min，以消化体系中多余的模板 DNA。反应结束得到的产物即为初步合成的

dsRNA。为了获得更高浓度和纯度的 dsRNA，可采用酚/氯仿纯化法对其纯化。具体操作步骤为：加入 $160\mu L$ RNase‐free Water 将产物稀释，加 $20\mu L$ 3mol/L 醋酸钠（pH 5.2）到稀释后的产物中，用移液器充分混匀。加入 $200\mu L$ 酚/氯仿混合液（1∶1）进行抽提，在 4℃下 10 000 r/min 离心 5min，将上层溶液（水相）转移至新的 RNase‐free 离心管中。加入与水相等体积的氯仿抽提 2 次，收集上层水相。加入 2 倍体积的异丙醇并混匀，−20℃孵育至少 30min，4℃下 15 000 r/min 离心 15min。弃去上清液并加入 $500\mu L$ 预冷的 70％乙醇洗涤 RNA 沉淀，4℃下 15 000 r/min 离心，弃去上清液。干燥沉淀后，加入适量体积的 RNase‐free Water 使其溶解，使用 NanoDrop 2000（Thermo Scientific）测量 dsRNA 浓度。将纯化后的 dsRNA 溶液置于−80℃低温冰箱保存。

3. dsRNA 的注射　制备含有凹槽的 1％琼脂糖平板。取三龄褐飞虱若虫，于冰上麻醉后置于琼脂糖平板凹槽处，胸腹连接处的节间膜作为注射位点。用拉针仪将毛细管拉成合适的长度，并调节尖端处的粗细，将新合成的 dsRNA（4 000 ng/μL）置于毛细管中。采用全自动显微注射器（图 95-3）进行注射，每头若虫注射约 250 ng。为了更直接观察 dsRNA 是否注射进昆虫体内，可以在 dsRNA 中加入染料，可通过褐飞虱若虫腹部的颜色判断是否注射成功（图 95-4）。将注射后的褐飞虱接入放有新鲜水稻的养虫罐中，并移入人工气候室中，饲养条件同第 1 步。以绿色荧光蛋白（GFP）作为阴性对照，每个处理注射 30 头若虫。

图 95-3　全自动显微注射器　　　图 95-4　dsRNA 注射后的褐飞虱

4. RNA 干扰效果考察　每天观察被 dsRNA 注射过的褐飞虱的状态，记录 GFP 对照组和靶标基因 dsRNA 处理组褐飞虱若虫的表型差异。在注射 72h 后，随机取 5 头褐飞虱，参考第 2 步的方法，用 TRIzol 法提取褐飞虱的总 RNA，并利用 qRT‐PCR 检测靶标基因的转录水平，以验证 RNA 干扰的效率。

五、注意事项

（1）本实验的关键是 dsRNA 的显微注射，注射时应特别小心，避免对昆虫造成损伤。

（2）dsRNA 合成时应戴一次性干净手套和口罩操作，使用无 RNA 酶的离心管及枪头，防止皮肤、唾液和实验室用品上存在的 RNase 污染。

六、 思考题

1. 在 dsRNA 合成时，除了体外转录的方法，还有其他合成 dsRNA 的方法吗？

2. 如果某一 dsRNA 片段注射入昆虫后，其干扰效率较低，请思考有哪些方面的原因。应如何改进？

参考文献

汪芳，党聪，金虹霞，等，2022. RNA 干扰技术在害虫防治中的应用及其安全性［J］. 浙江大学学报，48（6）：683 - 691.

Carthew R W，Sontheimer E J，2009. Origins and mechanisms of miRNAs and siRNAs［J］. Cell，136：642 - 655.

（薛大伟 党 聪 张 弦）